高等职业院校电子信息类规划教材

常用集成电路应用与实训
（第 3 版）

主　编　陈应华
副主编　张国鹏　梁芳芳　李小敏

北京邮电大学出版社
www.buptpress.com

内容简介

《常用集成电路应用与实训》第 1 版和第 2 版出版以来深受广大读者的喜爱，将其选作教材的学校遍及全国各地。第 3 版较上一版调整和增加了部分内容，尤其是增加了集成电路应用测试实践，更有利于使用本教材的学校开展"理虚实"一体化教学，也更加贴近电子类高等职业技术教育的需求。

本书以常见的四十余种集成电路为例，分别介绍了其性能、原理、应用电路、扩展制作等内容。本书在内容编排上借鉴了以往集成电路课程教学改革的实践经验，对于书中的大部分电路提供了 Proteus 软件的仿真实例，方便教师教学和学生学习。

本书可作为高等职业院校电子信息类专业或相近专业的教材，也可供相关的工程技术人员参考。

图书在版编目(CIP)数据

常用集成电路应用与实训 / 陈应华主编．-- 3 版．-- 北京：北京邮电大学出版社，2024.5
ISBN 978-7-5635-7217-5

Ⅰ. ①常… Ⅱ. ①陈… Ⅲ. ①集成电路 Ⅳ. ①TN4

中国国家版本馆 CIP 数据核字（2024）第 074389 号

策划编辑：彭 楠　　责任编辑：王晓丹　杨玉瑶　　责任校对：张会良　　封面设计：七星博纳

出版发行：北京邮电大学出版社
社　　址：北京市海淀区西土城路 10 号
邮政编码：100876
发 行 部：电话：010-62282185　传真：010-62283578
E-mail：publish@bupt.edu.cn
经　　销：各地新华书店
印　　刷：保定市中画美凯印刷有限公司
开　　本：787 mm×1 092 mm　1/16
印　　张：17.75
字　　数：473 千字
版　　次：2013 年 6 月第 1 版　2018 年 6 月第 2 版　2024 年 5 月第 3 版
印　　次：2024 年 5 月第 1 次印刷

ISBN 978-7-5635-7217-5　　　　　　　　　　　　　　　　　　　　　定价：49.00 元

· 如有印装质量问题，请与北京邮电大学出版社发行部联系 ·

前　言

本书是在《常用集成电路应用与实训》(第2版)的基础上修订而成的。近年来,我国在高等职业教育教学改革领域取得了丰硕的成果,集成电路应用类课程作为电子类实践性很强的课程,其教材也是教学改革成果的体现。自第2版出版以来,编者不断收集读者的意见和建议,并进行了多次研讨,最终形成了本次修订的总体框架,在这里对提出意见的众多院校同人和读者表示衷心的感谢。

经过本次修订,本书内容更加完善,特色更加鲜明。

(1) 本书选取了因市场变化而出现的新型常用集成电路,适度引入了新器件。

(2) 配套资源更加丰富,各集成电路应用测试实践环节可以使用一块专用的实训板完成,并配备了扫码看视频功能,以方便硬件测试实践环节的教学。

(3) Proteus软件的仿真实例更加丰富,通过理论教学、仿真教学、硬件测试三个环节,真正实现"理虚实"一体化、"教学做"一体化。

本书的编写分工如下:广州科技贸易职业学院副教授、高级工程师陈应华担任主编,编写了第1~4章和第8章;宁波高新区甬晶微电子有限公司高级工程师张国鹏担任副主编,编写了第7、9章;广东工程职业技术学院副教授、高级工程师梁芳芳担任副主编,编写了第5、6章;广东工程职业技术学院讲师李小敏担任副主编,编写了第10、11章,以及本书的习题和附录部分。另外,李小敏制作了电子教案和课件,吉林大学汽车工程学院陈子优同学完善了本书的Proteus软件的仿真实例。

本书在编写过程中得到了广州科技贸易职业学院合作企业宁波高新区甬晶微电子有限公司的大力支持,校企双方合作举办了"NBIC 宁波甬晶"杯先进专用芯片创新应用设计及制作竞赛,在此表示感谢!

本书在编写过程中得到了广州风标教育科技有限公司(Labcenter 公司指定的 Proteus 技术合作伙伴)匡载华总经理的大力支持,匡载华总经理提供了 Proteus 仿真软件的试用权限,在此表示感谢!

由于编者水平有限,书中难免有不足之处,希望广大读者批评指正和提出宝贵建议,以便将来更好地完善本书,联系邮箱 31816799@qq.com。

编　者

目 录

第 1 章 集成电路常识 ··· 1

1.1 集成电路的起源和发展 ·· 1
1.2 集成电路的分类 ·· 2
1.2.1 按功能结构分类 ··· 2
1.2.2 按制作工艺分类 ··· 2
1.2.3 按集成度高低分类 ··· 3
1.2.4 按导电类型不同分类 ··· 3
1.2.5 按用途分类 ··· 3
1.3 集成电路的参数 ·· 3
1.3.1 极限参数 ··· 3
1.3.2 电气参数 ··· 4
1.4 习题 ·· 4

第 2 章 常用数字集成电路 ··· 6

2.1 CD4069 六反相器及其应用 ··· 6
2.1.1 CD4069 六反相器的特性 ·· 6
2.1.2 CD4069 的原理电路和引脚配置 ··· 7
2.1.3 CD4069 制作的定时灯光提醒器 ··· 8
2.1.4 CD4069 制作的太阳能充电器 ··· 9
2.2 CD4011 四 2 输入端与非门及其应用 ··· 9
2.2.1 CD4011 的引脚配置 ·· 10
2.2.2 CD4011 构成的超温与降温报警器 ··· 10
2.2.3 CD4011 制作的延迟节能灯 ·· 11
2.2.4 CD4011 制作的水满报警器 ·· 12
2.3 CD4017 十进制计数器/脉冲分配器及其应用 ·· 13
2.3.1 CD4017 的引脚配置 ·· 14

2.3.2 CD4017 的内部逻辑结构 ··· 14
   2.3.3 CD4017 的输入输出信号时序 ··· 14
   2.3.4 CD4017 制作的缆线测试器 ··· 15
   2.3.5 CD4017 制作的单键触摸开关 ··· 16
   2.3.6 CD4017 和 MC1413 制作的流水灯 ··· 17
 2.4 CD4060 14 级二进制串行计数/分频器及其应用 ··· 18
   2.4.1 CD4060 的引脚配置 ··· 18
   2.4.2 CD4060 的三种时钟方式 ··· 19
   2.4.3 CD4060 组成的秒信号发生器 ··· 19
   2.4.4 CD4060 组成的频率计电路 ··· 20
   2.4.5 CD4060 组成的长延时电路 ··· 22
 2.5 CD4066 四双向模拟开关及其应用 ··· 23
   2.5.1 CD4066 的引脚配置 ··· 23
   2.5.2 CD4066 的特性 ··· 24
   2.5.3 CD4066 构成的单键控制视频切换器 ··· 24
   2.5.4 CD4066 构成的单键控制电压输出装置 ··· 25
   2.5.5 CD4066 构成的继电器控制电路 ··· 26
 2.6 74HC14 六反相施密特触发器及其应用 ··· 28
   2.6.1 74HC14 的引脚配置 ··· 28
   2.6.2 74HC14 的性能 ··· 28
   2.6.3 74HC14 输入输出特性 ··· 29
   2.6.4 采用 74HC14 的光耦合器接收整形电路 ··· 30
   2.6.5 采用 74HC14 的直流-直流变换电路 ··· 31
   2.6.6 采用 74HC14 的太阳能光控电路 ··· 31
 2.7 数字集成电路应用测试实践 ··· 33
   2.7.1 CD4011 与非门功能和参数测试 ··· 33
   2.7.2 CD4066 的功能和参数测试 ··· 34
   2.7.3 74HC14 斯密特触发反相器功能和参数测试 ··· 34
 2.8 习题 ··· 35

第 3 章 运算放大集成电路 ··· 37
 3.1 运算放大器的一般知识 ··· 37
   3.1.1 运算放大器的主要参数 ··· 37
   3.1.2 运算放大器的分类 ··· 39

  3.1.3 运算放大器的选择 … 40
3.2 LM324 通用低功耗四运算放大器及其应用 … 40
  3.2.1 LM324 四运算放大器的特性 … 41
  3.2.2 LM324 四运算放大器的引脚配置 … 42
  3.2.3 LM324 组成的基本单元电路 … 42
  3.2.4 LM324 组成的高灵敏度声音探听器 … 46
  3.2.5 LM324 组成的压力测试仪 … 47
  3.2.6 LM324 组成的热释红外人体探测器 … 47
3.3 NE5532 低噪声二运算放大器及其应用 … 49
  3.3.1 NE5532 二运算放大器的特性 … 49
  3.3.2 NE5532 运算放大器的引脚配置 … 50
  3.3.3 NE5532 制作的高保真耳机放大器 … 50
  3.3.4 NE5532 作前置放大的高保真放大器 … 52
3.4 OP27 低噪声高精密运算放大器及其应用 … 53
  3.4.1 OP27 运算放大器的特性 … 53
  3.4.2 OP27 运算放大器的引脚配置 … 53
  3.4.3 OP27 运算放大器制作的差分放大器 … 54
  3.4.4 OP27 运算放大器制作的微交流电压放大器 … 54
  3.4.5 OP27 运算放大器制作的交流-直流转换器 … 55
3.5 运算放大集成电路应用测试实践 … 53
3.6 习题 … 53

第 4 章 声音集成电路 … 59

4.1 TDA2822M 音频功率放大器及其应用 … 59
  4.1.1 TDA2822M 的主要性能及参数 … 59
  4.1.2 TDA2822M 的引脚配置 … 60
  4.1.3 TDA2822M 的典型应用电路 … 60
  4.1.4 TDA2822M 制作的喊话器 … 62
  4.1.5 TDA2822M 制作的音频感应无线耳机 … 63
4.2 LM1875T 高保真功率放大器及其应用 … 64
  4.2.1 LM1875T 的主要性能及参数 … 64
  4.2.2 LM1875T 的引脚配置 … 64
  4.2.3 LM1875T 的典型应用电路 … 65
  4.2.4 LM1875T 制作的带音调控制的高保真功放电路 … 66

4.2.5　LM1875T 制作的精密直流伺服电机驱动电路 ················· 68
4.3　ISD1820 录放音集成电路及其应用 ························· 69
　　4.3.1　ISD1820 的主要性能及参数 ························· 69
　　4.3.2　ISD1820 的引脚配置和功能 ························· 69
　　4.3.3　ISD1820 的应用电路 ····························· 71
4.4　TDA7088T 单片 FM 收音机集成电路及其应用 ················· 72
　　4.4.1　TDA7088T 的主要性能及参数 ······················· 73
　　4.4.2　TDA7088T 的功能和引脚配置 ······················· 74
　　4.4.3　TDA7088T 组装的自动调谐 FM 收音机 ·················· 75
4.5　PAM8403 立体声 D 类功率放大器及其应用 ···················· 76
　　4.5.1　PAM8403 的主要性能及参数 ························ 77
　　4.5.2　PAM8403 的引脚配置和功能 ························ 78
　　4.5.3　PAM8403 的内部结构和工作原理 ····················· 79
　　4.5.4　PAM8403 的典型应用电路 ························· 80
　　4.5.5　PAM8403 的扩展应用电路 ························· 81
4.6　PT2399 回声处理器 ··································· 82
　　4.6.1　PT2399 回声处理器的特性 ························· 82
　　4.6.2　PT2399 原理结构和引脚配置 ······················· 83
　　4.6.3　PT2399 环绕音和延时应用电路 ······················ 84
　　4.6.4　PT2399 回声模式应用电路 ························· 86
　　4.6.5　PT2399 卡拉 OK 电路 ···························· 86
　　4.6.6　PT2399 麦克风放大和延时应用电路 ··················· 87
4.7　声音集成电路应用测试实践 ····························· 88
4.8　习题 ··· 89

第 5 章　电源集成电路 ·· 91

5.1　LM78×× 系列三端稳压器 ······························ 91
　　5.1.1　LM78×× 三端稳压器的特性 ······················· 91
　　5.1.2　LM78×× 的原理结构和引脚配置 ···················· 92
　　5.1.3　LM78×× 的典型应用电路 ························· 93
5.2　LM317 三端可调稳压器 ································ 94
　　5.2.1　LM317 三端可调稳压器的特性 ······················ 95
　　5.2.2　LM317 的原理结构和引脚配置 ······················ 95
　　5.2.3　LM317 的典型应用电路 ·························· 96

5.2.4　LM317 的应用电路举例 ·· 97
5.3　MC34063A 直流-直流变换控制电路 ··· 99
　　5.3.1　MC34063A 直流-直流变换器的特性 ································ 99
　　5.3.2　MC34063A 的引脚配置 ·· 100
　　5.3.3　MC34063A 的典型升压、降压、负电压电路 ······················· 101
　　5.3.4　MC34063A 的扩流应用 ·· 103
5.4　LM2576 简易型开关降压稳压器 ··· 105
　　5.4.1　LM2576 稳压器的特性 ··· 106
　　5.4.2　LM2576 的引脚配置 ··· 106
　　5.4.3　LM2576 的典型固定电压降压电路 ································· 107
　　5.4.4　LM2576 的典型可调电压降压电路 ································· 107
　　5.4.5　LM2576 的外围元件选择和使用技巧 ······························· 108
　　5.4.6　LM2576 的扩展应用 ··· 108
5.5　LM2577 简易型开关升压稳压器 ··· 109
　　5.5.1　LM2577 稳压器的特性 ··· 110
　　5.5.2　LM2577 的引脚配置和内部结构 ··································· 110
　　5.5.3　LM2577 的典型应用电路 ·· 111
　　5.5.4　LM2577 的并联扩流应用 ·· 112
　　5.5.5　LM2577 三输出隔离反激式稳压器 ································· 113
5.6　BL8530 升压型直流-直流转换器 ·· 113
　　5.6.1　BL8530 升压型直流-直流转换器的特性 ···························· 113
　　5.6.2　BL8530 的原理结构和引脚配置 ···································· 114
　　5.6.3　BL8530 的典型应用电路 ·· 115
　　5.6.4　BL8530 外围元件的选择 ·· 116
　　5.6.5　BL8530 制作的电池间歇供电电路 ································· 117
5.7　OB2536 高精度原边控制 PWM 功率开关 ···································· 118
　　5.7.1　OB2536 PWM 功率开关的特性 ···································· 118
　　5.7.2　OB2536 的原理结构和引脚配置 ··································· 119
　　5.7.3　OB2536 的典型应用 ·· 121
5.8　MP2307 同步整流降压稳压器 ··· 122
　　5.8.1　MP2307 稳压器的特性 ··· 122
　　5.8.2　MP2307 的原理结构和引脚配置 ··································· 123
　　5.8.3　MP2307 的典型应用电路 ·· 124
　　5.8.4　MP2307 的负压应用电路 ·· 126

5.9 电源集成电路应用测试实践 ······ 127
  5.9.1 固定输出的稳压电源集成电路应用测试实践 ······ 127
  5.9.2 LM317L 集成电路应用测试实践 ······ 128
  5.9.3 MC34063A 集成电路应用测试实践 ······ 128
5.10 习题 ······ 129

第 6 章 电池充电集成电路 ······ 131

6.1 CN3082 多种电池充电集成电路 ······ 131
  6.1.1 CN3082 充电集成电路的特性 ······ 131
  6.1.2 CN3082 的原理结构和引脚配置 ······ 133
  6.1.3 CN3082 的典型应用及制作要点 ······ 135
6.2 BQ2000 可编程多种电池快速充电集成电路 ······ 136
  6.2.1 BQ2000 充电集成电路的特性 ······ 136
  6.2.2 BQ2000 的原理结构和引脚配置 ······ 136
  6.2.3 BQ2000 的典型应用电路 ······ 138
6.3 TP4057 单节锂电充电集成电路 ······ 139
  6.3.1 TP4057 充电集成电路的特性 ······ 139
  6.3.2 TP4057 的原理结构和引脚配置 ······ 141
  6.3.3 TP4057 的典型应用 ······ 142
  6.3.4 TP4057 使用注意事项 ······ 144
6.4 电池充电集成电路应用测试实践 ······ 145
6.5 习题 ······ 145

第 7 章 LED 显示控制集成电路 ······ 147

7.1 LM3914 点/线图形 LED 显示驱动器及其应用 ······ 147
  7.1.1 LM3914 的特性 ······ 147
  7.1.2 LM3914 的原理结构和引脚配置 ······ 148
  7.1.3 LM3914 的典型应用电路 ······ 149
  7.1.4 LM3914 组成的酒精探测仪 ······ 149
  7.1.5 LM3914 组成的速度显示器 ······ 151
  7.1.6 LM3914 制作汽车蓄电池电压检测器 ······ 153
7.2 ICM7216 八位频率计集成电路及其应用 ······ 154
  7.2.1 ICM7216 的特性 ······ 154
  7.2.2 ICM7216 的原理结构和引脚配置 ······ 155

7.2.3　ICM7216D组装的频率计电路 ··········· 156
7.3　BL8532升压恒流白光LED集成电路及其应用 ··········· 158
　　7.3.1　BL8532的特性 ··········· 158
　　7.3.2　BL8532的原理结构和引脚配置 ··········· 159
　　7.3.3　BL8532的典型应用 ··········· 160
7.4　NB9560高精度LED数字闹钟电路及其应用 ··········· 161
　　7.4.1　NB9560的特性 ··········· 161
　　7.4.2　NB9560的引脚配置 ··········· 162
　　7.4.3　NB9560制作的LED数字钟电路 ··········· 163
7.5　BP3136D高精度LED恒流驱动集成电路 ··········· 164
　　7.5.1　BP3136D恒流LED驱动器的特性 ··········· 164
　　7.5.2　BP3136D的原理结构和引脚配置 ··········· 165
　　7.5.3　BP3136D的应用电路 ··········· 166
　　7.5.4　相关LED驱动电路介绍 ··········· 169
7.6　PT4115高调光比LED恒流驱动器及其应用 ··········· 169
　　7.6.1　PT4115 LED恒流驱动器的特性 ··········· 170
　　7.6.2　PT4115的原理结构和引脚配置 ··········· 171
　　7.6.3　PT4115的直流调光应用电路 ··········· 172
　　7.6.4　PT4115的PWM调光应用电路 ··········· 173
7.7　LED显示控制集成电路应用测试实践 ··········· 174
7.8　习题 ··········· 175

第8章　传感器与测量集成电路 ··········· 177

8.1　LM35精密摄氏温度传感器及其应用 ··········· 177
　　8.1.1　LM35温度传感器的特性 ··········· 177
　　8.1.2　LM35的引脚配置 ··········· 178
　　8.1.3　LM35的典型应用电路 ··········· 178
　　8.1.4　基于LM35和ATMEGA8的温度计电路 ··········· 178
　　8.1.5　基于LM35和ICL7136的数字温度计电路 ··········· 179
8.2　AD620低功耗仪表放大器及其应用 ··········· 180
　　8.2.1　AD620仪表放大器的特性 ··········· 181
　　8.2.2　AD620的内部原理和引脚配置 ··········· 181
　　8.2.3　AD620的典型应用电路 ··········· 182
　　8.2.4　AD620制作的增益可编程仪表放大电路 ··········· 184

8.3　TDA0161 金属检测集成电路及其应用 ································ 185
　　8.3.1　TDA0161 的特性 ·· 186
　　8.3.2　TDA0161 的功能结构和引脚配置 ···························· 186
　　8.3.3　TDA0161 的典型应用 ······································ 187
8.4　ICL7107 三位半 LED 显示 A/D 变换器及其应用 ······················ 187
　　8.4.1　ICL7107 的特性 ·· 188
　　8.4.2　ICL7107 的原理和引脚配置 ································ 189
　　8.4.3　ICL7107 的负电源产生和基准源电路 ·························· 192
　　8.4.4　ICL7107 的时钟电路 ······································ 192
　　8.4.5　ICL7107 的单电源应用电路 ································ 193
　　8.4.6　ICL7107 的双电源应用电路 ································ 194
　　8.4.7　ICL7107 电路关键元件的选择 ······························ 194
8.5　传感器与测量集成电路应用测试实践 ································ 196
8.6　习题 ·· 197

第 9 章　其他常用集成电路 ·· 199

9.1　ICL8038 精密信号发生器及其应用 ·································· 199
　　9.1.1　ICL8038 精密信号发生器的特性 ······························ 199
　　9.1.2　ICL8038 的功能结构和引脚配置 ······························ 200
　　9.1.3　ICL8038 的典型应用电路 ···································· 201
9.2　LM331 精密电压频率转换器及其应用 ································ 202
　　9.2.1　LM331 精密电压频率转换器的特性 ···························· 202
　　9.2.2　LM331 的功能结构和引脚配置 ································ 203
　　9.2.3　LM331 的应用电路 ·· 204
9.3　X9313 数字电位器集成电路及其应用 ································ 205
　　9.3.1　X9313 数字电位器的特性 ···································· 206
　　9.3.2　X9313 的功能结构和引脚配置 ································ 206
　　9.3.3　X9313 的应用电路 ·· 207
9.4　TTP2X 系列触摸按键电路及其应用 ·································· 208
　　9.4.1　TTP232-CA6 触摸按键电路的特性 ···························· 209
　　9.4.2　TTP232-CA6 的引脚功能 ···································· 210
　　9.4.3　TTP232-CA6 的应用电路 ···································· 210
　　9.4.4　TTP232-CA6 的功能 ·· 210
9.5　NB7232 触摸调光电路及其应用 ···································· 212

9.5.1 NB7232 触摸调光电路的特性 ……………………………………………………… 212
9.5.2 NB7232 的功能结构和引脚配置 ………………………………………………… 213
9.5.3 NB7232 的二线式应用 …………………………………………………………… 214
9.5.4 NB7232 的三线式应用 …………………………………………………………… 215
9.6 NB2056 直流无级调光调速电路及其应用 ……………………………………………… 215
9.6.1 NB2056 的特性 …………………………………………………………………… 215
9.6.2 NB2056 的引脚配置和定义 ……………………………………………………… 217
9.6.3 NB2056 制作的调光电路 ………………………………………………………… 217
9.7 单片机集成电路及其应用 ………………………………………………………………… 218
9.7.1 STC8G1K08A 组成的电源电压测量电路 ……………………………………… 219
9.7.2 STC8H1K17 组成的电压和电流测量电路 ……………………………………… 220
9.8 其他集成电路应用测试实践 ……………………………………………………………… 222
9.8.1 LM331 应用测试实践 …………………………………………………………… 222
9.8.2 X9511 和 TTP224C 的应用测试实践 …………………………………………… 223
9.9 习题 ………………………………………………………………………………………… 223

第 10 章 部分集成电路实训指导书 …………………………………………………………… 225

10.1 CD4069 太阳能充电器实训指导书 …………………………………………………… 225
10.2 CD4017 制作的缆线测试器实训指导书 ……………………………………………… 226
10.3 CD4060 组成的频率计电路的振荡和分频电路实训指导书 ………………………… 226
10.4 CD4066 组成的单键控制视频切换电路实训指导书 ………………………………… 227
10.5 74HC14 的太阳能光控电路实训指导书 ……………………………………………… 228
10.6 LM324 运放直流加法器实训指导书 ………………………………………………… 228
10.7 LM324 运放直流减法器实训指导书 ………………………………………………… 229
10.8 LM1875T 双电源应用电路实训指导书 ……………………………………………… 230
10.9 LM78L05 的典型应用实训指导书 …………………………………………………… 230
10.10 LM317 的典型应用电路实训指导书 ………………………………………………… 231
10.11 MC34063 典型负压电路实训指导书 ………………………………………………… 232
10.12 LM2576 基本应用电路实训指导书 ………………………………………………… 232
10.13 LM2577 基本应用电路实训指导书 ………………………………………………… 233
10.14 TP4057 接耗散电阻的锂电池充电电路实训指导书 ………………………………… 234
10.15 LM3914 典型应用实训指导书 ……………………………………………………… 234
10.16 LM35 温度测量及 LM3914 显示电路实训指导书 ………………………………… 235
10.17 ICL8038 的典型应用电路实训指导书 ……………………………………………… 236

10.18　LM331 的 F-V 变换应用实训指导书 ·· 237

第 11 章　集成电路应用设计和制作实训 ·· 238

11.1　集成电路应用案例——太阳能户外灯 ·· 238

11.1.1　电路图及工作原理 ··· 239

11.1.2　元器件清单 ··· 239

11.1.3　PCB 图 ··· 240

11.1.4　部分电路仿真 ··· 240

11.1.5　焊接和调试 ··· 242

11.2　集成电路应用综合实训参考课题 ·· 243

11.2.1　1.5 V 电池供电的白光手电筒电路 ·· 243

11.2.2　按键控制的信号发生器电路 ··· 243

11.2.3　按键控制的数字电源电路 ·· 243

11.2.4　手机锂电池充电器电路 ··· 243

11.2.5　USB 镍氢电池充电器 ··· 244

11.2.6　红外热释人体感应报警器 ·· 244

11.2.7　自行车速度显示电路 ·· 244

11.2.8　触摸调光台灯电路 ·· 244

11.2.9　数字电子秤电路 ··· 244

参考文献 ·· 245

附录　部分 Proteus 仿真案例 ··· 246

第1章 集成电路常识

1.1 集成电路的起源和发展

自 1904 年第一只真空电子管发明以来,电子元器件至今已经历了五代的发展过程,后来电子管逐渐被晶体管和集成电路(IC)所取代,但目前在一些高保真音响器材中,仍然使用电子管作为音频功率放大器件。集成电路的诞生,是电子技术划时代的革命,是计算机技术发展的基础,也是微电子技术发展的标志。

集成电路按规模来划分,目前尚无严格的定义,但基本将芯片所含逻辑门数量或晶体管的个数作为划分标志。一般将单块芯片上包含 100 个以下元件或 10 个以下逻辑门的集成电路称为小规模集成电路;将元件数在 100 个及以上、1 000 个以下,或逻辑门数在 10 个及以上、100 个以下的集成电路称为中规模集成电路;将元件数为 1 000~99 999 个,或逻辑门数为 100~9 999 个的集成电路称为大规模集成电路(LSI);元件数大于等于 10 万个,或逻辑门数大于等于 10 000 个的集成电路则称为超大规模集成电路(VLSI)。

1947 年 12 月,美国的贝尔实验室发明了晶体管。1952 年,英国科学家杰弗里·达默(Geoffrey Dummer)提出了电路集成化的最初设想,他设想将一个线路所包含的晶体管和二极管以及其他必要的元件统统集合在一块半导体晶片上,从而构成一块具有一定功能的电路。1958 年 9 月,美国德州仪器公司(TI)的工程师杰克·基尔比(Jack S. Kilby)发明了世界上第一个集成电路,并于 42 年后获得了诺贝尔奖,该集成电路是由 5 个元器件组成的移相振荡器,当接上 10 V 直流电压时,该集成电路输出的电压为正弦波曲线。同年,另一家美国著名的仙童半导体公司(Fairchild)也宣称研制成功了集成电路。该公司的罗伯特·诺伊斯(Robert Noyce)等人提出了适合于工业生产的集成电路理论,使集成电路开始转入工业生产阶段。

1959 年,德州仪器公司建成了世界上第一条集成电路生产线,不久,在世界范围内掀起了集成电路的研制热潮,集成电路的集成度逐步提高。早期的典型硅芯片为 1 平方毫米。20 世纪 60 年代初,国际的集成电路产品每块硅片的元件数在 100 个左右;1967 年已达到 1 000 个,到 1976 年,发展到一块芯片上可集成 1 万多个晶体管;进入 20 世纪 80 年代以来,一块硅片上有几万个晶体管的大规模集成电路已经很普遍了,并且正在向超大规模集成电路发展。1979 年,Intel 公司推出了 8088 芯片,内含 29 000 个晶体管,之后又推出了 286、386、486 等。1993 年 3 月,Intel 公司推出了 Pentium(奔腾)微处理器,它集成了 310 万个晶体管。2010 年 Intel 推出的酷睿 i3 晶体管数量高达 3.82 亿个。

早在 1965 年,英特尔公司(Intel)的创始人之一戈登·摩尔(Gordon Moore)就预言:集成电路集成的晶体管数量每 18 个月左右就会翻一番。直到今天这一预言仍然有效。尽管一定面积的硅片上集成的晶体管数量是有限的,但是科学家们仍然在不断创造新的纪录。2015 年,GPU(图形处理器)的发明者 NVIDIA 公司推出的 GP100 达到了惊人的 153 亿个晶体管。2016 年 8 月,我国自行设计的一款 64 核 CPU 公开亮相,集成了 48 亿个晶体管。2022 年苹果公司(Apple Inc.)发布了 M1 Ultra 处理器,该处理器集成了 1 140 亿个晶体管。专业人士预测,从 2023 年至 2030 年,单个集成电路集成的晶体管数目将增加到原来的 10 倍,即从 1 000 亿个晶体管到 10 000 亿个晶体管。

1.2 集成电路的分类

1.2.1 按功能结构分类

集成电路按其功能、结构的不同,可以分为模拟集成电路、数字集成电路和数模混合集成电路三大类。

模拟集成电路用来产生、放大和处理各种模拟信号(即幅度随时间变化的信号。例如,处理收音机集成电路 CXA1019P、收录机集成电路 TA7215P、单片彩色电视机大规模集成电路 TA8783N 等),而数字集成电路用来产生、放大和处理各种数字信号(即在时间上和幅度上离散取值的信号。例如,74 系列和 CD4000 系列集成电路、单片机等)。

1.2.2 按制作工艺分类

集成电路按制作工艺可分为半导体集成电路和膜集成电路。

膜集成电路又分为厚膜集成电路和薄膜集成电路。厚膜集成电路用丝网印刷和烧结等厚膜工艺在同一基片上制作无源网络,并在其上组装分立的芯片、集成电路或微型元件,再外加封装而成的混合集成电路。如三洋 STK392-120 系列厚膜电源集成电路、国产的傻瓜系列功放 IC 等。图 1.1 为某国产厚膜集成电路。

图 1.1 某国产厚膜集成电路

国产的傻瓜 275 就是一典型的厚膜集成电路,如图 1.2 所示。它将双声道音频功率放大电路需要的所有分立元件全部集成在一个基片上,使用时直接接上电源和输入输出就可以,非常简单方便。

图 1.2　国产的傻瓜 275 厚膜集成电路

1.2.3　按集成度高低分类

集成电路按集成度高低可分为小规模集成电路、中规模集成电路、大规模集成电路和超大规模集成电路。

1.2.4　按导电类型不同分类

集成电路按导电类型可分为双极型集成电路和单极型集成电路。

双极型集成电路为空穴和自由电子两种载流子参与导电,制作工艺复杂,功耗较大,代表集成电路有 TTL、ECL、HTL、LSTTL 和 STTL 等类型,如 74LS 系列集成电路。单极型集成电路只有多数载流子参与导电,制作工艺简单,功耗也较低,易于制成大规模集成电路,代表集成电路有 CMOS、NMOS、PMOS 等类型,如 CD4000 系列、74HC 系列集成电路。

1.2.5　按用途分类

集成电路按用途可分为电视机用集成电路、音响用集成电路、影碟机用集成电路、计算机用集成电路、通信用集成电路、照相机用集成电路、遥控集成电路、语言集成电路、报警器用集成电路、电源集成电路及各种专用集成电路。在集成电路生产企业,如美国德州仪器公司、意法半导体公司网站,一般都是按照用途来分类的。

1.3　集成电路的参数

1.3.1　极限参数

集成电路的极限参数是指集成电路所能承受的参数最大值,即所能承受参数的绝对最大额定值。一般情况下,超出极限参数可能会造成器件永久性损坏,长时间处于任何绝对最大额定值均可能会影响器件可靠性和寿命。极限参数通常比额定工作的电气参数更大,如 CD4000 系列额定工作电压通常为 3～15 V,而极限电源电压通常为 18 V。常见的集成电路极限参数如表 1.1 所示。

表 1.1　常见的集成电路极限参数

符号	定义	参数值
V_{DD}	电源电压	
I_{VIN}	输入电流	
I_{OUT}	输出电流	
P_D	功耗	
T_J	结温	
T_S	储存温度	

1.3.2　电气参数

集成电路的电气参数是指集成电路额定工作的参数范围。一般情况下,在此参数下能保证器件的正常工作,通常列有参数的最小值、典型值和最大值。集成电路的电气参数类目较多,而且根据集成电路的型号和用途不同也不同,具体可参考集成电路 datasheet 文件(也称数据手册或规格书),如 CD4000 系列的电源电压通常应为 3~15 V。某集成电路的电气参数如表 1.2 所示。

表 1.2　某集成电路的电气参数

符号	定义	环境		最小值	典型值	最大值	单位
$V_{IN\text{-}UVLO}$	输入欠压锁定 从高到低阈值	$V_{SEL}=V_{IN}$ $V_{SEL}=0$	● ●	2.65 2.4	2.75 2.5	2.85 2.6	V V
$V_{IN\text{-}UVLO\text{-}HYS}$	输入欠压锁定 迟滞	$V_{SEL}=V_{IN}$ $V_{SEL}=0$		0.15 0.14			V V
V_{IN}	输入电压范围	$V_{SEL}=V_{IN}$ $V_{SEL}=0$	●	3 2.8		5.5 5.5	V V
V_{COUT}	充电终端电压 休眠模式阈值(上升沿)	$V_{SEL}=V_{IN}$ $V_{SEL}=0$	● ●	5.2 4.7	5.3 4.8	5.4 4.9	V V

注:●表示整个工作温度范围内,除非特殊说明均表示 $T_A=25\ ℃,V_{IN}=3.6\ V$。

1.4　习　题

1. 1958 年 9 月,美国＿＿＿＿公司的工程师＿＿＿＿发明了世界上第一颗集成电路,并于 42 年后获得诺贝尔奖。

2. 早在 1965 年,＿＿＿＿公司创始人之一的戈登·摩尔(Gordon Moore)就预言:集成电路集成的晶体管数量每＿＿＿＿个月左右就会翻一番,直到今日这一预言仍然有效。

3. 集成电路按其功能、结构的不同,可以分为＿＿＿＿集成电路、＿＿＿＿集成电路和＿＿＿＿集成电路三大类。

4. 集成电路按制作工艺可分为＿＿＿＿集成电路和＿＿＿＿集成电路。

5. 集成电路按导电类型可分为_____型集成电路_____型集成电路。常见的 CD4000 系列属于_____型，74LS 系列集成电路属于_____型。

6. 集成电路的_____参数是指集成电路所能承受的参数最大值。集成电路的_____参数是指集成电路额定工作的参数范围。

7. 集成电路的 10 s 焊接温度是指集成电路焊接持续 10 s 内不能_____的温度，而_____温度则是保存集成电路的温度范围，超过此温度长期保存可能导致损坏或者失效。

第 2 章　常用数字集成电路

2.1　CD4069 六反相器及其应用

CD4069 包含 6 个独立的反相器,采用低功耗的 CMOS 工艺,有宽的电压范围,具有较强的抗干扰能力和对称的上升沿和下降沿。CD4069 一般作为通用的反相器,对于要求更高抗干扰能力的 IC,可以选择使用 74HC14 等反向施密特触发器。CD4069 所有的输入端均通过两个二极管对 V_{DD} 和 V_{SS} 进行放电以保护芯片。

2.1.1　CD4069 六反相器的特性

CD4069 六反相器的主要特点如下。
(1) 宽电压范围为 3~15 V。
(2) 高噪声抑制为 $0.45V_{DD}$。
(3) 低功耗 TTL 兼容,扇出可以驱动 2 个 74L 或者 1 个 74LS。
(4) 阈值电压约为 $V_{DD}/2$。

CD4069 相比 74 系列的集成电路有着更加优异的极限参数,如最高可以承受 18 V 的电源电压,其极限参数如表 2.1 所示。

表 2.1　CD4069 的极限参数

符号	参数名	典型值	单位
V_{DD}	电源电压	−0.5/18	V
V_{IN}	输入电压	−0.5 V~V_{DD}	V
T_S	储存温度	−65~150	℃
P_D	耗散功率	700	mW
T_L	10 秒焊接温度	260	℃

CD4069 集成电路的主要电气参数如表 2.2 所示。

表 2.2　CD4069 的主要电气参数

符号	参数名	条件	最小值	典型值	最大值	单位
I_{DD}	静态电流	$V_{DD}=5\text{ V},V_{IN}=V_{DD}$ 或 V_{SS}			0.25	μA
		$V_{DD}=10\text{ V},V_{IN}=V_{DD}$ 或 V_{SS}			0.5	μA
		$V_{DD}=15\text{ V},V_{IN}=V_{DD}$ 或 V_{SS}			1	μA
V_{OL}	低电平输出电压	$\lvert I_O \rvert <1\text{ μA}$			0.05	V
V_{OH}	高电平输出电压	$\lvert I_O \rvert <1\text{ μA},V_{DD}=5\text{ V}$	4.95	5		V
		$\lvert I_O \rvert <1\text{ μA},V_{DD}=10\text{ V}$	9.95	10		V
		$\lvert I_O \rvert <1\text{ μA},V_{DD}=15\text{ V}$	14.95	15		V
V_{IL}	低电平输入电压	$\lvert I_O \rvert <1\text{ μA},V_{DD}=5\text{ V},V_O=4.5\text{ V}$			1	V
		$\lvert I_C \rvert <1\text{ μA},V_{DD}=10\text{ V},V_O=4.5\text{ V}$			2	V
		$\lvert I_C \rvert <1\text{ μA},V_{DD}=15\text{ V},V_O=4.5\text{ V}$			3	V
V_{IH}	高电平输入电压	$\lvert I_C \rvert <1\text{ μA},V_{DD}=5\text{ V},V_O=0.5\text{ V}$	4			V
		$\lvert I_O \rvert <1\text{ μA},V_{DD}=10\text{ V},V_O=1.0\text{ V}$	8			V
		$\lvert I_O \rvert <1\text{ μA},V_{DD}=15\text{ V},V_O=1.5\text{ V}$	12			V
I_{OL}	低电平输出电流	$V_{DD}=5\text{ V},V_O=0.4\text{ V}$	0.51	0.88		mA
		$V_{DD}=10\text{ V},V_O=0.5\text{ V}$	1.3	2.25		mA
		$V_{DD}=15\text{ V},V_O=1.5\text{ V}$	3.4	8.8		mA
I_{OH}	高电平输出电流	$V_{DD}=5\text{ V},V_O=4.6\text{ V}$	−0.51	−0.88		mA
		$V_{DD}=10\text{ V},V_O=9.5\text{ V}$	−1.3	−2.25		mA
		$V_{DD}=15\text{ V},V_O=13.5\text{ V}$	−3.4	−8.8		mA
I_{IN}	输入电流	$V_{DD}=15\text{ V},V_{IN}=0\text{ V}$		-10^{-5}	−0.1	μA
		$V_{DD}=15\text{ V},V_{IN}=15\text{ V}$		10^{-5}	0.1	μA
T_{phl} 或 T_{plh}	从输入到输出的传输延迟	$V_{DD}=5\text{ V}$		50	90	ns
		$V_{DD}=10\text{ V}$		30	60	ns
		$V_{DD}=15\text{ V}$		25	50	ns
C_{IN}	平均输入电容	每门		6	15	pF
C_{PD}	功率耗散电容	每门		12		pF

2.1.2　CD4069 的原理电路和引脚配置

CD4069 的原理电路和引脚配置如图 2.1 所示。

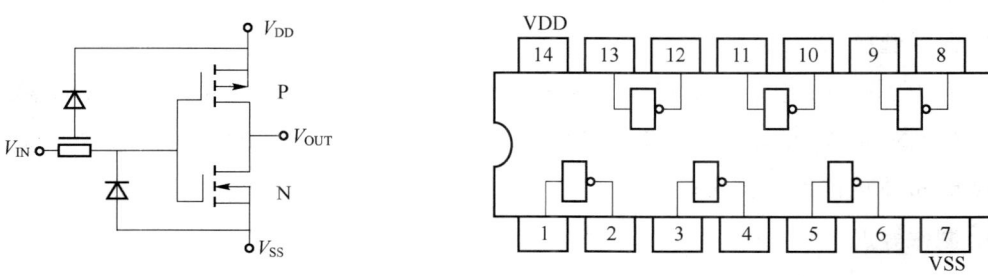

图 2.1　CD4069 的原理电路和引脚配置（顶视）

2.1.3 CD4069 制作的定时灯光提醒器

1. 电路组成

定时灯光提醒器电路如图 2.2 所示,由 CD4069(仅用到其中两个非门,分别用 IC-1 和 IC-2 表示)和电阻、电容、电源等组成。此电路可以在 1~25 min 内预定提醒时间,使用时,利用时间标尺预定时间,打开电源开关,定时器绿灯亮,表示开始计时,到了预定的时间,绿灯灭,红灯亮。

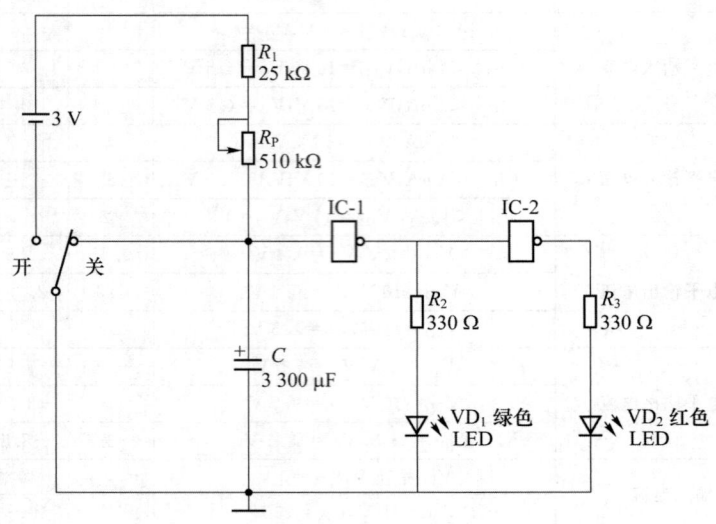

图 2.2 CD4069 制作的定时灯光提醒器电路

2. 工作原理

当开关由关切换到开的位置时,电容 C 上的电压由 0 逐渐上升,上升的速度由 R_1、R_P 和 C 共同决定,第一个反相器输入端的电位由电容 C 上的电压决定。当 C 上的电压比较低时,反相器 IC-1 的输出为高电平,绿灯亮,反相器 IC-2 的输出为低电平,红灯不亮;当 C 上的电压逐渐上升到高电平时,反相器 IC-1 的输出为低电平,绿灯灭,反相器 IC-2 的输出为高电平,红灯亮。使用时,提醒时间的长短是通过调整电位器 R_P 的阻值设置的,R_P 越大,C 上的电压上升的速度越慢,等待的时间越长,理论上,提醒时间为 $0.69(R_1+R_P)C$。

3. 元件选择

R_2 和 R_3 与定时无关,可选用普通碳膜电阻。R_1 和 R_P 与定时有关,R_1 应选用稳定度高的金属膜电阻,R_P 可选用 3296 型精密多圈可调电阻。电容 C 可采用普通的电解电容。由于误差较大,故本电路无法实现精确计时。

4. 制作要点

根据实践经验,当 $R_P=20$ kΩ 时,等待的时间约为 1 min,当 $R_P=1$ MΩ 时,等待的时间约为 40 min。CD4069 的其他 4 个反相器没有使用,但是输入端不能悬空,可以选择接电源或者接地,也可以将反相器并联使用。

2.1.4 CD4069 制作的太阳能充电器

1. 电路组成

太阳能充电器电路由集成电路 CD4069、MOS 场效应管 VT、二极管 VD 以及电阻电容等元件构成,如图 2.3 所示。太阳能电池接电容 C_1 两端,被充电镍氢电池串接保护电阻 R_3 和开关 S。

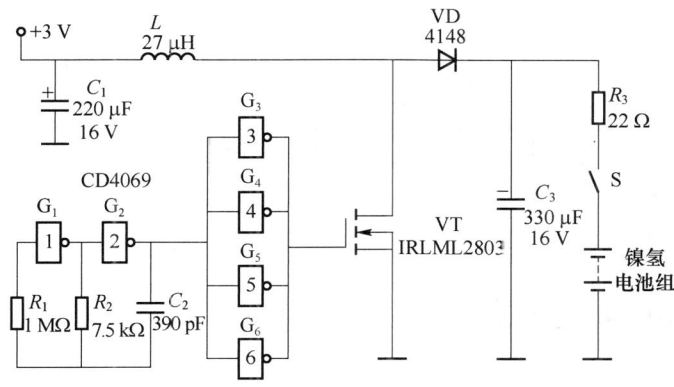

图 2.3 太阳能充电器电路

2. 工作原理

太阳能电池的电压往往比较低,要给一个具有更高电压的镍氢电池充电,一定要使用直流-直流升压电路。图 2.3 中 L、VT 和 VD 就组成了基本的升压电路。CD4069 的 G_1 和 G_2 门组成基本的振荡器,频率为 $f=1/(2.2R_2C_2)$,取值得到的频率大概为 155 kHz,产生的脉冲信号通过 $G_3 \sim G_6$ 门并联的缓冲后驱动 MOS 管 VT 工作。

3. 元件选择

CD4069 可用 74HC04 替代,太阳能电池可选用 3~5 V 规格的,输入和输出上的滤波电容可以选用电解电容,场效应管可以选择 IRLML2803 MOS 管或者 TO-220 封装的 2SK817,电感根据电流选择,即应该根据太阳能电池的输出电流和充电电流来选择,原则上电感电流是它们的 2~5 倍。

4. 制作要点

电路的调试很容易,一般情况下可以先用频率计测试 $G_3 \sim G_6$ 输出端的频率是否与理论一致,如频率为 0 则表示振荡电路没起振。然后在不接电池的情况下测量是否有高于输入的电压输出。最后接上充电电池,监视充电电流的大小,看是否在正常范围内。

2.2 CD4011 四 2 输入端与非门及其应用

CD4011 包含 4 个独立的 2 输入与非门,采用低功耗的 CMOS 工艺,有宽的电压范围,有相同的拉电流和灌电流能力。CD4011 实现的是与非功能。所有的输入端均通过 2 个二极管对 V_{DD} 和 V_{SS} 进行放电以保护芯片。CD4011 的输入输出参数等可参考 CD4069,这里只指出其引脚配置和应用。

2.2.1 CD4011 的引脚配置

CD4011 的引脚配置如图 2.4 所示。

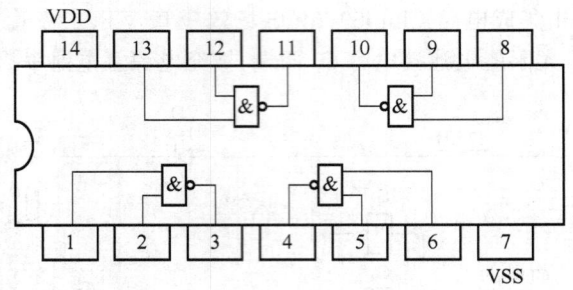

图 2.4 CD4011 的引脚配置(顶视)

2.2.2 CD4011 构成的超温与降温报警器

1. 电路组成

CD4011 构成的超温与降温报警器供监视温度用,可用于恒温电路。当环境温度超出所允许的范围时,它均能发出警报声,提醒人们注意并采取相应措施。该电路可以做到 0.1 ℃ 的分辨能力,如图 2.5 所示。

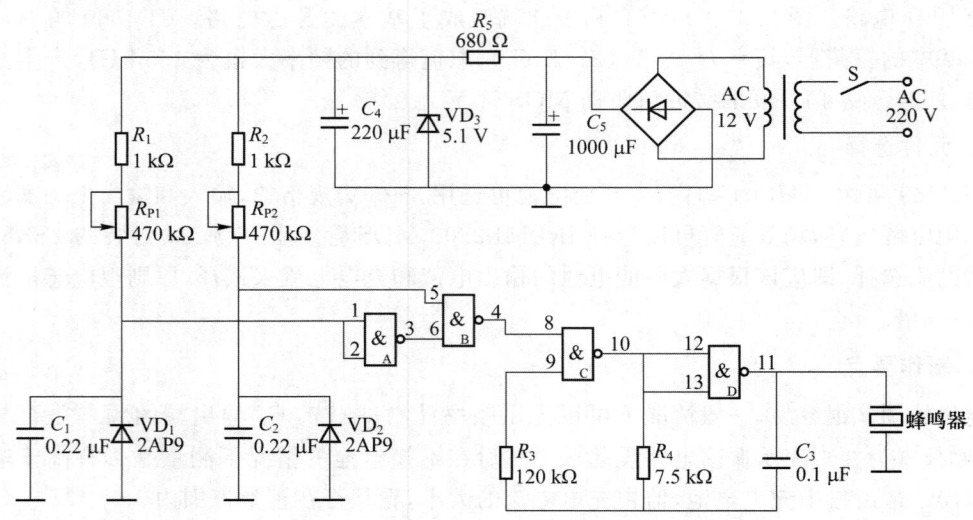

图 2.5 CD4011 构成的超温与降温报警器电路

2. 工作原理

二极管反向工作时,反向电流与温度有着密切的关系,大约温度每升高 10 ℃,反向电流增大一倍。例如,2AP9 型锗二极管,在 25 ℃ 时,反向电流约为 250 μA,那么,温度升高到 35 ℃ 时,反向电流则将上升到 500 μA,依此类推,在 75 ℃ 时,它的反向电流已达 8 mA,已经失去了单方向导电特性。

将二极管 VD_1 和 VD_2 均置于恒温箱内,当箱内温度低于下限值时,图 2.5 中门 A 的输入电压大于其阈值电压,门 A 输出端为低电平,使门 B 输出高电平,这时由门 C、门 D 组成的多谐振荡器起振,蜂鸣器发出报警声;当箱内温度高于上限值时,门 B 的输入电压小于其阈值电压,也可使门 B 输出高电平,蜂鸣器发出报警声;只有当箱内温度处于上、下限之间的值时,蜂鸣器才不会发出声响。分别调节 R_{P1} 和 R_{P2} 的值可分别改变下限和上限值。

3. 元件选择

本电路的关键元件为 2AP9,R_{P1} 和 R_{P2} 可以选用 3296 高精密可调电阻,电容 C_1 和 C_2 的作用是防止误触发,可以使用陶瓷电容,VD_3 为稳压二极管。

4. 制作要点

本电路的温度传感器 2AP9 也可以使用其他二极管,但是要相应调整串联的电阻阻值,当处于控制温度时,二极管的分压正好为电源电压的一半。

下面以小鸡孵化温度监视为例,说明其调节方法:首先将孵化箱的温度调节稳定在 36.5 ℃,并把上限调节电位器 R_{P2} 的滑动臂移至最下端;然后将下限调节电位器 R_{P1} 调至使蜂鸣器响与不响的临界处;最后将孵化箱温度调节稳定在 39.5 ℃,将上限调节电位器 R_{P2} 调至使蜂鸣器响与不响的临界处。这样,当孵化箱温度低于 36.5 ℃ 或高于 39.5 ℃ 时,均会发出报警声,振荡器就可以正式使用了。

2.2.3 CD4011 制作的延迟节能灯

延迟节能灯是一种声光控制延迟节电照明灯。白天或光线较强的场合即使有较大的声响也能控制灯泡不亮,晚上或光线较暗时遇到说话声、脚步声、拍手声等声响后灯自动点亮,经过大约 30 s(时间可通过更换电阻或者电容设定)自动熄灭,非常适用于楼梯、走廊等只需短时照明的地方。

1. 电路组成

延迟节能灯电路由一 CD4011 和若干电阻、电容和晶体管等组成,如图 2.6 所示。

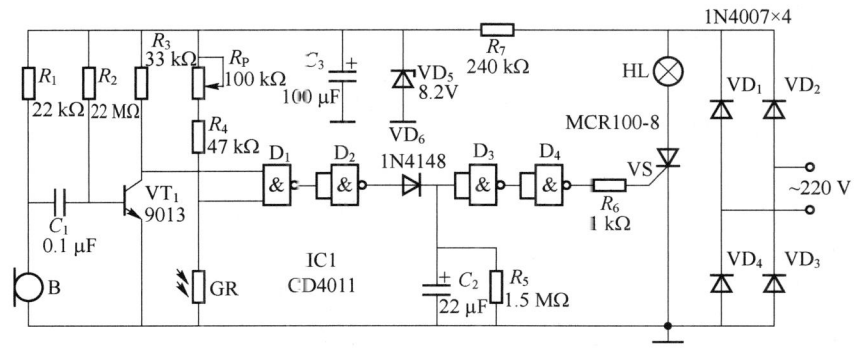

图 2.6 CD4011 制作的延迟节能灯电路

2. 工作原理

二极管 $VD_1 \sim VD_4$ 组成桥式整流电路将市电变成脉动直流,再经电阻 R_7 限流,稳压二极管 VD_5 稳压,电解电容 C_3 滤波输出 8.2 V 直流电,为集成块 CD4011 及三极管 VT_1 提供电源。GR 为光敏电阻,有光或者较亮时阻值很小,导致 D_1 的下输入端为低电平 0,D_1 输出 1,D_2 输出 0,D_3 输出 1,D_4 输出 0,可控硅不导通,灯不亮,这种情况下,无论话筒是否接收到声音均不会亮灯。当夜晚或者光线较暗时，GR 阻值很大，导致 D_1 的下输入端为高电平 1，这时候的状态取决于话筒接收到的声音。当话筒接收到较大声音时，经过 9013 的放大 D_1 上输入端会有交流电压，也就是有时为高电平。当是高电平的时候，D_1 输出 0，D_2 输出 1，C_2 被很快充电成高电平，所以 D_3 输出 0，D_4 输出 1，可控硅导通，灯亮。当声音消失或者很小时，尽管 D_2 变成 0，但由于 VD_6 的单向导通作用，C_2 仍然为高电平，但是会被电阻逐步放电，当 D_3 输出 1，电压翻转（输出高电平）时，D_4 输出 0，可控硅截止，灯灭。这就形成了当晚上有声音的时候灯就会亮，直到连续 30 s 左右均没有声音灯才会熄灭的节能控制效果。

3. 元件选择

与非门 D_1~D_4 可用 CD4011 数字集成电路。VS 可选用 MCR100-8 型等小型塑封单向可控硅。整流二极管 VD_1~VD_4 可用 1N4007 型普通整流二极管，VD_5 可选 2CW56 型 8 V 稳压二极管，VD_6 可用 1N4148 开关二极管，VT_1 可用 9013 或者 8050 等 NPN 三极管。GR 为光敏电阻器，电阻 R_7 可选 1/4W 碳膜电阻，其余电阻均可用 1/8 W 型碳膜电阻，R_P 可用普通小型电位器。C_1 可用陶瓷电容器，C_2 和 C_3 可用 16 V 耐压的电解电容，B 为驻极体电容话筒。

4. 制作要点

本电路很稳定也很简单，但制作的时候要注意安全，可以分开调试，如先把高压部分分离，使用 8.2 V 直流电来调试逻辑功能，如逻辑功能正常，再去掉直流电源，将高压部分接入电路其他部分。

2.2.4 CD4011 制作的水满报警器

1. 电路组成

水满报警器电路主要由一 CD4011（包含 A、B、C、D 四个与非门）和若干电阻电容等几个外围元件构成，如图 2.7 所示，水箱中的 A 和 B 为两根检测电极，作为水位控制的传感器，CD4011 的 C 和 D 两个门及 R_4、C_1 组成音频振荡单元。

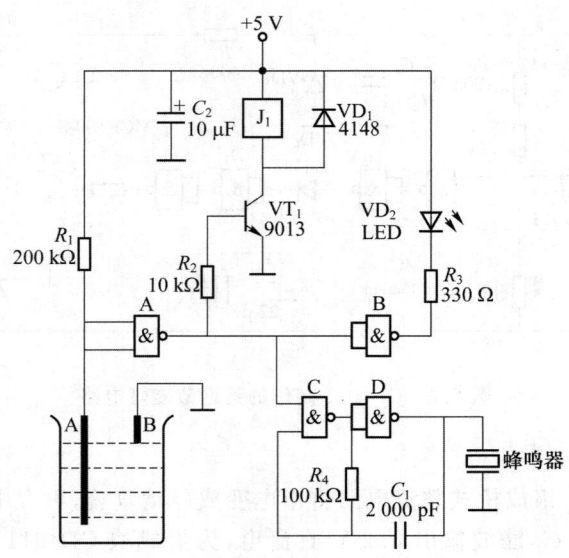

图 2.7 CD4011 制作的水满报警器电路

2. 工作原理

当水满时,A 和 B 两个探测电极均与水接触时,A 和 B 之间的电阻很小,远小于 R_1(200 kΩ),CD4011 的 A 门输入端电压很低,为低电平 0 输入,故 A 门输出高电平 1,三极管 VT_1 导通,继电器 J_1(常闭型)线圈中有电流通过,继电器断开(可用于断开抽水电机电源);同时与非门 C 的上输入端和与非门 A 的输出端相连,也为高电平,故由与非门 C 和 D 组成的音频振荡器起振,蜂鸣器发出报警声响。另外,与非门 B 输出低电平,发光二极管 LED 发光指示水满。

当水未满(未达到预定水位)时,电极 B 未与水接触,A 和 B 之间为断开状态,阻值为无穷大,所以与非门 A 的输入端被拉高为高电平,输出低电平,三极管 VT_1 截止,则继电器 J_1 线圈无电流通过,继电器闭合(可用于接通抽水电机电源)。同时,由于与非门 C 的上输入端也为低电平,故由与非门 C 和 D 组成的音频振荡器停振而无音频信号输出,蜂鸣器不发出报警声响。另外,与非门 B 输出为高电平,发光二极管 LED 两端电压差为 0,也不发光。

3. 元件选择

与非门 A、B、C、D 可用一 CD4011 数字集成电路。电阻可选 1/4 碳膜电阻,电容 C_1 可以选择陶瓷电容,C_2 可以选择铝电解电容,VD_1 可以选择 1N4148 或者 1N4001 等,VT_1 可用 9013 或者 8050 等通用 NPN 三极管,蜂鸣器选无源型,继电器 J_1 选用常闭型继电器。

4. 制作要点

本电路原理和制作均很简单,调测时可以先将与非门 C 的上输入端跳接到电源端以便调通振荡电路,听到蜂鸣器的声音。

5. 电路完善

本电路的 LED 和蜂鸣器能很好地指示水满状况,继电器接上抽水电机也能完成自动抽水功能,但是电路只有一个水位探测,在用水的状态下,会出现反复短暂自动抽水和报警的状况。改进可以再设置一个低水位探测电极,使用双门限的施密特触发器电路来控制,如做到当水位低于 1/10 时自动开启抽水,直到水位高于 9/10 才停止抽水等更加实用的功能。

2.3 CD4017 十进制计数器/脉冲分配器及其应用

CD4017 是 5 位约翰逊计数器,具有 10 个译码输出端。CLOCK、RESET、CKEN 3 个输入端的施密特触发器具有脉冲整形功能,对输入时钟脉冲上升和下降时间无限制。CKEN 为低电平时,计数器在时钟上升沿计数;反之,计数功能无效。RESET 为计数器清零端,高电平有效。每 10 个时钟输入周期 CO 信号完成一次进位,可用作多级计数器的下级时钟,实现级联计数。

2.3.1 CD4017 的引脚配置

CD4017 的引脚配置如图 2.8 所示。

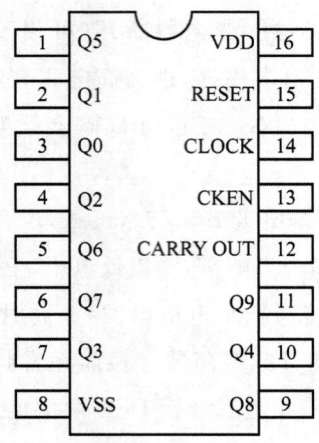

图 2.8 CD4017 的引脚配置(顶视)

2.3.2 CD4017 的内部逻辑结构

CD4017 的内部逻辑结构如图 2.9 所示。

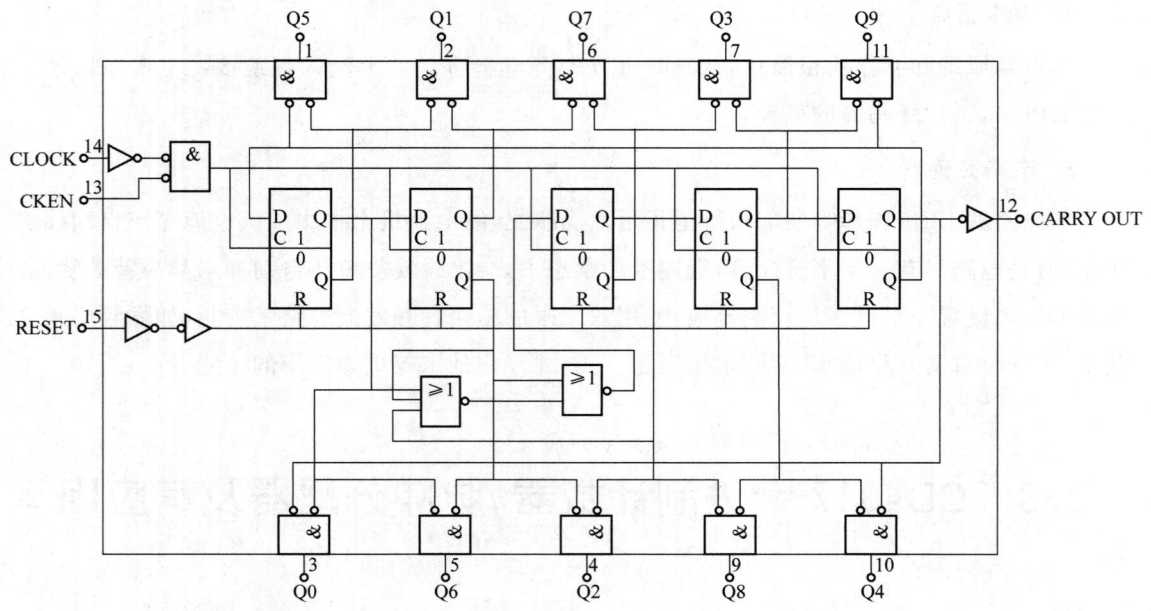

图 2.9 CD4017 的内部逻辑结构

2.3.3 CD4017 的输入输出信号时序

CD4017 的输入输出信号时序如图 2.10 所示。

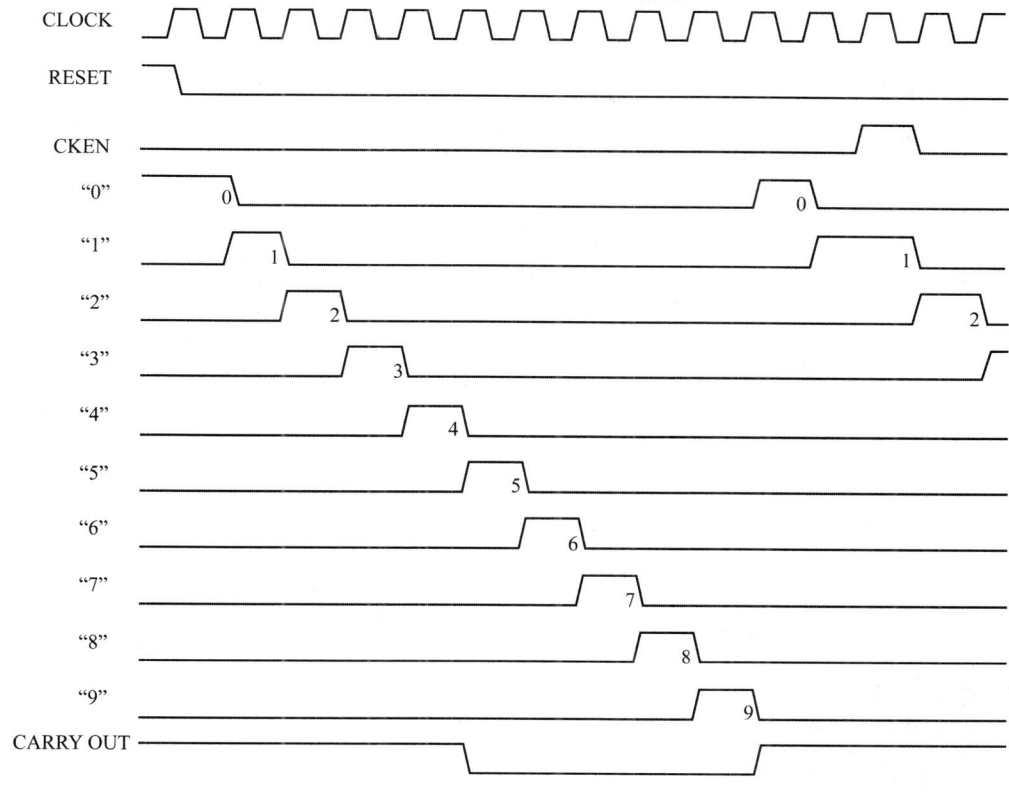

图 2.10 CD4017 的输入输出信号时序

2.3.4 CD4017 制作的缆线测试器

1. 电路组成

一片 CD4017 可以构成 10 个节拍的顺序脉冲发生器,若将输出 $QN(N\geqslant 2)$ 直接与 RESET 连接,则在 Q0 到 $Q(N-1)$ 段可得到 N 个节拍的顺序脉冲输出。NE555 组成多谐振荡器,CD4017 的 Q0~Q7 分别串接 LED 组成显示电路即可用于缆线的逐根通断测试。CD4017 制作的缆线测试器电路如图 2.11 所示。

2. 工作原理

多芯电缆,如网线是由 8 根不同颜色的线分成 4 对绞合在一起。为测试出每一根线的通断情况及其线序可以使用本电路,通过观察主机和副机上 LED 的显示情况来判断。NE555 组成多谐振荡器,从其引脚 3 输出一个脉冲信号送给 CD4017 作为时钟,因 CD4017 的引脚 15 (RESET)接地,输出端(Q0~Q9)只有一个高电平循环出现,其余均为低电平。这样,如果主机电路中的 LED1 被点亮,副机中的 LED9 也被点亮,则表示被测网线第一根线为"通",其他依此类推。对网线进行检测时,如果 LED1~LED8 有不亮的,即表示此线断路。如果 LED9~LED16 非顺序点亮,则表示线序有误。测试熟练后,还可根据发光二极管的发光情况判断出某根网线是否接触不良。网线两端通常为 RJ45 头,本电路的连接待接线区左右可分别焊接在 RJ45 插座的对应引脚上,这样,插入网线即可检测。

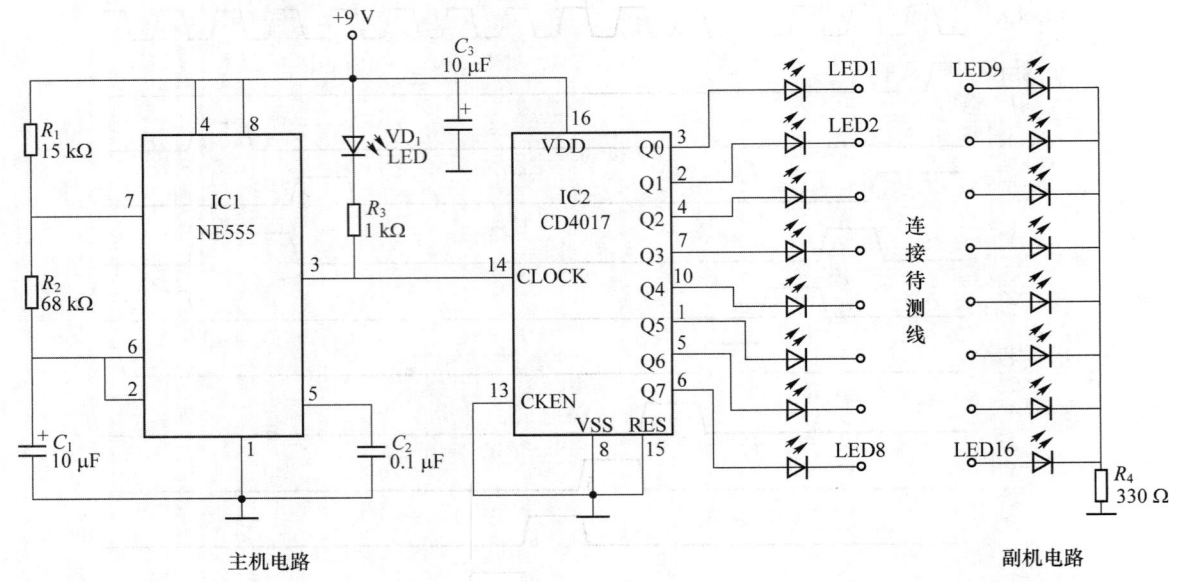

图 2.11 CD4017 制作的缆线测试器电路

3. 元件选择

电阻均可以选用 1/8 W 碳膜电阻,IC1 选用 NE555,IC2 选用 CD4017。LED 选用 φ3 mm 红色高亮发光管,电容 C_1 和 C_3 可用电解电容,C_2 可用陶瓷电容。电源可用 9 V 层叠电池或者其他 5~9 V 直流电。另外,为方便连接测试网线,还应准备两个 RJ45 插座。

4. 制作要点和扩展应用

(1) 本电路简单易制作,在焊接的时候要确认线序。当保持开机状态,该测试仪将会不断地对网线进行自动循环测试。

(2) 如循环检测速度过快或者过慢,可调节 NE555 上接的电阻 R_2 和电容 C_1 的值,也可以去掉多谐振荡电路(即去掉 NE555、R_1、R_2、C_1、C_2),在 IC2 的引脚 14 与地之间接一按钮开关,每按一次按钮就给一个时钟脉冲,实现一根线的检测。

(3) 在本电路的基础上加上声音控制输出电路,可以实现声光检测。

2.3.5 CD4017 制作的单键触摸开关

1. 电路组成

CD4017 制作的单键触摸开关电路如图 2.12 所示。

2. 工作原理

接通电源后,因 C_2 电压不能突变,CD4017 的引脚 15 为短时高电平,IC 自动复位清零,可控硅关断,灯不亮。当人手触摸 M1 后,氖灯发光,光敏电阻 CDS 感光阻值减小,使 IC 的 CLOCK 端变为高电平,Q_1 由此输出高电平,9013 三极管有基极电流,使可控硅导通点亮灯泡。当人手再一次触摸 M1 后,IC 计数一次,Q_1、Q_3、Q_5、Q_7、Q_9 均为低电平,9013 三极管无基极电流,可控硅截止,灯灭,依此类推,从而实现触摸开关功能。市电两输入线分别通过 R_1 和 R_2 接至触摸电路,安装时需区分相线和零线。

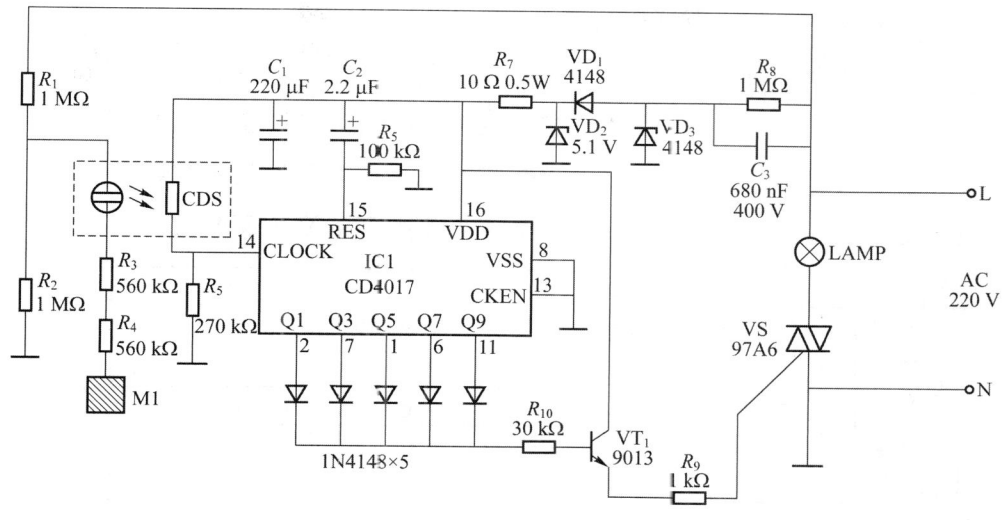

图 2.12 CD4017 制作的单键触摸开关电路

3. 元件选择

R_7 电阻需要选择 1/2 W 或者以上的,其他电阻可选择 1/8 W 的碳膜电阻,C_3 可选择耐压超过 400 V 的无极性电容,如 CBB 电容,C_1 和 C_2 可选择耐压为 25 V 的电解电容,三极管可以选择 9013 或者 9014 以及一般的小功率 NPN 管,可控硅可选择 BT136 或者 97A6。要求电流必须大于灯泡的额定电流,CDS 的亮阻为 20 kΩ 左右,暗阻大于 2 MΩ。

4. 制作要点

制作时要注意元器件的耐压和额定电流,加电前严格做连通性检查,确保电路准确无误连接,连接错误将可能在加电后烧毁元件,加电后手不能碰触碰点,否则可能导致触电。

2.3.6 CD4017 和 MC1413 制作的流水灯

1. 电路组成

CD4017 等制作的流水灯电路由 NE555 振荡模块、CD4017 计数模块以及 MC1413 驱动模块三部分组成,如图 2.13 所示。

2. 工作原理

电路由 NE555 振荡电路作为时钟,输出脉冲信号给 CD4017,CD4017 依次在 Q0~Q9 循环输出高电平,通过 MC1413 的驱动分别输出大电流给串联的 LED,这种闪烁的场景可通过在摩托车尾部大灯的下方安装本电路来实现。在摩托车夜间行驶时,能产生彩灯往复闪烁、行如流水的动感效果,这种流水灯控制电路也可用于节日灯饰控制或广告背景灯等其他应用场合。使用 VD 整流二极管的作用是防止电源反接。

3. 制作要点

如需要更多 LED 提高亮度,可以提高电压或降低串联电阻阻值,也可以使用白光或其他颜色的 LED,但要注意二极管的正向导通电压值。本电路中 NE555 和 CD4017 的电源电压为 5 V,为稳压二极管提供,稳压二极管可以选用 1/2 W 5.1 V 的,设置稳压管的目的是降低 IC 的电压,提高稳定性,学生实训时也可以尝试去掉 VD_W 并将 R_3 短路,统一使用 12 V 电压供电。

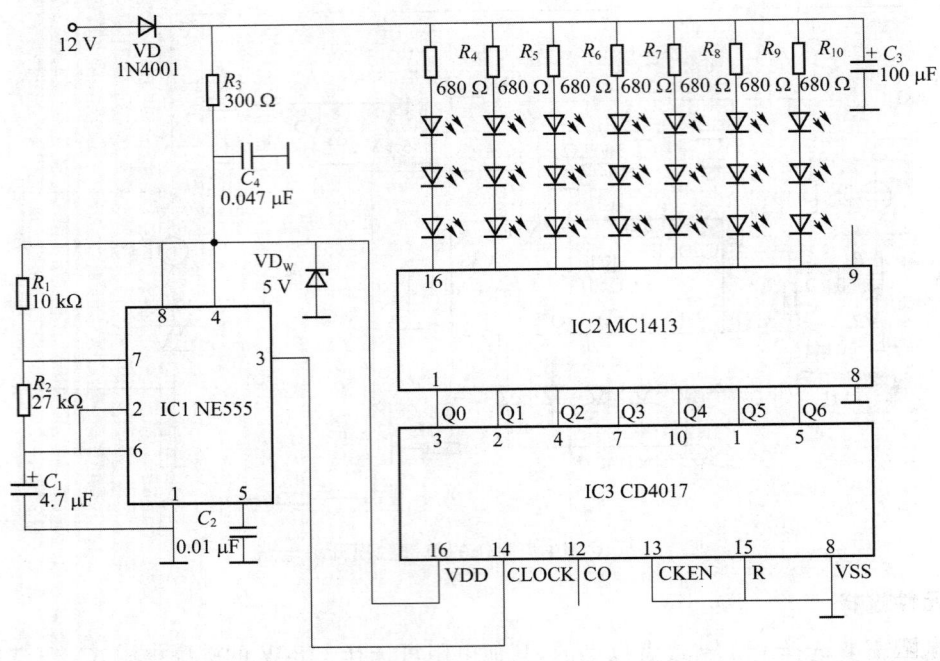

图 2.13　CD4017 和 MC1413 制作的流水灯电路

2.4　CD4060 14 级二进制串行计数/分频器及其应用

CD4060 由一振荡器和 14 级二进制串行计数器组成,振荡器的结构可以是 RC 或晶振电路,RESET 为高电平时,计数器清零且振荡器使用无效。各级计数器均为 T 触发器,当 T=1 时,对时钟进行计数。在 ΦO 的下降沿,计数器以二进制进行计数。在时钟脉冲线上使用施密特触发器,对时钟上升和下降时间无限制。分频系数为 16~16 384(Q4~Q10,Q12~Q14 输出)。

2.4.1　CD4060 的引脚配置

CD4060 的引脚配置中由于引脚数量限制,芯片内部的 Q11 并没引出,如图 2.14 所示。

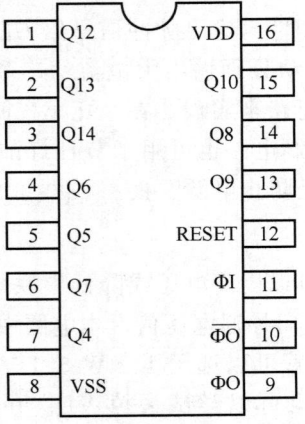

图 2.14　CD4060 的引脚配置(顶视)

2.4.2 CD4060 的三种时钟方式

CD4060 的时钟连接方式如图 2.15 所示。

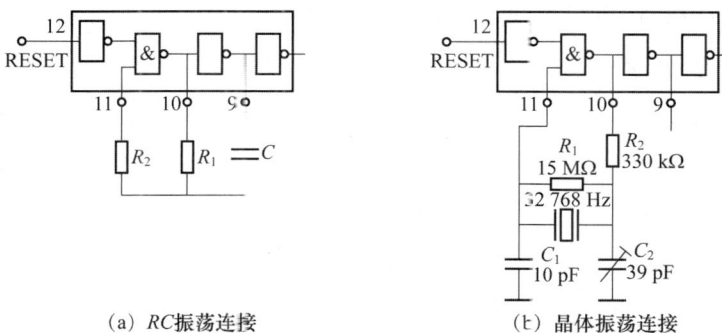

(a) RC 振荡连接　　　　　　(b) 晶体振荡连接

图 2.15　CD4060 的时钟连接方式

在图 2.15(a) RC 振荡连接的电路中,振荡频率为 $f=1/(2.2R_1 \times C)$,R_2 为 R_1 的 $2\sim10$ 倍。显然,当 RESET 端为 1 时,电路无法起振。图 2.15(b) 中,晶体振荡可产生高稳定度的时钟。CD4060 的外部时钟连接如图 2.16 所示。

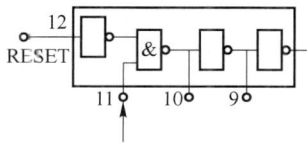

图 2.16　CD4060 的外部时钟连接(不使用内部振荡电路)

图 2.16 中,引脚 10 和引脚 9 均悬空,外部时钟从引脚 12 输入即可。

2.4.3　CD4060 组成的秒信号发生器

1. 电路组成

CD4060 和 BCD 加法计数器 CD4518 组成的秒脉冲发生器电路如图 2.17 所示。晶体振荡器可以选用电子表常用的 32 768 Hz,5/20 pF 可变电容用于校准振荡频率。

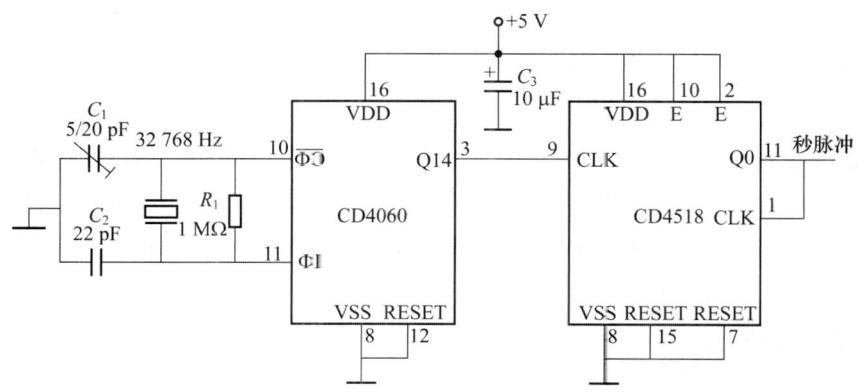

图 2.17　CD4060 组成的秒脉冲发生器电路

2. 工作原理

图 2.17 中的振荡部分为晶体振荡电路,它产生的信号频率为 32 768 Hz。该信号经过 CD4060 的分频,从引脚 3 输出 14 级信号。即经过 16 384 分频后,得到频率为 2 Hz 的信号,再经过 BCD 加法计数器 CD4518 的再一次分频,就得到了 1 Hz 的秒脉冲信号。

3. 制作要点

本电路使用的 CD4060 和 CD4518 均是为了对 32 768 Hz 信号进行逐步分频,最后得到秒脉冲。通过 CD4060 的其他输出引脚,本电路也可以得到其他频率的信号。电路输出频率如表 2.3 所示。

表 2.3 电路输出频率

IC	引脚	名称	频率/Hz	周期/s
CD4060	7	Q4	2 048	0.000 488
	5	Q5	1 024	0.000 977
	4	Q6	512	0.001 953
	6	Q7	256	0.003 906
	14	Q8	128	0.007 813
	13	Q9	64	0.015 625
	15	Q10	32	0.031 25
	1	Q12	8	0.125
	2	Q13	4	0.25
	3	Q14	2	0.5

2.4.4 CD4060 组成的频率计电路

1. 电路组成

频率计电路由 CD4060 定时信号发生器、CD4026 十进制 LED 显示计数器以及 CD4011 逻辑控制电路三部分组成,如图 2.18 所示。

2. 工作原理

当 R_2 选择合适时,将在 CD4060 的 Q5 端输出一个高电位、持续时间为 1 s 的基准脉冲信号并用 LED 显示,在这 1 s 内计数器从 000 开始对外接待测信号进行计数,1 s 过后,Q5 变为"0",CD4011 的引脚 11 不再接通外接信号,计数停止。当 Q4 为"1",且 Q6 为"1"时,CD4011 的引脚 10 输出复位信号,将 CD4060 和 CD4026 复位,即完成了一次频率测试。本电路会以反复计数的方式完成外接信号的频率测试。

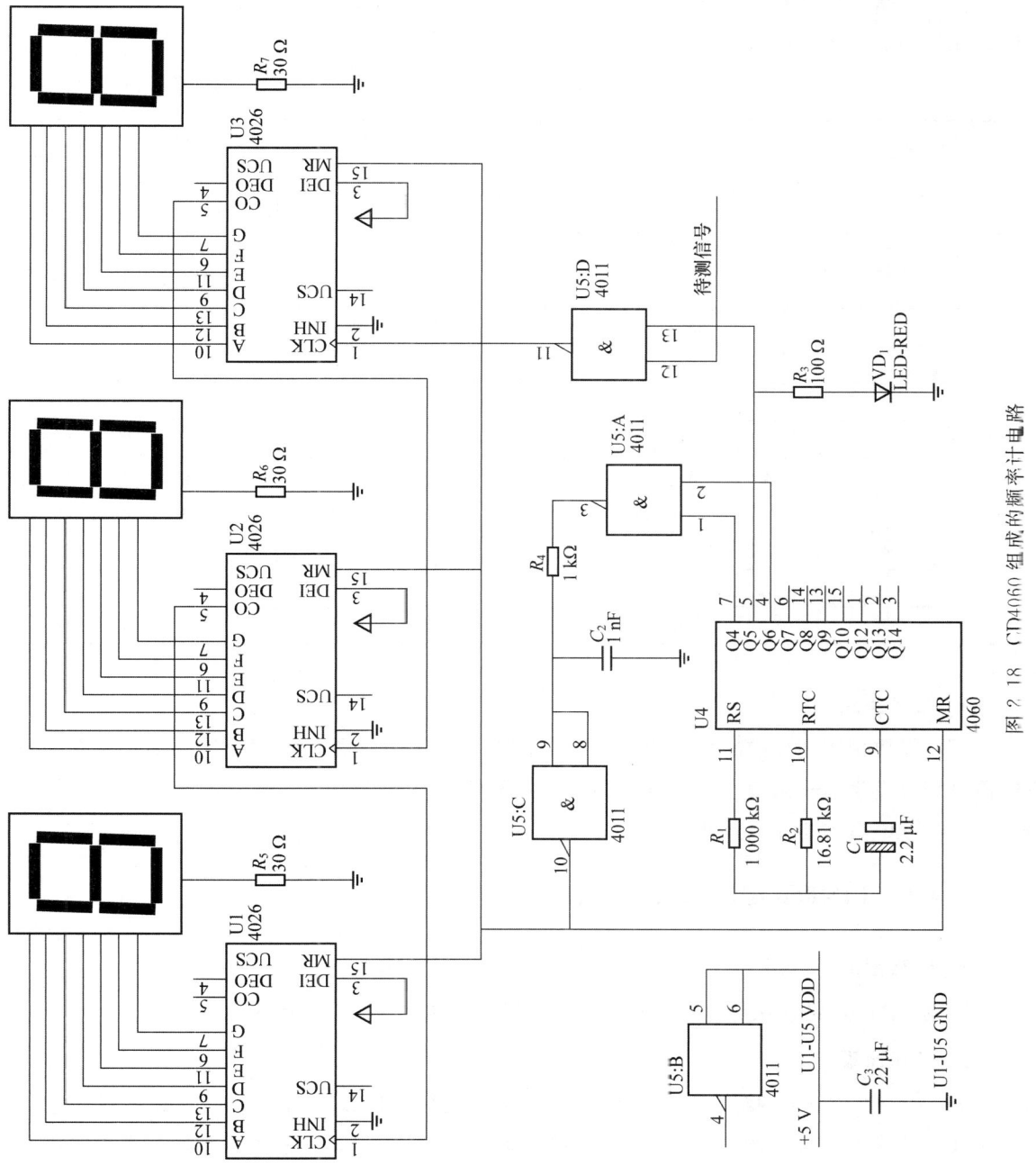

图 2.18 CD4060 组成的频率计电路

3. 元件选择

电阻 R_1、R_2 与基准脉冲有关,故要选用稳定度高的金属电阻,R_2 可选用多圈精密可调电阻,C_1 可选择涤纶电容或者独石电容,不宜选用陶瓷电容,LED 数码管选用共阴极。频率计电路元件如表 2.4 所示。

表 2.4 频率计电路元件

序号	名称	参考号	元件值	数量
1	电阻	R_1	1 000 kΩ	1
2	3 296 W 可调电阻	R_2	20 kΩ	1
3	电阻	R_3	100 Ω	1
4	电阻	R_4	1 kΩ	1
5	电阻	R_5,R_6,R_7	30 Ω	3
6	电容	C_1	2.2 μF	1
7	电容	C_2	1 000 pF	1
8	电容	C_3	22 μF	1
9	CD4026 集成电路	U1,U2,U3	4026	3
10	CD4060 集成电路	U4	4060	1
11	CD4011 集成电路	U5	4011	1
12	发光二极管(红色高亮)	VD_1	LED-RED	1
13	0.56 寸共阴极数码管			3

4. 制作要点

调试需要使用到标准的频率计和信号发生器,调试的方法是用本频率计与标准频率计同时测量信号发生器输出信号的频率,如不一致,则调节 R_2 使其一致。输入的待测信号必须符合+5 V 的 CMOS 电平的要求。

2.4.5 CD4060 组成的长延时电路

1. 电路组成

利用 CD4060 的多级分频功能可以组成长延时电路,如图 2.19 所示。

2. 工作原理

图 2.19 中,CD4060 接成 RC 振荡模式,振荡频率大约为 1 Hz,经过 14 级分频在引脚 3(Q14)的脉冲周期为 16 384 s(约 4 h 33 min),同理引脚 15(Q10)的脉冲周期为 1 024 s。在电路接通的情况下,按一下 AN 按钮,电路重新开始计时,延时 1 024 s 后,Q10 由"0"变"1",通过 4148 二极管使振荡停止,LED 点亮,计时终止。通过波段开关,本电路也可以选择其他延时时间。

3. 制作要点

上述电路可以实现最长 4 h 33 min 左右的延时,如果要制作更长时间的延时,可以使用 2 片 CD4060 将延时范围扩大 2^{14} 倍,可实现最长 3 107 天的延时。

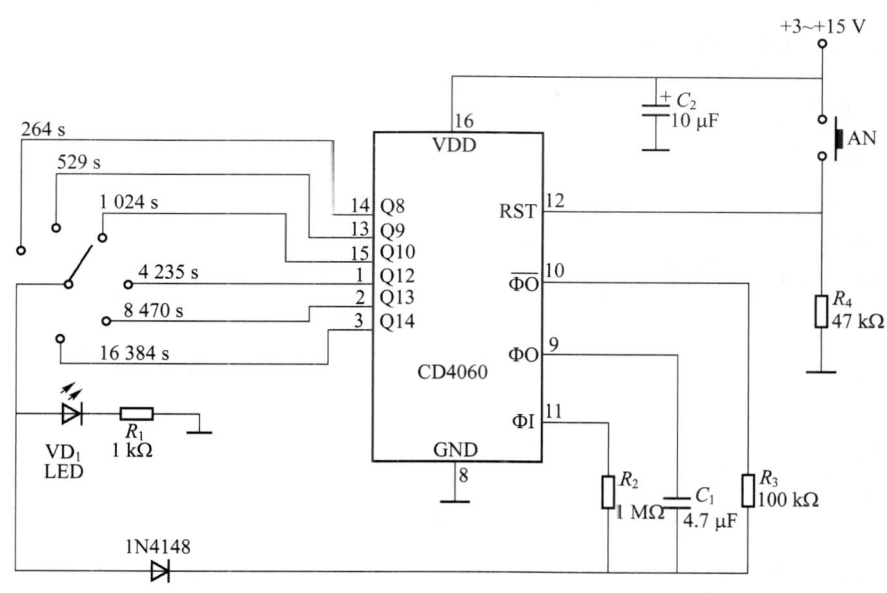

图 2.19　CD4060 组成的长延时电路

2.5　CD4066 四双向模拟开关及其应用

CD4066 为四双向模拟开关,内部含有四个独立的能控制数字或者模拟信号传输的双向开关,每个开关均有一个控制端 CON 和 2 个 IO 端。当控制端 CON 为"1"时开关打开,当控制端 CON 为"0"时开关关断,实际上它相当于可控的单刀双掷开关。模拟开关在电视机、影碟机、电话机及各种电子仪器仪表上应用相当广泛。作为模拟开关的同类集成电路还有单八路模拟开关 CD4051、双四路模拟开关 CD4052、单十六路模拟开关 CD4067 和三组二路模拟开关 CD4053 等,美国 Maxim 公司更是提供了更高性能(更快速、更低导通电阻)的模拟开关,如 MAX4621 导通电阻可低至 3 Ω,它甚至可以作为簧片继电器的替代品。下面以 CD4066 为例,介绍模拟开关及其应用。

2.5.1　CD4066 的引脚配置

CD4066 的引脚配置如图 2.20 所示。

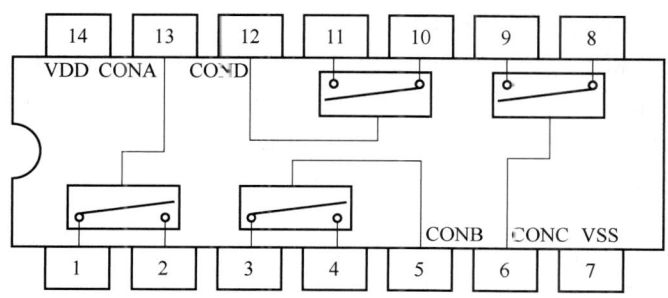

图 2.20　CD4066 的引脚配置(顶视)

2.5.2 CD4066 的特性

CD4066 的主要特点如下。
(1) 导通电阻低至 125 Ω。
(2) 关断电阻高至 180 MΩ。
(3) 静态电流低至 0.01 μA。

CD4066 的极限参数如表 2.5 所示。

表 2.5 CD4066 的极限参数

符号	参数名	典型值	单位
V_{DD}	电源电压	−0.5/20	V
V_{IN}	输入电压	$-0.5\text{ V} \sim V_{DD}+0.5\text{ V}$	V
I_{IN}	输入电流	±10	mA

CD4066 的主要电气参数如表 2.6 所示。

表 2.6 CD4066 的主要电气参数

符号	参数名	条件	最小值	典型值	最大值	单位
I_{DD}	静态电流	$V_{DD}=5,10,15\text{ V}$		0.01		μA
		$V_{DD}=20\text{ V}$		0.02		μA
R_{ON}	导通电阻	$V_{DD}=5\text{ V}$		470	1 050	Ω
		$V_{DD}=15\text{ V}$		180	400	Ω
		$V_{DD}=20\text{ V}$		125	240	Ω
R_{IN}	控制端输入电阻			10^{12}		Ω
	响应频率	$V_{DD}=5\text{ V}$		40		MHz

2.5.3 CD4066 构成的单键控制视频切换器

1. 电路组成

单键控制视频切换器电路由一片 CD4017、一片 CD4066、一个电阻、一个电容和一个开关组成,如图 2.21 所示。

2. 工作原理

按键每按一下,相当于给 CD4017 输入一个时钟脉冲,CD4017 就会计数,分别从 Q0~Q3 依次输出高电平,打开相应的 CD4066 开关让相应的视频通过。当 Q4 为高电平时,再按一次按键就会导致 Q5 为高电平,由于 Q5 与 MR 相连,CD4017 复位,所有的 Q 全部置"0"。这样,实际的开关除了分别接通视频 1、视频 2、视频 3、视频 4 外还有一个处于空闲状态,也就是视频输出端不接通任何输入端。

3. 制作要点

由于视频信号的速率很高,为了防止互相干扰,连接视频信号时要注意各组相互之间的隔离、视频信号线的屏蔽层良好接地等。

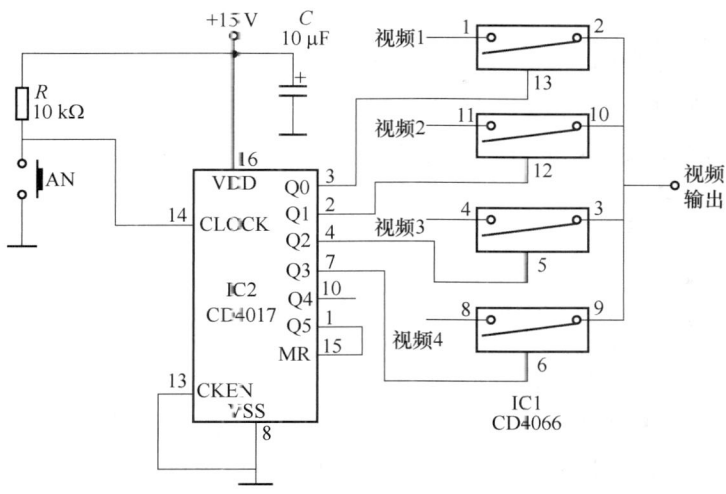

图 2.21 CD4066 构成的单键控制视频切换器电路

2.5.4 CD4066 构成的单键控制电压输出装置

1. 电路组成

单键控制电压输出装置电路由 1 片 CD4017 计数器和 3 片 CD4066 模拟开关组成,包含分压电阻网络,如图 2.22 所示。

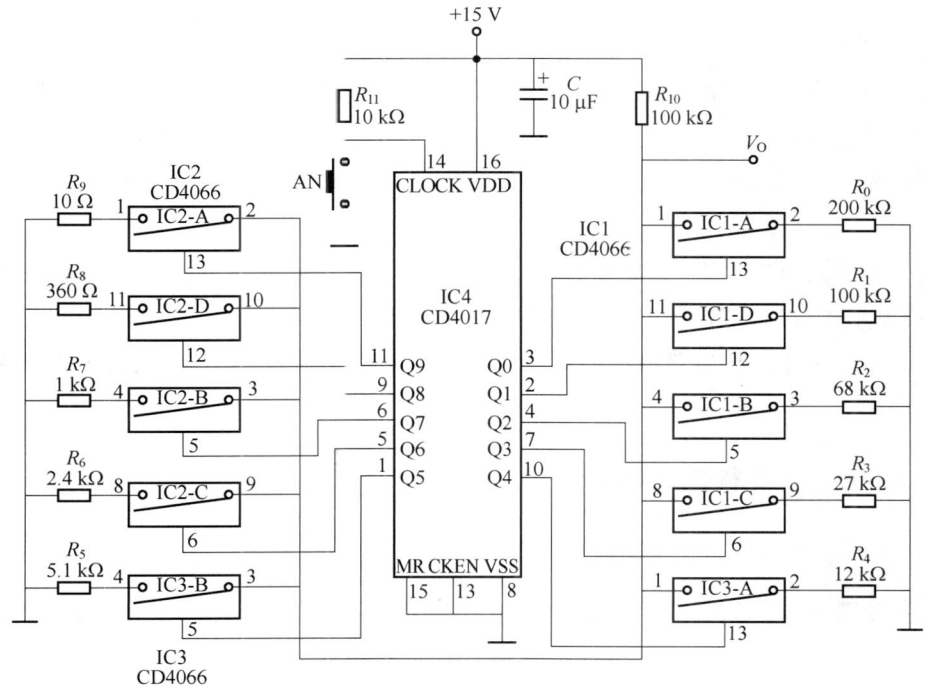

图 2.22 CD4066 组成的单键控制电压输出装置电路

2. 工作原理

CD4017 和按键一起组成十进制计数器,在按键的作用下,该计数器依次从 Q0~Q9 输出高电平,接通对应的 CD4066 模拟开关,电阻 R_{10}(100 kΩ)分别和对应模拟开关下的电阻组成分压网络。由于每个开关控制的电阻不同,故本电路可以依次得到不同的输出电压。

3. 元件选择

输出电压

$$V_O = 15 \times \frac{R+0.35}{R+0.35+100}$$

其中 0.35 为 CD4066 的导通电阻,单位为 kΩ。

当 $Q_0=1$ 时,IC1-A 开关闭合,其他开关截止,$R=R_0=200$ kΩ,$V_O=10$ V。

当 $Q_5=1$ 时,IC3-B 开关闭合,其他开关截止,$R=R_5=5.1$ kΩ,$V_O=0.78$ V。

当 $Q_9=1$ 时,IC2-A 开关闭合,其他开关截止,$R=R_9=10$ Ω,$V_O=0.05$ V。

选择合适的 $R_0 \sim R_9$ 电阻值,通过按键得到一系列所需要的电压值。

对应不同的电阻值,本电路可以分别得到不同的输出电压,如表 2.7 所示。

表 2.7 输出电压

R/kΩ	200	100	68	27	12	5.1	2.4	1	0.36	0.01
输出电压 V_O/V	10.01	7.51	6.09	3.22	1.65	0.78	0.40	0.20	0.11	0.05

4. 扩展使用

本电路可以得到不同的输出电压,相当于不同的分压比,作用类似于电位器,只不过这里是单键数字控制,稍加改动可以变化为单键控制的 10 挡数字电位器、增益可调放大器、可调输出电源等电路。要得到不同系列的输出电压,如线性变化或者对数变化,可以分别更换不同的电阻。

在设计电阻阻值的过程中,要考虑到 CD4066 的导通电阻,只有当电阻的阻值远大于导通电阻,导通电阻才可以忽略不计。由于 CD4066 的关断电阻高达 10^{12} Ω,所以可以将关断电阻忽略不计。另外由于集成电路的工艺不同,导通电阻的阻值也不尽相同,故表 2.7 中的数据仅供参考。

2.5.5 CD4066 构成的继电器控制电路

1. 电路组成

继电器控制电路由 1 片 CD4066 模拟开关 IC 和若干电阻、二极管、三极管等组成,如图 2.23 所示。

2. 工作原理

该电路用两根引线上的正脉冲信号分别作为"开"和"关"指令,由单片机的 IO 口输出控制脉冲来控制继电器吸合和断开,所用场合的"开"和"关"指令的脉冲宽度为 ms 级别。

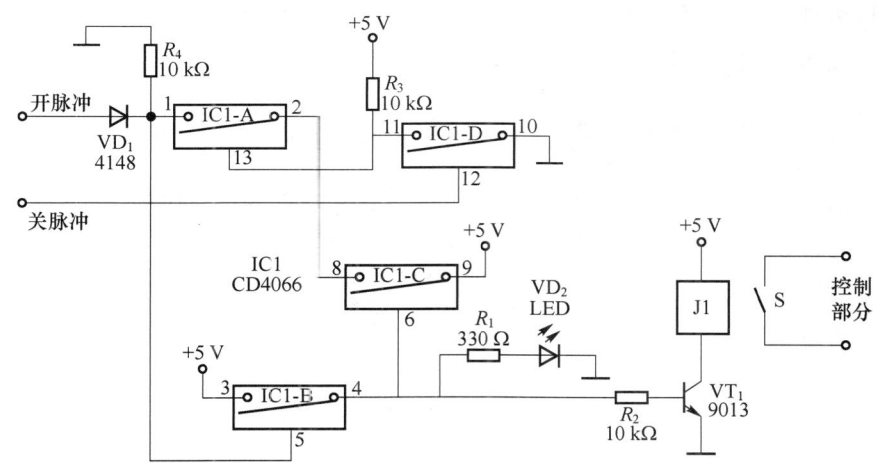

图 2.23 CD4066 组成的继电器控制电路

图 2.23 中,D 电子开关的引脚 10 接地,引脚 11 通过 10 kΩ 电阻上拉到 +5 V,所以引脚 11 上将会得到一个与控制引脚 12 相反的电平。当"开"脉冲出现时,B 电子开关的引脚 3 和引脚 4 接通,引脚 4 输出 +5 V。+5 V 电位一路连到继电器的驱动三极管基极,三极管饱和,使继电器线圈通电,继电器吸合;+5 V 电位另一路接至 C 电子开关的控制端引脚 6,使 C 开关的引脚 8 和引脚 9 导通,呈现 +5 V,并输出到 A 开关的引脚 2,使得引脚 2 也得到 +5 V 电位。由于此时"关"脉冲输出为"0"电位,D 开关关闭,被拉高的引脚 11 给 A 开关的控制端引脚 13 的电压也为 +5 V,所以 A 开关导通,引脚 1 和引脚 2 接通,均为 +5 V,并输出给 B 开关的控制端引脚 5,使得 B 开关自锁保持导通状态,即使"开"脉冲过去,但 B 开关的引脚 4 输出到继电器驱动管仍保持高电平,继电器触点维持吸合状态。只要 B 开关的引脚 4 输出 +5 V,LED 上就能得到正向导通电压而发亮。

当"关"脉冲来到时,D 开关的引脚 11 才变为"0"电位,使得 A 开关的控制端引脚 13 也为"0"电位,A 开关断开,引脚 1 和引脚 5 的电位为"0"电位,导致 B 开关断开,引脚 3 和引脚 4 断开,自锁状态解除(此时"开"脉冲输入为"0"电位),三极管因无基极电流而截止,继电器维持不吸合状态。

本电路的关键之处是,只依靠一个脉冲即可维持继电器的状态,所以设计上必须能实现状态的自锁。

3. 元件选择

电阻选用普通碳膜电阻,CD4066 可以使用 74HC4066 替代。VD_1 二极管不得使用普通的整流二极管,可以用 1N4148 开关二极管或者其他开关速度比较高的二极管。继电器的选择根据需要控制电路,如常开型继电器,"开"脉冲来到继电器时,开关闭合,"关"脉冲来到继电器时,开关断开;常闭型继电器则相反。

4. 知识扩展

本电路调试很简单,只要焊接无误,通常都能一次成功。本电路使用了 CD4066 电子开关搭建了一个类似 RS 触发器的电路,实际上使用 2 个或非门可以实现同样的功能,而且电路更加简洁可靠,因此,在设计数字电路的过程中选择合适的集成电路,能更好地简化电路,节约成本。CD4001 组成的继电器控制电路如图 2.24 所示。

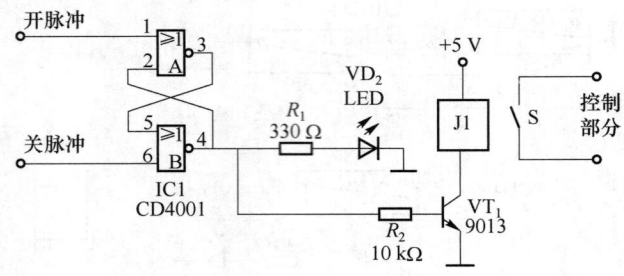

图 2.24　CD4001 组成的继电器控制电路

2.6　74HC14 六反相施密特触发器及其应用

74HC14 包含六个反相施密特触发器。施密特触发器具有滞后特性,其特点如下。

(1) 电路具有两个阈值电压,分别称为正向阈值电压 V_+ 和反向阈值电压 V_-。

(2) 与双稳态触发器和单稳态触发器不同,施密特触发器属于"电平触发型"电路,它不依赖于边沿陡峭的脉冲。

施密特触发器经常被设计用于阻止输入电压出现微小变化(低于某一阈值)而引起的输出电压的改变。当输入电压 V_i 由低向高增加到达 V_+ 时,输出电压发生突变,而输入电压 V_i 由高变低到达 V_- 时,输出电压发生突变,因而该触发器存在输出电压变化滞后的现象,对于要求一定延迟启动的电路,施密特触发器是特别适用的。另外在脉冲整形、脉冲幅度鉴定等方面,施密特触发器也被广泛使用。下面以 74HC14 为例,介绍施密特触发器及其应用。

2.6.1　74HC14 的引脚配置

74HC14 的引脚配置如图 2.25 所示。

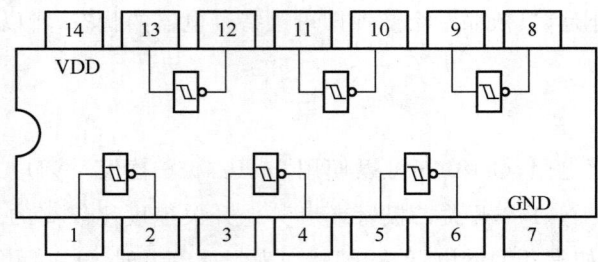

图 2.25　74HC14 的引脚配置(顶视)

2.6.2　74HC14 的性能

74HC14 的极限参数如表 2.8 所示。

表 2.8 74HC14 的极限参数

符号	参数名	典型值	单位
V_{DD}	电源电压	7	V
V_{IN}	输入电压	7	V
T_S	储存温度	$-65\sim150$	℃

74HC14 的主要电气参数如表 2.9 所示。

表 2.9 74HC14 的主要电气参数

符号	参数名	条件	最小值	典型值	最大值	单位
V_{DD}	电源电压		2.0		6.0	V
I_{DD}	静态工作电流				0.25	μA
V_{IN}, V_{OUT}	输入、输出电压		0		V_{DD}	V
V_{T+}	正向输入阈值电压	$V_{DD}=4.5\ V$		2.38		V
V_{T-}	反向输入阈值电压	$V_{DD}=5\ V$		1.4		V
I_{OH}	高电平输出电流	$V_{DD}=5\ V$			-0.4	mA
I_{OL}	低电平输出电流	$V_{DD}=5\ V$			8	mA

2.6.3 74HC14 输入输出特性

典型的输入输出波形如图 2.26 所示,典型的施密特触发器传输曲线如图 2.27 所示,可以看出正向和反向的传输曲线不完全一致。

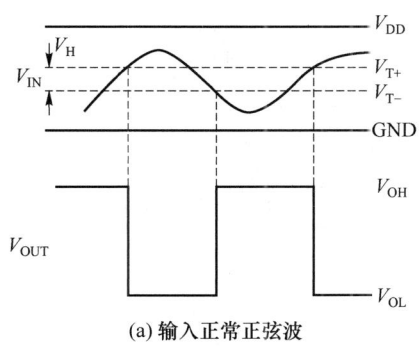
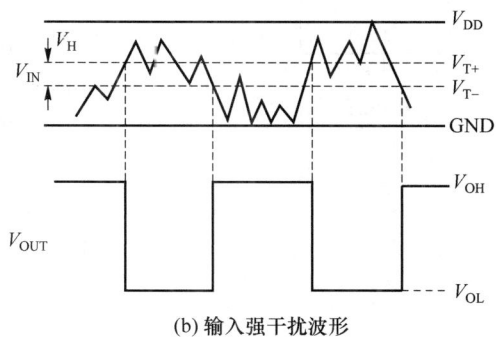

(a) 输入正常正弦波　　　　　　　　(b) 输入强干扰波形

图 2.26　典型的输入输出波形

图 2.26(a)表明施密特触发器的正向阶段(输入电压 V_{IN} 上升)和反向阶段(输入电压 V_{IN} 下降)的输出转换阈值电压 V_{T+} 和 V_{T-} 是大小不同的,这样看起来输出波形相对输入波形有滞后。

图 2.26(b)表明了当输入波形噪声较大时,通过施密特触发器后信号被整形并滤去了干扰噪声。当然 74HC14 为反相的施密特触发器,所以如要得到同相的信号,可再接一级反相器。

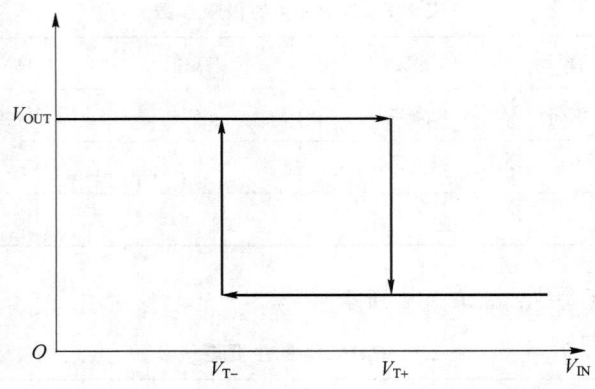

图 2.27　典型的施密特触发器传输曲线

2.6.4　采用 74HC14 的光耦合器接收整形电路

1. 电路组成

8052 单片机输出信号经过光耦合器传输，在光耦合器的接收端接 74HC14 后驱动场效应晶体管形成的光耦合器接收整形电路如图 2.28 所示。

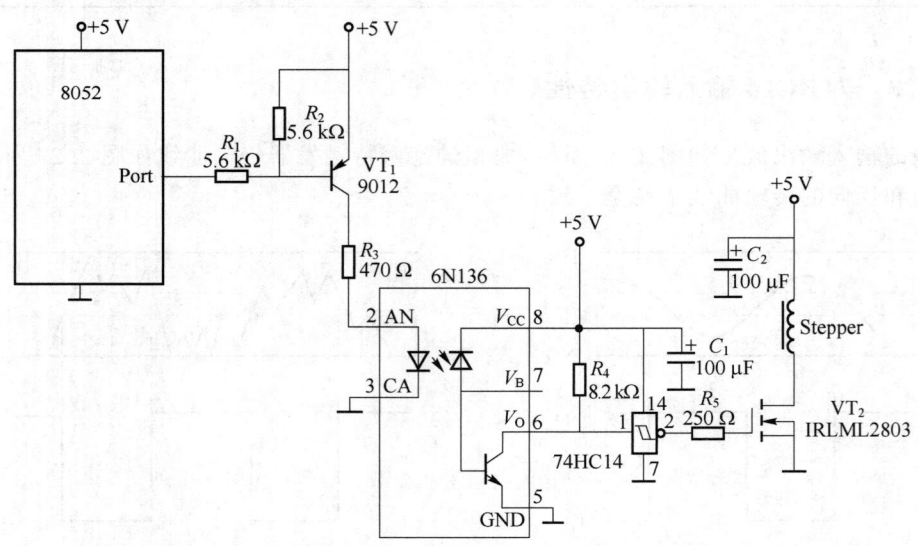

图 2.28　采用 74HC14 的光耦合器接收整形电路

2. 工作原理

8052 单片机的输出口很多为集电极开路型，所以同 PNP 三极管一起来驱动光耦合器 6N136 的发光二极管。当 8052 输出低电平 0 时，发光二极管发光，该光线被光敏二极管接收并被三极管放大，此时的信号由于经过电光和光电转换会有一定的噪声，通过 74HC14 整形后还原成原始 8052 信号的反相信号，此信号驱动场效应管工作，进而控制 Stepper 步进电动机。

3. 元件选择

三极管可选择 2N3906 或者 8550 等普通小信号 PNP 三极管，这里的信号是驱动步进电机的,要求的传输速率很低,可以选择光耦6N136,场效应晶体管可选择N沟道MOS管,输出电流必须能满足步进电机的额定工作电流。

4. 相关扩展应用

本例中的光耦合器可以将两个电路的电气连接完全隔开,切断可能形成的环路,使它们相互独立,提高电路系统的抗干扰性能。光耦合器常用在开关电源电路、功率驱动电路、过零检测电路和信号传输电路等。对于光耦合器的输出,均可以采用74HC14进行脉冲整形。

2.6.5　采用74HC14的直流-直流变换电路

1. 电路组成

由1片74HC14和一些分立元件组成的直流-直流变换电路如图2.29所示。

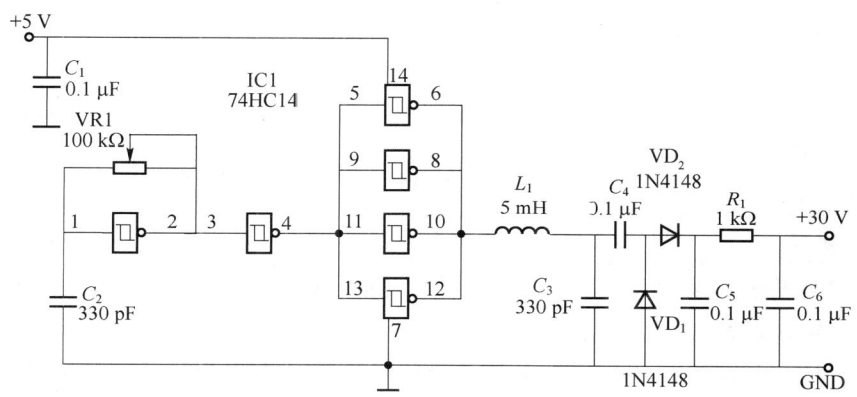

图 2.29　采用74HC14的直流-直流变换电路

2. 工作原理

本电路由74HC14的1个反相器、电阻VR1和电容C_2组成振荡电路,振荡周期大约为8 μs。振荡信号被另外一个反相器反相后,推动其他4个并联的反相器。反相器并联的目的是增加输出能力。电流通过电感器续流后进入电容和二极管形成的电荷泵电路,最后在C_6输出一个+30 V的电压。

3. 制作要点

本电路只能得到一个近似+30 V的电压,而且由于使用电荷泵电路,故输出电流有限,一般可应用在电流不到1 mA的场合。如在电子调谐器中,只吸收很少电流的变容二极管的电压可能为0～30 V,如输出离30 V较远,可调节VR1。

2.6.6　采用74HC14的太阳能光控电路

1. 电路组成

太阳能光控电路由太阳能电池、超级电容、74HC14、BL3530以及少量外围元件组成,如图2.30所示。

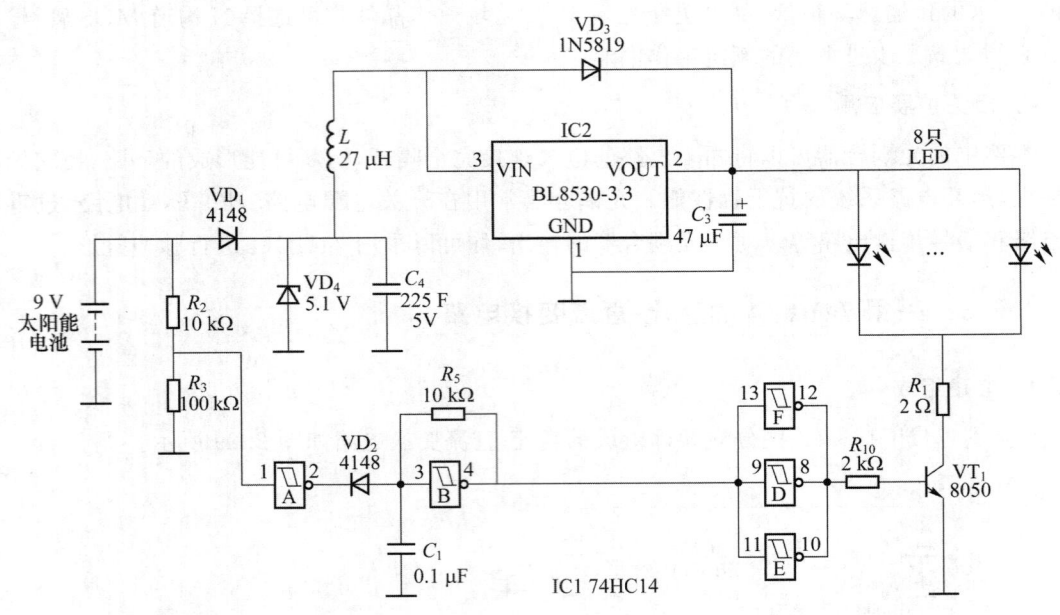

图 2.30 采用 74HC14 的太阳能光控电路

2. 工作原理

太阳能电池基于二极管 VD_1 的正向导通作用,单向给超级电容充电,稳压二极管 VD_4 是为了防止 5 V 耐压的超级电容过压。由于超级电容上的电压随着放电而减少,并不稳定,所以设计用 BL8530 组成的直流-直流变换电路将超级电容上的电压变换成一个稳定的 3.3 V 电压,可以用于点亮 LED。由于白天并不需要点亮 LED,所以使用 74HC14 组成光控电路来控制只有晚上才点亮 LED。74HC14 的第二个反相器与 R_5 和 C_1 构成多谐振荡器。这样,在白天时,太阳能电池电压很高,74HC14 的引脚 1 为高电平,引脚 2 为低电平,引脚 8 同样输出低电平,三极管 VT_1 截止,LED 关断。而在晚上光线变暗时,太阳能电池电压降低到一定程度时,74HC14 的引脚 1 为低电平,引脚 2 为高电平,多谐振荡器开始振荡,并经过 D、E 和 F 的并联输出,VT_1 时而导通时而截止,LED 被 VT_1 驱动,若调节 R_5 和 C_1 的值,把 LED 驱动频率调节到 50 Hz 以上,肉眼看到的 LED 就为常亮,这样做可以延长电路的工作时间,提高电路效率。经实际测试,该电路可以每天连续工作 10 h 以上,完全可以达到用户的使用需求。

3. 元件选择

太阳能电池可选择 9 V 左右的,稳压二极管选择 5.1 V 的,超级电容选用 5V/225F 的,或者由 2 个 2.5 V 的耐压超级电容串联组成,VD_3 应选用肖特基二极管,如 1N5817 等,电感 L 选用 27 μH 的。R_1 选用 1 Ω 或 2 Ω 的,也可以省略,将该部分电路直接短路。

4. 制作要点

本电路的制作很容易成功,但是由于超级电容存储电荷量有限,所以特别要求电路节电,所有的元件使用都应该考虑到对总电流的影响,否则晚上的点亮时长达不到 10 h,没有实用的照明效果。另外在充电方面也要考虑效率,平均一天的日照应将超级电容充到 5 V。

2.7 数字集成电路应用测试实践

2.7.1 CD4011 与非门功能和参数测试

图 2.31 为 CD4011 的应用测试电路,图 2.31(b)为一个多谐振荡器电路。

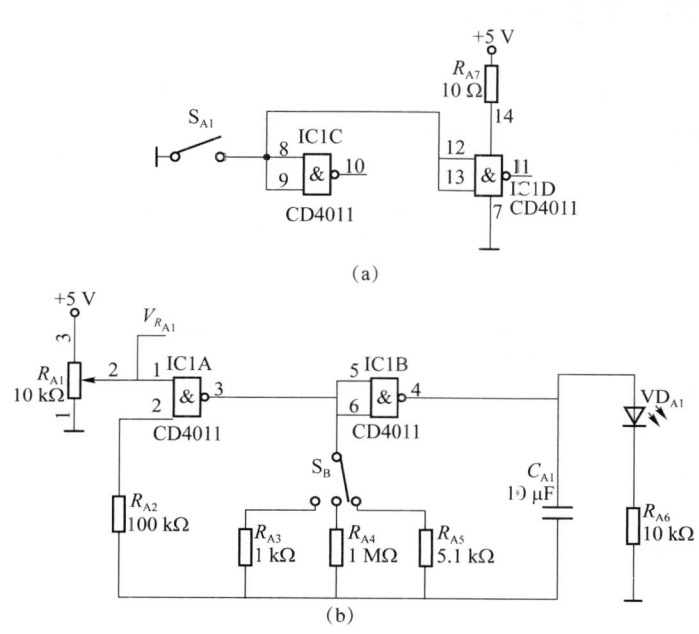

图 2.31 CD4011 应用测试电路

对图 2.31 所示的电路可以进行如下测试。

(1) CD4011 的翻转电压的测量。将开关 S_B 打到左边,调节 R_{A1},通过观察 LED 亮灭情况判断电路是否振荡,当 $V_{R_{A1}}$ 电位为高电平时电路振荡,为低电平则电路不振荡。临界状态时,测量 $V_{R_{A1}}$ 的值即为 +5 V 电压下 CD4011 的翻转电压。一般来说,CMOS 电路的翻转电压在电源电压的一半附近。

CD4011 的翻转电压的测量

(2) 输入端妥善处理测试。调节 R_{A1} 使得 $V_{R_{A1}}$ 为低电平,此时 LED 灭,同时将 S_B 断开,即两边均不连通,再将开关 S_{A1} 闭合,测量 R_{A7} 两端的电压值,该电压值除以 R_{A7} 的阻值即得 CD4011 的工作电流 I_{CC}。此时 CD4011 的负载功耗极小,I_{CC} 可被认为是 CD4011 的静态工作电流,CMOS 电路的静态工作电流通常非常低。

CD4011 输入端妥善处理测试

在上一步的基础上,将开关 S_{A1} 断开,继续通过电阻 R_{A7} 测量 I_{CC},并同上一步的结果进行对比。此时由于输入端悬空,导致逻辑电平紊乱,CD4011 并没有工作在静态,I_{CC} 会显著增大。

通过两次结果对比可知,CMOS 集成电路所有的空闲输入端均需要进行妥善处理,比如接 VCC 端或者 GND 端,否则容易导致逻辑电平紊乱,功耗增加,严重时甚至影响整个电路的功能。

(3) 振荡频率的测量。将开关 S_B 分别打到左边、完全断开、打到右边,生成三种电阻组合。断开 S_{A1},将引脚 4 的信号引入引脚 8,用万用表的频率挡在引脚 10 或者引脚 11,分别测量三种情况下输出的振荡信号频率。如振荡太慢,可以通过观察 LED 亮灭情况,用秒表测量周期并将其转换成频率。所得到的频率可与通过公式 $f=1/(2.2R_xC_{A1})$ 计算的理论值进行比较,其中 R_x 为开关 S_B 所选择的电阻。

CD4011 振荡频率的测量

2.7.2 CD4066 的功能和参数测试

图 2.32 为 CD4066 的应用测试电路,电路中 TTP224 触摸按键电路的 CM1 触摸点被触摸后,引脚 7(TPQ1)出现低电平导致开关 D(IC1D)断开,否则为高电平导致开关 D 闭合。

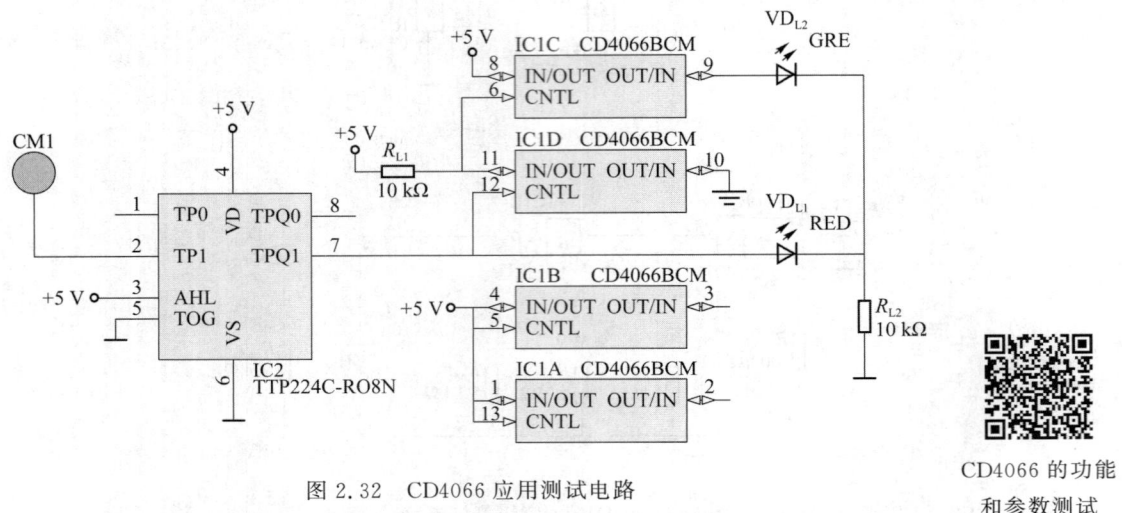

图 2.32 CD4066 应用测试电路

CD4066 的功能和参数测试

对图 2.32 所示的电路可以进行如下实训。

(1) 开关的闭合电阻测量。不触摸时 TPQ1=1,开关 D 闭合,开关 C(IC1C)断开,此时红灯亮,测量引脚 11 的电位和电源电压,计算开关 D 的闭合电阻。

(2) 通过观察 LED 判断开关 D 和开关 C 的状态。不触摸时 TPQ1=1,红灯亮,开关 D 闭合,引脚 11 的电位被下拉到接近 0 V 并控制开关 C 断开,绿灯灭。触摸时 TPQ1=0,红灯灭,开关 D 断开,引脚 11 的电位被上拉到接近 5 V 并控制开关 C 闭合,绿灯亮。

2.7.3 74HC14 斯密特触发反相器功能和参数测试

图 2.33 为 74HC14 的应用测试电路,电路包含了两个独立的多谐振荡器。

对图 2.33 所示的电路可以进行如下测量。

(1) 两个阈值电压的测量。引脚 1、引脚 2 及外围的电阻和电容形成多谐振荡器,由于电阻和电容的乘积较大,因此该多谐振荡器振荡较慢。使用万用表直流电压挡监视 10 μF 电容的电压,最大值即为上升阶段的阈值电压,最小值即为下降阶段的阈值电压。

(2) 振荡频率的测量。使用秒表测量 VD_{B1} 发光二极管的闪烁周期,将其转换成频率。用万用表的频率挡在引脚 8 分别测量开关 S_{J1} 断开、闭合两种情况下的振荡信号频率。三个频率分别与通过频率公式 $f=1/(0.8RC)$ 计算的理论值进行比较,其中,R 为实际连接在反相器两端的电阻,C 为输入端对地电容。

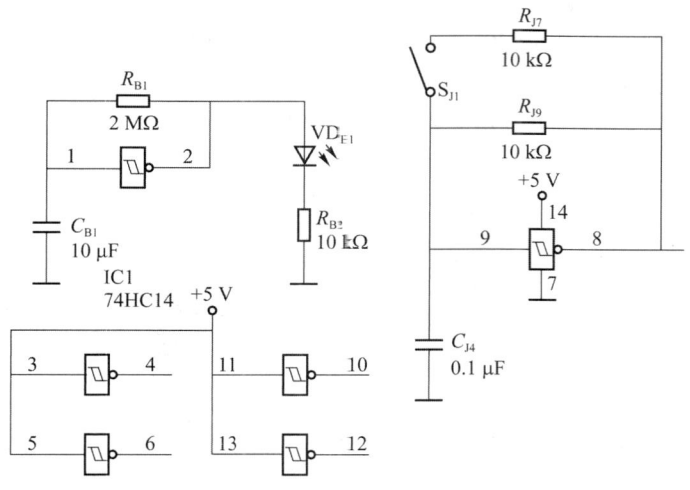

图 2.33　74HC14 应用测试电路

74HC14 斯密特触发
反相器功能和参数测试

2.8　习　　题

1. CD4000 系列数字集成电路的额定工作电压范围一般为多少?
2. 数字集成电路比较常见的有 TTL 电路和 CMOS 电路两种,CD4000 系列、74XX 系列、74LS 系列、74HC 系列分别属于哪一种?
3. 对于 5 V 电源场合,TTL 反相器(如 74LS04)和 CMOS 反相器(如 CD4069)的输入转折电压(阈值电压)分别是多少?(提示:可通过仿真实训测量大概值)
4. 对于 CMOS 集成电路,其空闲的输入端应该如何处理?并说明如果输入端悬空,可能导致的后果?
5. 说明图 2.34 中 CD4011 组成的振荡电路的工作原理,其输出频率如何计算?如果引脚 8 改为接地,电路是否还能振荡?为什么。

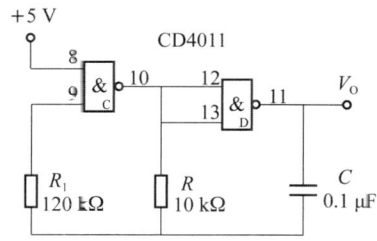

图 2.34　CD4011 组成的振荡电路

6. CD4017 为何又称为十进制计数器?
7. CD4060 为二进制串行计数器,如何理解它的分频作用?(提示:可通过真值表理解)
8. CD4066 电子开关的关断电阻和导通电阻分别在多少左右?

9. CD4066 的工作电压为 +5 V 时,电子开关是否可以通过 +10 V 的脉冲信号?为什么?

10. 对于 5 V 电源场合,施密特触发反相器 74HC14 和反相器 CD4069 在输入转折电压(阈值电压)上最本质的区别是什么?(提示:可通过仿真实训测量大概值后比较)

11. 预习第 6 章的表 6.2 里的两个温度相关的 TEMP 阈值,根据你对施密特触发器的理解,说明这里芯片设置两个阈值的目的是什么?

12. 说明图 2.35 中 74HC14 组成的振荡电路的工作原理。

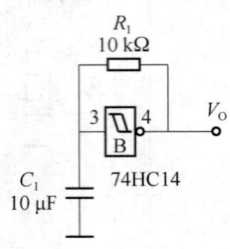

图 2.35 74HC14 组成的振荡电路

第3章 运算放大集成电路

3.1 运算放大器的一般知识

运算放大器,简称"运放"。在实际电路中,运放通常结合电阻、电容等反馈网络组成某种功能模块,由于其早期应用于模拟计算机中,用以实现数学运算(加、减、乘、除、比例、微分、积分等),故得名"运算放大器"而延续至今。运放是从功能角度命名的单元电路,可以由分立的元器件实现,但更多是以集成电路实现,绝大部分的运放是以单片集成电路的形式存在。运算放大器集成电路具有很高的开环增益和很大的输入阻抗,还具有精巧、廉价和可灵活使用等优点,因而在有源滤波器、采样保持电路、直流和交流信号放大、波形产生和变换、开关电容电路以及传感器信号处理等方面得到十分广泛的应用。

3.1.1 运算放大器的主要参数

1. 供电电压 V_{DD} 和静态电流 I_{CC}

供电电压 V_{DD} 是指运放能正常工作的电压范围,静态电流 I_{CC} 是运放吸收的电源电流,两者的乘积为运放的功率损耗。

2. 输入失调电压 V_{IO}

在输入电压为 0 时,由于器件的工艺限制,输出电压并不一定为 0,存在一定的输出电压。在室温 25 ℃及标准电源电压下,输入电压为 0 时,为使输出电压也为 0,在输入端增加补偿电压,该电压称作输入失调电压。

3. 输入失调电流 I_{IO}

受单片运放的制造工艺限制,不能保证两个偏置电流相等。在电流反馈运放中,输入端的不对称特性意味着两个偏置电流几乎总是不相等的。这两个偏置电流之差为输入失调电流 I_{IO},通常情况下 I_{IO} 很小。

4. 输入偏置电流 I_{BIAS}

运放是集成在一个芯片上的多级晶体管放大器,偏置电流即第一级放大器输入晶体管的基极直流电流,它为放大器提供直流工作点,保证放大器工作在线性范围。为使运算放大器的共模输入电压范围尽可能宽,而且都是直接耦合的,一般不在芯片上集成提供偏置电流源。所以基本都将电路设计成基极开路式,由外电路提供电流。由于第一级偏置电流的数值都很小(微安到纳安数量级),所以一般运算电路的输入电阻和反馈电阻就可以提供这个电流了。如果需要放大器对输入信号的影响尽可能小,则可以考虑用 J-FET 输入的运放。J-FET 是电压控制器件,其输入偏置电流参数是指输入 PN 结的反向漏电流,数值应在 pA 数量级。同样是电压控制的还有 MOSFET 器件,可以提供更小的输入漏电流。

5. 共模抑制比

共模抑制比(CMRR)是衡量差分放大电路抑制共模信号能力的参数,其定义为放大器对差模信号的电压放大倍数 A_{ud} 与对共模信号的电压放大倍数 A_{uc} 之比,常用分贝表示。电路的对称性决定了被放大后的信号残存共模干扰的幅度,电路对称性越差,其共模抑制比就越小,抑制共模信号(干扰)的能力也就越差。

6. 电源抑制比

电源抑制比(PSRR)是输入电源变化量与运放输出变化量的比值,常用分贝表示。PSRR 是一个用来描述输出信号受电源影响程度的量,PSRR 越大,输出信号受到电源的影响越小。

7. 增益带宽

运放的闭环增益为 1 倍条件下,将一个恒幅正弦小信号输入到运放的输入端,从运放的输出端测得闭环电压增益下降 3 dB(相当于运放输入信号的 0.707 倍)所对应的信号频率称为增益带宽(GBW),也称为单位增益带宽或者 −3 dB 带宽。运放的内部结构决定,当增益增大的时候,相应的带宽就会因为运放的内部影响而减小,但是它们的积却是一个常数。

8. 转换速率

转换速率(SR)为运放接成闭环条件下,将一个大信号(含阶跃信号)输入到运放的输入端,从运放的输出端测得运放的输出上升速率。

以上为运放的主要参数,还有一些其他参数来描述运放的性能,如温度漂移、输入共模电压范围、输出电压摆幅、输出电流范围、开环增益、总谐波失真 THD 等,具体参数可以查阅厂家的规范书。

部分常用运算放大器的参数比较如表 3.1 所示。

表 3.1 常用集成运算放大器性能比较

运放型号	$\dfrac{V_{DD}}{V}$	$\dfrac{I_{CC}}{mA}$	$\dfrac{V_{IO}}{mV}$	$\dfrac{I_{IO}}{nA}$	$\dfrac{I_{BIAS}}{nA}$	$\dfrac{CMRR}{dB}$	$\dfrac{PSRR}{dB}$	$\dfrac{GBW}{MHz}$	$\dfrac{SR}{(V \cdot \mu s^{-1})}$	特色
μA741	±15	1.7	1	20	80	90	96	3.3	0.5	通用
LM358	+3~+32	0.7	2	20	80	70	100	未知	4	LM324 的 1/2
LM324	+3~+32	<3	2	5	90	70	100	未知	4	通用
LF356	±15	5	3	3 pA	30 pA	100	100	5	50	高阻
TL084	±15	5.6	3	3 pA	30 pA	86	86	4	16	高阻
CA3130	±16	2~10	2	0.5 pA	5 pA	90		15	30	高阻
OP-27	±15	3	10 μV	7	10	126	120	8	2.8	高精度
ICL7650	4.5~16 ($V_+ \sim V_-$)	2	1 μV	0.5 pA	10 pA	120	120	2	2.5	高精度
LM318	±5~±20	5	4	30	150	100	80	15	50	高速
LM7171	5−36 ($V_+ \sim V_-$)	8	3	4 μA	10 μA	85	85	200	4 100	超高速

续表

运放型号	V_{DD}/V	I_{CC}/mA	V_{IO}/mV	I_{IO}/nA	I_{BIAS}/nA	CMRR/dB	PSRR/dB	GBW/MHz	SR/$(V \cdot \mu s^{-1})$	特色
NE5532	±3~±20	8	0.5	10	200	100	100	10	9	输出阻抗 0.3 Ω
μA715	±18	5.5	2	70	400	92	100	65	100	高速
LM4250	±1~±18	8 μA	3	3	7.5	70	76	0.25	0.2	可编程低功耗
LMV951	1~3 (V+~V−)	0.35	1.5	0.2	32	77	92	2.7	1.4	低功耗
PA94	±450	1	0.5	50 pA	200 pA	98	—	140	500	高压

3.1.2 运算放大器的分类

运算放大器根据其性能参数,可分为以下几类。

1. 通用型运算放大器

通用型运算放大器就是以通用为目的而设计的,这类器件的主要特点是价格低、产量高,其性能指标能适合于一般性用途。例如,μA741(单运放)、LM358(双运放)、MC4558(双运放)、LM324(四运放)都属于此类。它们是目前应用最为广泛的集成运算放大器。

2. 高阻型运算放大器

高阻型运算放大器一般使用场效应管组成差分输入级,其差模输入阻抗非常高,一般为 $10^9 \sim 10^{12}$ Ω,其输入偏置电流非常小,一般为几皮安到几十皮安。用场效应管组成差分输入级,还具有高速、宽带宽和低噪声等优点,但其输入失调电压较大。常见的集成器件有 LF355、LF356(30pA)、LF347(四运放,20pA)、TL084(四运放,30pA)及更高输入阻抗的 CA3130、CA3140(2pA)等。

3. 低温漂型运算放大器

在精密仪器、弱信号检测等自动控制仪表中,总是希望运算放大器的失调电压要小且不随温度的变化而变化。低温漂型运算放大器就是为此设计的。目前常用的高精度、低温漂运算放大器有 OP-07(失调电压小于 25 μV,0.5 μV/℃)、OP-27(失调电压小于 10 μV,0.2 μV/℃)、AD508 及由 MOSFET 组成的斩波稳零型低漂移器件 ICL7650(失调电压小于 1 μV,0.01 μV/℃)等。仪表应用时由于检测的信号速率都不高,所以对放大器的速率没有太大的要求。

4. 高速型运算放大器

在快速交流-直流和直流-交流转换器、视频放大器等应用中,要求运算放大器的转换速率 SR 要高,单位增益带宽 GBW 要足够大,通用型集成运放不适合于高速应用的场合,因为它们没有高转换速率和宽频率响应。常见的高速型运放有 LM318(GBW=15 MHz,SR=50 V/μs)和 uA715(GBW=65 MHz,SR=100 V/μs)等。随着电子器件的发展,涌现出更多、更高速率的运放,如 LM7171(GBW=200 MHz,SR=4 100 V/μs)、LM6171(GBW=160 MHz,SR=3 600 V/μs)等可以用于高清数字电视和光纤领域。

5. 低功耗型运算放大器

随着电子产品微型化需求的提升以及便携式产品的普及,必须使用低电源电压供电,此时低功率消耗的运算放大器非常适用。常用的低功耗运算放大器有 TL022C(工作电压为 $\pm 5 \sim \pm 15$ V,消耗电流为 $50 \sim 250$ μA)。目前有的产品功耗已达微瓦级,例如,可编程运放 LM4250 的供电电源为 ± 1 V,消耗电流仅为 10 μA,功耗为 10 μW。超低电压运放 LMV951 可以工作在 0.9 V 电压下,静态电流为 0.37 mA。

6. 高压大功率型运算放大器

运算放大器的输出电压主要受供电电源的限制。在普通的运算放大器中,输出电压的最大值一般仅几十伏,输出电流仅几十毫安。若要提高输出电压或增大输出电流,普通集成运放外部必须要加辅助电路。高压大电流集成运算放大器外部不需附加任何电路,即可输出高电压和大电流。例如,APEX 公司生产的 PA94 集成运放,电源电压可达 ± 450 V,输出 100 mA 电流,可以用于高压仪器、半导体仪器设备和可编程高压发生器等场合。

3.1.3 运算放大器的选择

集成运算放大器是应用最广泛的模拟集成电路。在由运算放大器组成的各种系统中,由于应用要求不一样,对运算放大器的性能要求也不一样。在选择运放的过程中,应注意以下几点。

(1) 尽量选用通用集成运放,这样既可降低成本,又容易保证货源。

(2) 当一个系统中使用多个运放时,尽可能选用多运放集成电路,如 LM324、LF347、TL084 等都是将 4 个运放封装在一起的集成电路。选用多运放集成电路可以降低成本,简化电路。

(3) 评价集成运放性能的优劣,应看其综合性能。一般用优值系数 K 来衡量集成运放的优良程度,其定义为

$$K = SR/(I_{ib} \times V_{os})$$

其中,SR 为转换速率,单位为 V/μs,其值越大,表明运放的交流特性越好;I_{ib} 为运放的输入偏置电流,单位是 nA;V_{os} 为输入失调电压,单位是 μV。I_{ib} 和 V_{os} 值越小,表明运放的直流特性越好。所以,对于放大音频、视频等交流信号的电路,选 SR(转换速率)大的运放比较合适,如 LM318 和 NE5532 等;对于处理微弱直流信号的电路,如传感器信号,选用精度比较高的运放比较合适(即失调电流、失调电压及温漂均比较小,如 OP-07)。

(4) 实际选择集成运放时,除优值系数外,还应考虑其他因素。例如,产品的价格,信号源是电压源还是电流源,运放输出电压和电流是否满足负载的要求,工作电压、电流、辐射及温湿度等环境条件是否满足。

3.2 LM324 通用低功耗四运算放大器及其应用

LM324 内部包含四组形式完全相同的运算放大器,除电源共用外,四组运放相互独立。与 LM741 单电源应用场合的标准运算放大器相比,它们有一些显著优点。该四组运算放大器可以在 $3 \sim 32$ V 电源下工作,静态电流(约 0.6 mA)为 LM741 静态电流的 1/3。

3.2.1 LM324 四运算放大器的特性

LM324 四运算放大器的主要特点如下。
(1) 具有宽工作电压范围:单电源 3～32 V,双电源±1.6～±16 V。
(2) 内含相位校正回路,外围元件少。
(3) 静态电流小:$I_{CC}=0.6$ mA(典型值,$R=\infty$)。
(4) 输入失调电压低:±2 mV(典型值)。
(5) 输入偏置电流低:45 nA(典型值)。
(6) 封装形式:DIP14、SOP14、TSSOP14。
LM324 的极限参数如表 3.2 所示。

表 3.2 LM324 的极限参数

符号	参数名	典型值	单位
V_{DD}	电源电压	32 或者±16	V
V_{IDR}	输入差动电压	±32	V
V_{ICR}	输入共模电压	−0.3～32	V
T_S	储存温度	−65～150	℃
T_J	结温	150	℃
P_D	耗散功率	700	mW

注:$T_A=25$ ℃,除非特指。

LM324 的主要电气参数如表 3.3 所示。

表 3.3 LM324 的主要电气参数

符号	参数名	条件	最小值	典型值	最大值	单位
I_{CC}	静态电流	$V_{DD}=5$ V		0.7	1.2	mA
		$V_{DD}=30$ V		1.4	3.0	mA
I_{O+}	输出拉电流	$V_{DD}=15$ V	20	40		mA
I_{O-}	输出灌电流	$V_{DD}=15$ V	5	8		mA
I_{IO}	输入失调电流			5		nA
I_{BIAS}	输入偏置电流			45		nA
G_V	大信号开环增益	$V_{DD}=15$ V,$R_L\geq 2$ kΩ,$V_O=1$～11 V	25	100		V/mV
I_{IO}	输入失调电流			5	50	nA
I_{IB}	输入偏置电流			−90	−250	nA
V_{ICR}	输入共模电压	$V_{DD}=30$ V		28.3		V
CS	通道隔离度	10 kHz<f<10 kHz		−120		dB
CMR	共模抑制		65	70		dB
PSR	电源电压抑制		65	100		dB
V_{OH}	输出电压摆幅	$V_{DD}=5$ V,$R_L=2$ kΩ	3.3	3.5		V
		$V_{DD}=30$ V,$R_L=2$ kΩ	26			V
V_{OL}	输出电压摆幅	$V_{DD}=5$ V,$R_L=10$ kΩ		5	20	mV

3.2.2 LM324 四运算放大器的引脚配置

LM324 的引脚配置如图 3.1 所示。

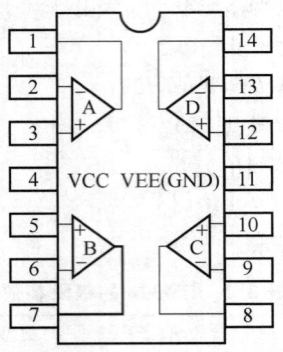

图 3.1 LM324 的引脚配置(顶视)

3.2.3 LM324 组成的基本单元电路

1. 反相交流放大器

反相交流放大器电路如图 3.2 所示,此放大器可代替晶体管交流放大电路,可用于音频功放的前置放大等。电路无须调试,放大器采用单电源供电,由 R_1 和 R_2 组成 $V_+/2$ 偏置,C_1 是消振电容。

放大器电压放大倍数 A_V 仅由外接电阻 R_i 和 R_f 决定:$A_V=-R_f/R_i$。负号表示输出信号与输入信号相位相反。按图 3.2 中所给数值,$A_V=-10$,此电路输入电阻为 R_i。一般情况下先取 R_i 与信号源内阻相等,然后根据要求的放大倍数再选定 R_f。C_o 和 C_i 为耦合电容。

2. 同相交流放大器

同相交流放大器电路如图 3.3 所示,同相交流放大器的特点是输入阻抗高。电源采用单电源 V_+ 供电,由 R_1 和 R_2 组成 $V_+/2$ 分压电路,通过 R_3 对运放进行偏置。

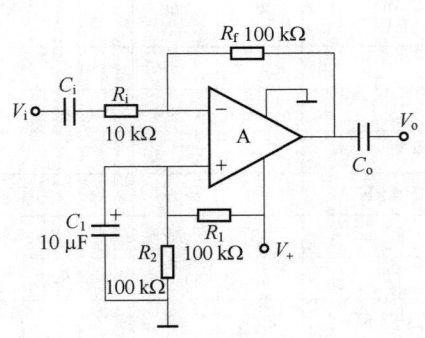

图 3.2 反相交流放大器电路

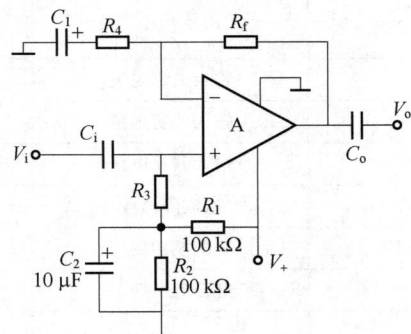

图 3.3 同相交流放大器电路

电路的电压放大倍数 A_V 也仅由外接电阻决定:$A_V=1+R_f/R_4$,电路输入电阻为 R_3。R_4

的阻值范围为几千欧姆到几十千欧姆。

3. 比较器

当去掉运算放大器的反馈电阻时,运算放大器处于开环放大状态,理论上认为运算放大器的开环放大倍数为无穷大(如 LM324 运放开环放大倍数为 100 dB,即 10 万倍)。此时运算放大器便形成一个电压比较器,当正输入端电位高于负输入端电位时,运算放大器输出高电平;反之输出低电平。

比较器电路如图 3.4 所示,使用两个运算放大器组成一个电压上下限比较器,电阻 R_1 和 R_1' 组成分压电路,提供上限比较电平 V_1;电阻 R_2 和 R_2' 组成分压电路,提供下限比较电平 V_2。输入电压 V_i 同时加到 A_1 的正输入端和 A_2 的负输入端之间,当 $V_i > V_1$ 时,A_1 输出高电平;当 $V_i < V_2$ 时,A_2 输出高电平。A_1 和 A_2 任何一个输出高电平都会通过开关二极管引起晶体管 BG1 导通,发光二极管 LED 就会被点亮。

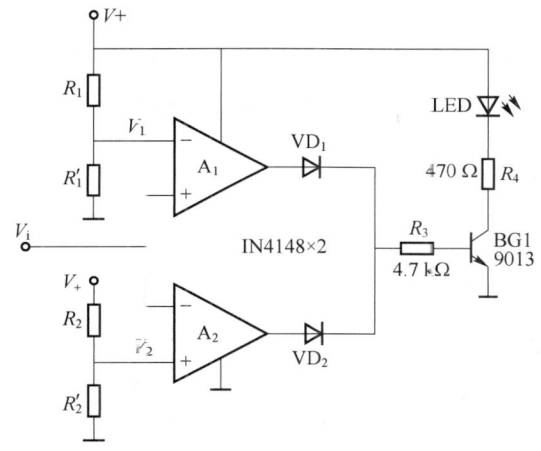

图 3.4 比较器电路

若选择 $V_1 > V_2$,则当输入电压 V_i 越出 $[V_2, V_1]$ 时,LED 被点亮,即电路为一个电压双限指示器,可以指示过压或者欠压等异常状态。

若选择 $V_2 > V_1$,则当输入电压 V_i 在整个区间范围 LED 均被点亮,将此电路适当修改可以做成一个"窗口"电压指示器,指示电压正常状态。

此电路可以与各类传感器配合使用,稍加变通,便可用于各种物理量的双限检测,如与热敏电阻配合,指示温度范围状态;与光敏电阻配合,指示亮度范围状态。

4. 交流信号三分配器

交流信号三分配器电路可将输入的交流信号分成三路输出,而对信号源的影响极小,三路信号之间互不干扰,可分别用做指示、控制、下级驱动等用途。运算放大器 $A_1 \sim A_4$ 均把输出端直接接到负输入端,信号输入至正输入端,为同相放大状态,且各放大器电压放大倍数均为1,也称电压跟随器。

交流信号三分配器电路如图 3.5 所示,电路中运算放大器使用单电源供电,R_1 和 R_2 组成 $V_+/2$ 偏置,静态时 A_1 输出端电压为 $V_+/2$,故运算放大器 $A_2 \sim A_4$ 输出端电压也为 $V_+/2$。通过输入输出电容的隔直作用,取出交流信号,形成三路分配输出。

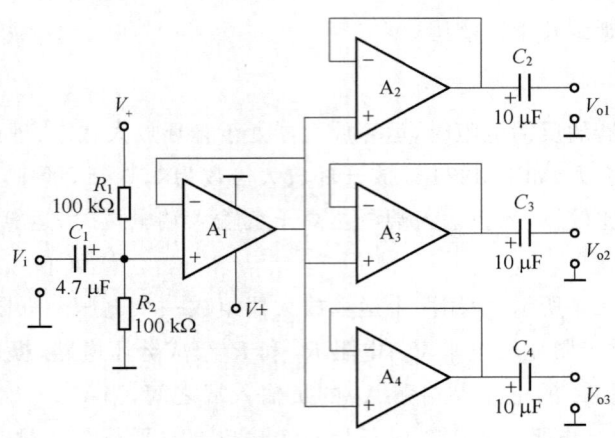

图 3.5 交流信号三分配器电路

5. 直流信号加法器

直流信号加法器电路如图 3.6 所示,图 3.6(a)为反相加法器,当 $R_1=R_2=R_3$ 时,$V_0=-(V_1+V_2)$,R_4 为平衡电阻用以提供适当偏流防止放大器失调。图 3.6(b)为同相加法器,当 $R_1=R_2=R_3=R_4$ 时,$V_0=V_1+V_2$。

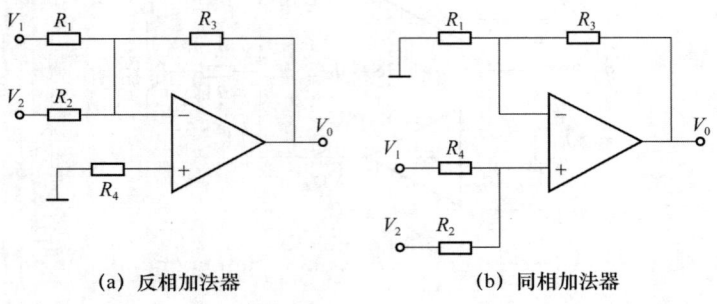

(a) 反相加法器　　　　　　(b) 同相加法器

图 3.6　直流信号加法器电路

6. 直流信号减法器

直流信号减法器电路如图 3.7 所示,它是一种差动放大器,当 $R_1=R_2=R_3=R_4$ 时,$V_0=V_2-V_1$。

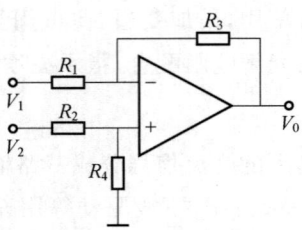

图 3.7　直流信号减法器电路

直流信号加法器和直流信号减法器要求运算放大器必须使用双电源供电。

7. 高阻差分放大器

高阻差分放大器电路如图 3.8 所示,它具有很高的阻抗,为典型的三运放仪表放大器电路,$V_0=C(1+a+b)(V_2-V_1)$。该电路在传感器电路中应用很广泛。

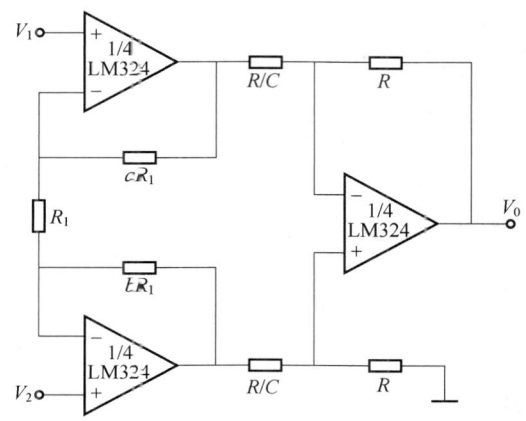

图 3.8 高阻差分放大器电路

8. 方波振荡器

方波振荡器如图 3.9 所示,采用单电源+5 V 供电,可以将本电路理解成一个施密特触发反相器。当 $V_0=+5$ V 时,运放+端电位约为 4.4 V,此时电容 C 被充电;当电容电压超过 4.4 V 后 V_0 变为 0 V,此时运放+端电位变为 0.62 V,电容 C 通过电阻 R 被放电,电容电压从 4.4 V 开始逐渐下降;当下降到 0.62 V 时,V_0 变为+5 V,运放+端电位变为 4.4 V,此时电容 C 通过电阻 R 被充电,如此往复形成振荡。

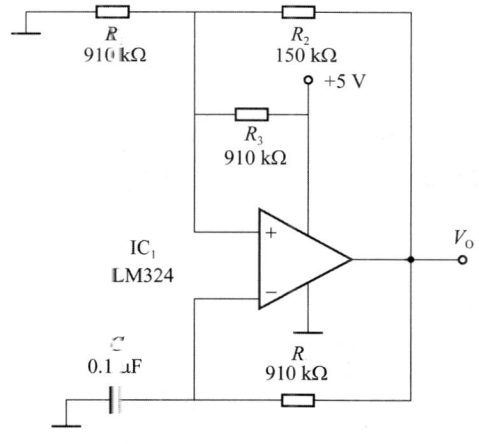

图 3.9 方波振荡器

9. 正弦波振荡器

正弦波振荡器如图 3.10 所示,其中图 3.10(a)为具有再生反馈的双积分式振荡器。元件 R_1、R_2、C_1、C_2、C_3 的值必须很精确,R_{V1} 的不当调节可能导致电路输出逐渐降低直到 0 V。此时可以调节 R_{V1} 到输出正弦波的有效值稳定,输出频率 $f=1/(2\pi RC)$,其中 R 为 100 kΩ,即 R_1、R_2 的值,C 为 10 μF,即 C_1、C_2 的值。输出 V_0 接了 LED 支路,由于频率大概在 1 Hz 附近,所以起到呼吸灯的点亮效果。

图 3.10(b)为文氏桥振荡器,采用双电源供电,输出频率 $f=1/(2\pi RC)$,其中 R 为 100 kΩ,即

R_1、R_2 的值，C 为 10 μF，即 C_1、C_2 的值。

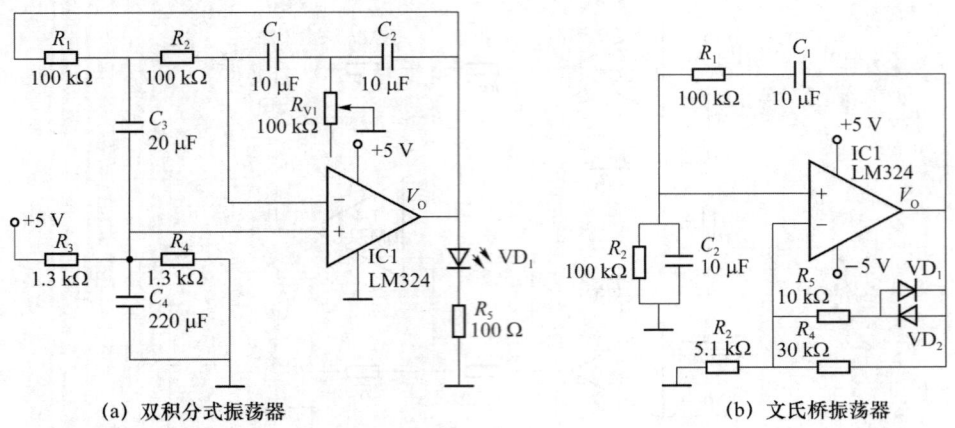

图 3.10 正弦波振荡器

3.2.4 LM324 组成的高灵敏度声音探听器

1. 电路作用

高灵敏度声音探听器，实际作用类似于助听器。本装置具有极强的指向性和极高的灵敏度，利用它可以让人们听到远处极微弱的声音，使用起来十分有趣。LM324 组成的高灵敏度声音探听器电路如图 3.11 所示。

2. 工作原理

在实际制作中，可将电路的话筒安装在特制筒子里，在一定方向上的声音将被接收下来（其他方向的声音将被抑制），声音信号送入放大器放大。放大器由两级 LM324 运放组成，第一级有 110 倍增益，第二级有 500 倍增益。这样高的放大能力足以将极微弱的声音信号放大，由耳机输出。利用它就能听到很远处人耳无法直接听到的微弱声音。

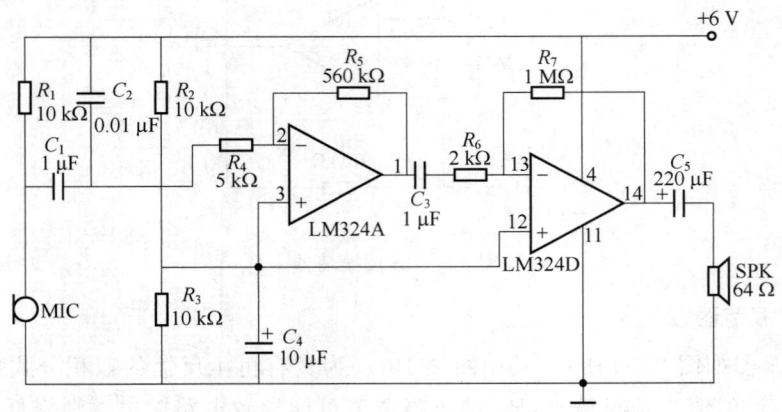

图 3.11 高灵敏度声音探听器电路

3. 元件选择

话筒使用高灵敏度驻极体话筒，SPK 使用耳机。其他元件按图 3.11 选择。电容 C_1、C_2 和 C_3 可选用 CBB 电容或者独石电容，其他电容可以选用电解电容。

3.2.5 LM324 组成的压力测试仪

1. 电路组成

压力测试仪电路包括由压力传感器 MPX2100(或 MPS-2107)和由 3 个 LM324 运放单元组成的差分放大电路,如图 3.12 所示。

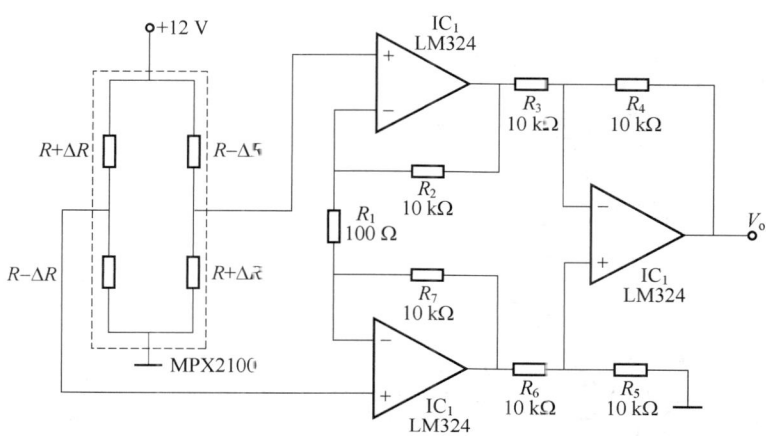

图 3.12 压力测试仪电路

2. 工作原理

压力传感器 MPX2100 是一种压阻式压力传感器,在硅基片上用扩散工艺制成 4 个电阻阻值相等的应变元件,构成惠斯通电桥。当压力传感器受到压力作用时,一对桥臂的电阻值增大 ΔR,另一对桥臂的电阻值减少 ΔR,电阻变化量 ΔR 与压力 p 成正比,即 $\Delta R = Kp$,电桥输出电压 $V_{o1} = E(\Delta R/R) = (EK/R)p$,即电桥输出电压与压力 p 成正比。但是电桥输出电压为差分电压,需要使用 3 个运算放大器接成差分放大器,差分放大器的输出电压和输入电压成比例,所以最后的输出电压 V_o 就和压力 p 成正比。

3. 元件选择

压阻式压力传感器也可以选择其他型号的扩散硅压力传感器,如 MPX2010 等,电阻元件选择精度高的金属膜电阻。

4. 制作要点

运算放大器 LM324 需要使用双电压,如输出 V_o 再接 ICL7107 LED 电压表电路,调整好比例系数,就可以显示压力,组成数显压力测试仪。

3.2.6 LM324 组成的热释红外人体探测器

1. 电路组成

LM324 组成的热释红外人体探测器电路由热释红外传感器和运放电路组成,本系统利用热释红外传感器检测具有一定体温的人体,在检测到信号后,LED 亮,可以用于小夜灯电路、家庭防盗,也可改装为自动门窗等系统,如图 3.13 所示。

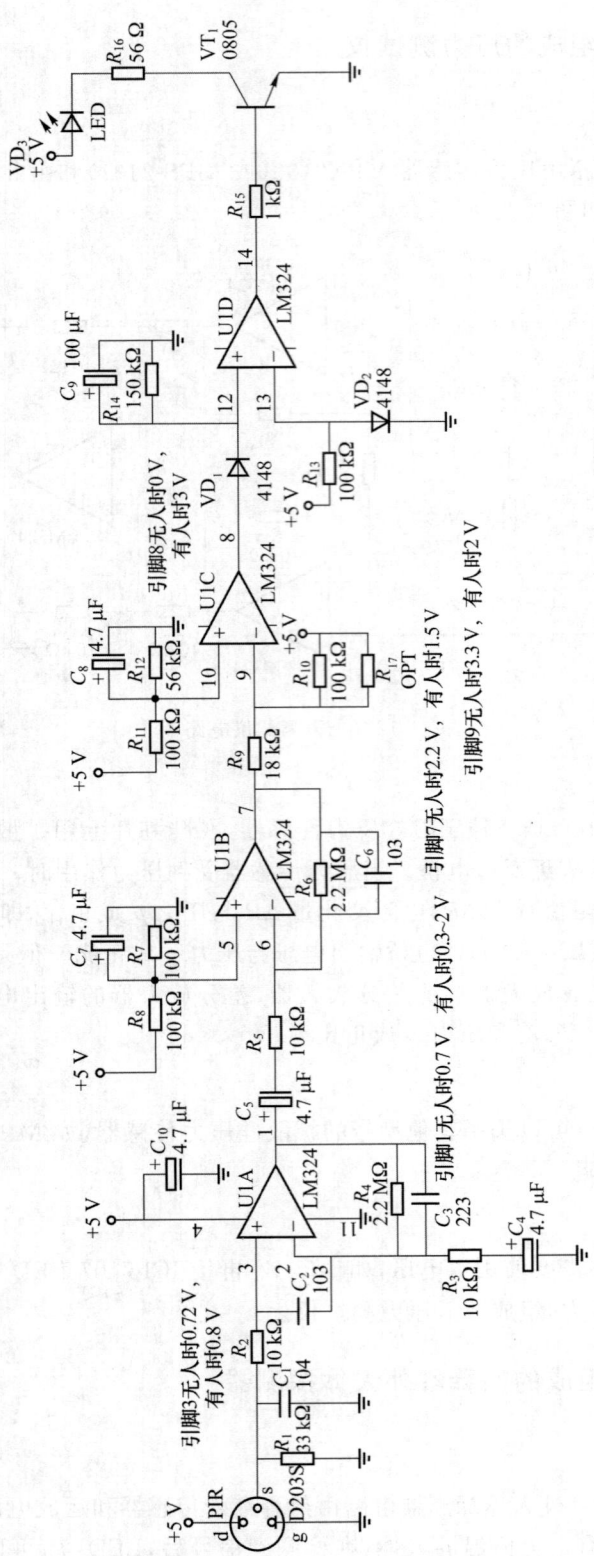

图 3.13　LM324 组成的红外热释人体探测器电路

2. 工作原理

热释红外传感器是利用温度变化的特征来探测红外线的辐射。当检测到人体时,传感器输出频率为 0.1~10 Hz,大小为 30 mV 左右的模拟信号。由于信号微弱,必须对信号先进行滤波再放大。用放大后的信号作为报警电路的触发信号。传感器输出信号经过 U1A 和 U1B 组成两级放大,再经过 U1C 和 U1D 的比较器电路进行阈值判断,输出驱动三极管点亮 LED,就可以判断是否有人活动。另外两级放大中间应加上去耦电容,防止后极放大返回的电流对前级放大的正常工作产生干扰。

当白天有阳光时,希望 LED 不亮,就在 U1C 的引脚 9 接一个光敏电阻,这样引脚 9(反相端)的电压近似为+5 V,比引脚 10(同相端)上的电压小,U1C 输出电压为 0,U1D 的引脚 12(同相端)电压为 0,引脚 13(反相端)电压为 0.7 V,所以 U1D 输出电压为 0,LED 不亮。

3. 元件选择

热释红外传感器选用 D203S 型,运放用 LM324,光敏电阻选择使用亮电阻小于 5 kΩ 的。

4. 制作要点

为了提高灵敏度,热释红外传感器配合菲涅尔透镜使用可将检测距离从 2 m 提高到 10 m。探测器应避开日光、汽车头灯、白炽灯直接照射,也不能对着热源或者空调,以免因环境温度的较大变化造成误报。

3.3 NE5532 低噪声二运算放大器及其应用

NE5532/SE5532/SA5532/NE5532A/SE5532A/SA5532A 是一系列高性能低噪声双运算放大器。相比大多数标准运算放大器,如 MC1458 和 LM358 等,它具有更好的噪声性能、更高的输出阻抗、相当高的小信号和电源带宽。NE5532 特别适合应用于高保真音响设备、仪器和控制电路以及话音通道放大器等领域。NE5532A 版本比 NE5532 具备更好的噪声电压指标。

3.3.1 NE5532 二运算放大器的特性

NE5532 二运算放大器的主要特点如下。

(1) 具有宽工作电压范围,双电源±3~±20 V。

(2) 内含补偿电路,外围元件少。

(3) 输出驱动能力强。

(4) 输入噪声电压低。

(5) 转换速率为 9 V/μs。

NE5532 的极限参数如表 3.4 所示。

表 3.4　NE5532 的极限参数

符号	参数名	典型值	单位
V_{DD}	电源电压	±22	V
V_{IDR}	输入差动电压	±13	V
T_S	储存温度	−65~150	℃
T_J	结温	150	℃
P_D	耗散功率	780	mW

注：$T_A=25$ ℃，除非特指。

NE5532 的主要电气参数如表 3.5 所示。

表 3.5　NE5532 的主要电气参数

符号	参数名	测试条件	最小值	标准值	最大值	单位
V_{IO}	输入失调电压	—	—	0.5	4.0	mV
I_{IO}	输入失调电流	—	—	10	150	nA
I_{BIAS}	输入偏置电流	—	—	200	800	nA
I_{CC}	供电电流	—	—	6.0	16	mA
$V_{I(R)}$	输入电压范围	—	±12	±13	—	V
CMRR	共模抑制范围	$T_A=25$ ℃	70	100	—	dB
$V_{O(P-P)}$	输出电压范围	$R_L \geqslant 600\ \Omega$	±12	±13	—	V
R_I	输入电阻	$T_A=25$ ℃	30	300	—	kΩ
I_{SC}	短路电流	—	—	38	—	mA
OS	过调	$R_L=600\ \Omega, C_L=100$ pF	—	10	20	%
GV	电压增益	$f=10$ kHz	2	2.2	—	V/mV
GBW	增益带宽	$C_L=100$ pF, $R_L=600\ \Omega$	8	10	—	MHz

3.3.2　NE5532 运算放大器的引脚配置

NE5532 运算放大器的引脚配置如图 3.14 所示。

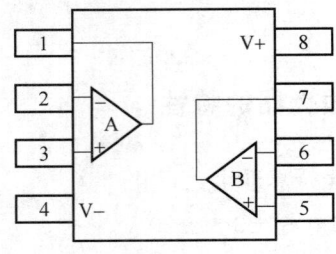

图 3.14　NE5532 的引脚配置（顶视）

3.3.3　NE5532 制作的高保真耳机放大器

NE5532 素来有运放之皇的美誉，用作音响系统的前置放大性能甚佳。由于 NE5532 的动态输出电阻只有 0.3 Ω,因此它也可以用作小功率放大直接推动耳机或小功率扬声器。

1. 电路组成

高保真耳机放大器电路由一片 NE5532 承担信号放大作用,直接推动耳机发出声音,如图 3.15 所示。电源部分由简单的三极管和稳压二极管组成稳定的正负电源输出。

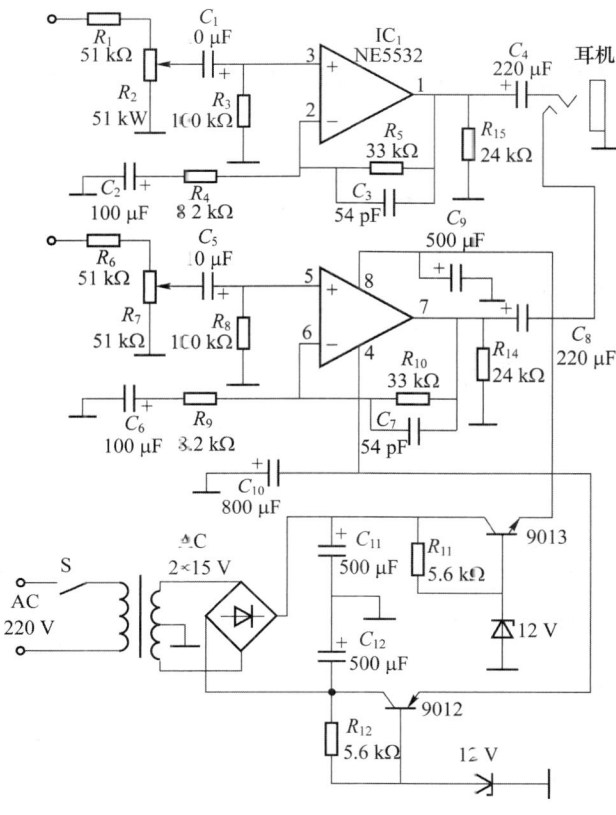

图 3.15 NE5532 制作的高保真耳机放大器电路

2. 工作原理

高保真耳机放大器电路为一般的同相放大电路。试验证明 NE5532 做小功率功放,性能极佳。

3. 元件选择

电源滤波电容 C_9 和 C_{10} 的电容量太小将引起自激。在前置放大电路中,C_9 和 C_{10} 用 100 μF 就可以了,但在功放中必须加大到 470 μF 以上;同时滤波电容的选择直接关系到音质的好坏。电路中反馈电阻 $R_4(R_9)$ 和 $R_5(R_{10})$ 的阻值应反复调试。作为功放,放大倍数太大电路会出现自激。因此,$R_4(R_9)$ 可用 8.2 kΩ,$R_5(R_{10})$ 可用 32 kΩ。此时,放大倍数在 5 倍左右比较合适,电路不会自激,同时负反馈也适量,音质柔和、通透。若将 $R_5(R_{10})$ 继续减小到 15 kΩ,则负反馈过深,音量会变轻,而且高音损失过多,音色沉闷。可反复调试,使高音和低音适中。

$C_2(C_6)$ 是输入回路的交流对地通路,在前置放大电路中一般只有 10 μF,但在功放中 10 μF 的 $C_2(C_6)$ 会引起电路失真甚至自激。本电路 $C_2(C_6)$ 取 100 μF,音质有明显改善,实训时可以分别取 10 μF 和 100 μF 比较其效果。

4. 制作要点

本机电源也可在±3～±15 V 中选择。用四节电池串接成双向（±3 V）也可，音量与±12 V 时相差不大，但音质不如用 12 V。建议用±9～±12 V 比较好。

输入端串接 51 kΩ 的 R_1（R_6）后，与音量电位器连接，可以调节音量，本电路也可接 12 cm 以下的小喇叭，在案前、床头收听效果也很好。

3.3.4 NE5532 作前置放大的高保真放大器

1. 电路组成

高保真放大器电路由电源部分、NE5532 前置放大部分和 TDA1521 功率放大部分三部分组成，如图 3.16 和图 3.17 所示。

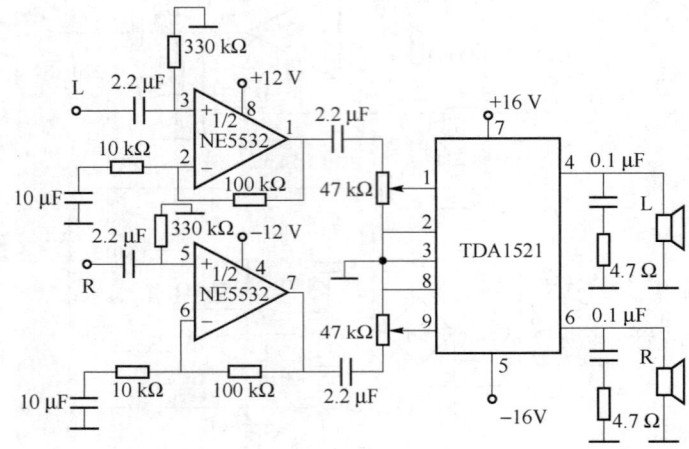

图 3.16 NE5532 作前置放大的高保真放大器电路

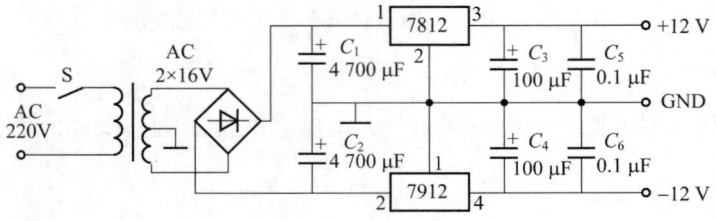

图 3.17 双电源供应电路

2. 工作原理

在图 3.17 中，7812 和 7912 组成前置放大器的电源部分，由于容量限制，只给 NE5532 供电，TDA1521 的电源抑制比比较大，所以直接使用变压器整流滤波电源。图 3.16 中 NE5532 作 11 倍前置放大器，功放部分采用高保真集成块 TDA1521，该集成电路外围电路极其简洁，而且还有过热、静噪、短路等保护电路，电压放大倍数固定为 30 倍。

3. 元件选择

电源部分的 IC 选用 7812 和 7912，也可以用小容量 78M12 和 79M12，耦合电容可用国产

CBB 电容,也可用钽电容,电源变压器应选用 30 W 以上的,整流管可用 3 A 全桥。

4. 制作要点

电路很简单,适合初学者自制,线路板可用电路板割刀刻制,功放块应加足够大的散热器。本电路的电压放大倍数为 300 倍,若用在计算机上,前置放大级可以取消,计算机声卡的插头即声音输出一般都能达到 1 V,可以直接驱动 TDA1521。

3.4 OP27 低噪声高精密运算放大器及其应用

3.4.1 OP27 运算放大器的特性

OP27 低噪声精密运算放大器具有低失调电压、低漂移、高速、低噪声等特性。其失调电压更是低至 25 μV,最大漂移为 0.6 μV/℃,因而该器件是精密仪器仪表放大器的理想选择。OP27 有着极低噪声(10 Hz 时,e_n = 3.5 nV/$\sqrt{Hz}$),高增益(180 万),能够使低电平信号得到精确的高增益放大。8 MHz 增益带宽积和 2.8 V/μs 电压转换率可以在高速数据采集系统中实现出色的动态精度。

通过使用偏置电流抵消电路 OP27 可以获得 ±10 nA 的低输入偏置电流,该电路一般使输入偏置电流 I_B 和输入失调电流 I_{OS} 分别保持在 ±20 nA 和 15 nA。

OP27 的输出级具有很好的负载驱动能力,可保证在 600 Ω 负载上获得 ±10 V 振幅以及低的输入失真,所以 OP27 也可以应用于精密的音频放大。

OP27 的 PSRR 和 CMRR 超过 120 dB。这些特性连同 0.2 微伏/月的长期漂移,使得电路的设计者能够实现以前只有靠分立的设计才能达到的性能水平。

OP27 在低电平信号的低噪声、高精度放大中具有极好的性能,主要应用于积分器、精密求和放大器、精密电压门限检测器、比较器以及像磁头和麦克风等微弱信号的前置放大器。

去掉 741 的调零电位器,OP27 可以直接替代 741 型运放。

3.4.2 OP27 运算放大器的引脚配置

OP27 的引脚配置如图 3.18 所示。

OP27 为单运放电路,其引脚 1 和引脚 8 为失调电压调整引脚,可以按图 3.19 连接来调整得到最低的输入失调电压,对输入失调电压要求不高的情况下,引脚 1 和引脚 8 也可以空置。

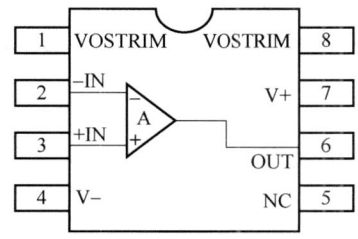

图 3.18 OP27 的引脚配置(顶视)　　　　图 3.19 OP27 的失调电压调整

3.4.3 OP27 运算放大器制作的差分放大器

1. 电路组成

OP27 运算放大器组成的精密差分放大器经常用于仪表放大或者传感器信号调理,电路如图 3.20 所示。

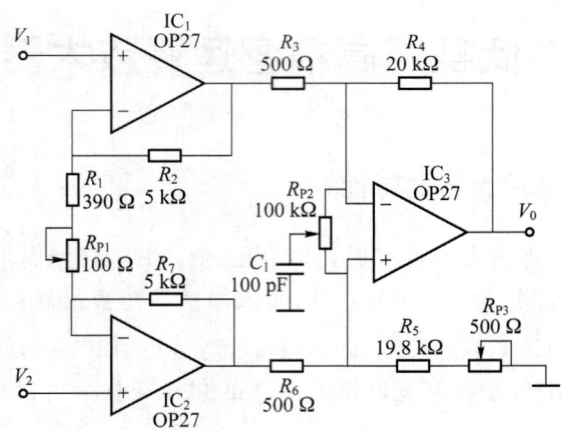

图 3.20 OP27 的精密差分放大器电路

2. 工作原理

本电路与 3.2.5 节的 LM324 高阻差分放大器电路结构相同,但是本电路的精密性增强了很多,所以经常被应用于仪表放大器和传感器信号处理电路。

三运放仪表放大器可提供高增益和宽带宽。电路的输入噪声为 $4.9\,\text{nV}/\sqrt{\text{Hz}}$。根据前文,高阻差分放大器的计算公式 $V_0 = C(1+a+b)(V_2-V_1)$,该输入级(IC_1 和 IC_2 组成)增益定在 25,第二级(IC_3)增益是 40;总增益为 1 000。该放大器带宽为 800 kHz,是一个非常好的精密仪器放大器。因设置为 1 000 增益,此放大器的增益带宽为 800 MHz,$20V_{P-P}$ 的全功率输出带宽为 250 kHz。

3. 元件选择

普通碳膜电阻的精度一般为 1‰~10‰,然而本电路所有电阻的精度要求做到 0.1%,所以要选用精确度很高的金属膜电阻。

4. 制作要点

如要得到更高的精确度,可按图 3.19 调整 OP27 的失调电压到最低。正负电源应使用稳压电源供电。

3.4.4 OP27 运算放大器制作的微交流电压放大器

1. 电路组成

OP27 制作的微交流电压放大器电路如图 3.21 所示。

第 3 章 运算放大集成电路

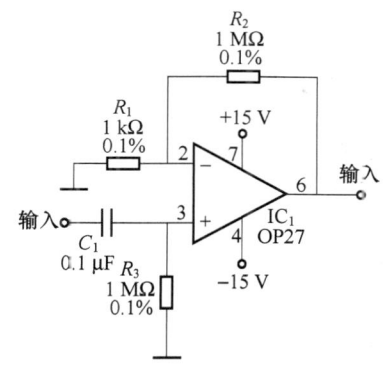

图 3.21 OP27 的微交流电压放大器电路

2. 工作原理

在对微交流信号进行放大时,前级放大器主要考虑增益,这样在总体电路上有利于低噪声化。电路的电压增益为 1 000 倍,它是采用 OP27 的同相放大电路,输入阻抗为 1 MΩ,带宽为 1~600 Hz。当信号源阻抗低于 10 Ω 时,电路中产生的噪声换算到输入值约为 0.3 μV。

3. 元件选择

为抑制内部噪声要选用低噪声的运放,如 OP07、OP27 或 OP37 等,电阻要选用噪声较小的金属膜电阻。若采用 OP27 运放,频率上限可达 5 kHz;采用运放 OP37,频率上限可大于 63 kHz,单位频率所包含的噪声也很小。

4. 制作要点

如要得到更高的精确度,可按图 3.19 调整 OP27 的失调电压到最低。正负电源应使用稳压电源供电。

3.4.5 OP27 运算放大器制作的交流-直流转换器

1. 电路组成

OP27 运算放大器制作的交流-直流转换器电路如图 3.22 所示。

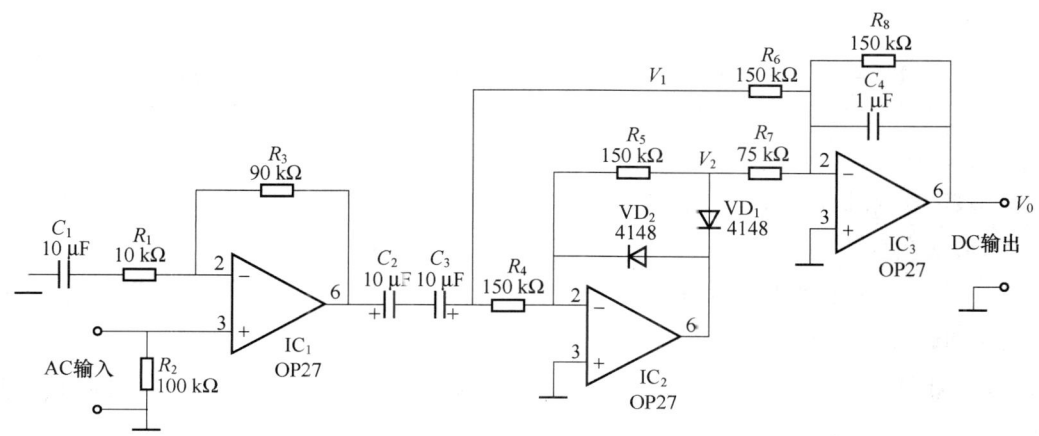

图 3.22 OP27 运算放大器制作的交流-直流转换器电路

2. 工作原理

二极管具有单向导电性，由其构成的简单整流电路在测量交流电压或把交流信号转换为直流信号时，其线性和精度并不理想。本电路使用了 OP27 运放构成交流-直流转换电路，电路中包含均化电容，调整 R_3 到合适值，可将输入交流信号的平均值等比例转换成直流电压，在输入电压很小时，也能获得高精度。

图 3.22 中使用了三个 OP27 运算放大器，其中 IC_1 为放大倍数为 10 倍的同相 AC 放大器，可以根据输入信号的大小设置 R_1 和 R_3 的值，放大倍数可用 $A=1+R_3/R_1$ 来计算。A_1 的低频下限频率约为 1.6 Hz($f_Z=1/(2\pi C_1 R_1)\approx 1.6$)。$C_2$ 和 C_3 也与低频有关，其容量均为 10 μF，两个电容串联后的总容量为 5 μF，它的低频下限频率约为 0.5 Hz。IC_2、IC_3 构成的是标准的绝对值电路，其中 V_2 端是负输出半波整流电路，V_1 和 V_2 信号通过 IC_3 进行加法运算得到全波整流信号。R_6、R_7 和 R_8 的取值比较关键，它们的取值决定了 IC_3 加法运算的计算公式为 $V_0=-(V_1+2V_2)$，C_4 是均化电容，电容量必须根据输入信号的频率范围和要求的输出响应来确定，如果容量太小，就会产生整流纹波，如果容量太大，又会影响测量的时间。输出是全波整流的平均值。

3. 元件选择

所有的电阻须选择精密度高的金属膜电阻，C_4 选择钽电解电容，$C_1 \sim C_3$ 选择铝电解电容，运算放大器可以选择 OP27、LF356 或 TL084 等。

4. 制作要点

使用运算放大器的整流电路或绝对值电路测量电平很低的信号时，可以忽略二极管正向压降的影响，温度特性也很好；但是，由于电路利用了运放开环增益极大这一特点，所以当输入信号频率升高时，环路增益就会下降，整流性能变差。

本电路在 IC_3 上使用了加法器对两个波形进行合成，由于运放有相位滞后作用，两个波形之间存在相位差，因此，波形合成时会产生误差。可采用高速运放，减少相位滞后或者在输入信号通道加电容或低通滤波器，使两个波形的相位对准。

3.5 运算放大集成电路应用测试实践

图 3.23 为 NE5532 的应用测试电路，在实际电路中，可以使用 LM358 替代 NE5532。图 3.23(a)为负反馈线性放大电路，图 3.23(b)为无反馈的比较器电路。

对于图 3.23 所示的电路，通过不同开关的组合可以进行如下测试(在进行测试前，为了防止输出饱和，可以将 $V_{R_{A1}}$ 的值调到 1 V 附近)。

(1) 同相 2 倍放大功能测试：$V_O=2V_{48}$。切换 S_{C1} 将 R_{C3} 左侧接地，S_{C2} 空置(引脚 1、2、3 均不连通)，S_{C3} 将运放＋端接 V_{48}。分别测量 V_O 和 V_{48} 的电位，应符合公式 $V_O=2V_{48}$。

(2) 反相－1 倍放大功能测试：$V_O=-V_{R_{A1}}$。切换 S_{C1} 将 R_{C3} 左侧接 $V_{R_{A1}}$，S_{C2} 空置(引脚 1、

2、3 均不连通),S_{C3}将运放+端接地。分别测量V_O和$V_{R_{A1}}$的电位,应符合公式$V_O=-V_{R_{A1}}$。

(3) 同相加法功能测试:$V_O=V_{48}+V_{R_{A1}}$。切换S_{C1}将R_{C3}左侧接地,S_{C2}连接运放+端,S_{C3}空置(引脚1、2、3均不连通)。分别测量V_O、V_{48}和$V_{R_{A1}}$的电位,应符合公式$V_O=V_{48}+V_{R_{A1}}$。

(4) 反相加法功能测试:$V_O=-(V_{48}+V_{R_{A1}})$。S_{C1}空置(引脚1、2、3均不连通),切换S_{C2}连接运放-端,S_{C3}将运放+端接地。分别测量V_O、V_{48}和$V_{R_{A1}}$的电位,应符合公式$V_O=-(V_{48}+V_{R_{A1}})$。

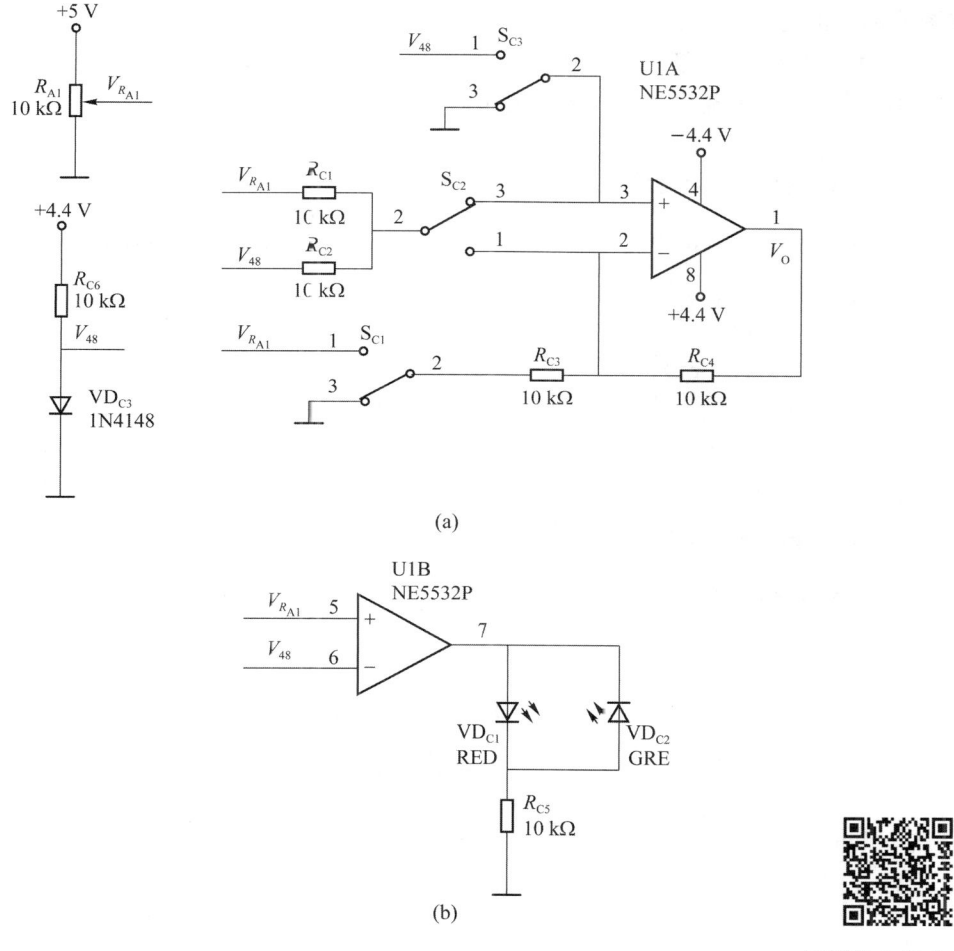

图 3.23 NE5532 应用测试电路

运算放大集成电路应用测试实践

(5) 减法功能测试:$V_O=2V_{48}-V_{R_{A1}}$。切换S_{C1}将R_{C3}左端连接到$V_{R_{A1}}$,S_{C2}空置(引脚1、2、3均不连通),S_{C3}将运放+端连接V_{48}。分别测量V_O、V_{48}和$V_{R_{A1}}$的电位,应符合公式$V_O=2V_{48}-V_{R_{A1}}$。

(6) 比较器功能测试。测量 U1B NE5532P 的引脚5(+端)、引脚6(-端)、引脚7(输出端)的值,结合 LED 的亮灭情况验证比较器的比较规则,即+端电位高于-端电位时输出高电平,否则输出低电平。

(7) 运放虚短虚断特性测试。在步骤1的开关设置下,测量 U1A NE5532P 引脚3(+端)和引脚 2(一端)之间的电压,测得电压近似为 0,验证虚短特性。在步骤 1 的开关设置下,测量 R_{C3} 的电压和 R_{C4} 的电压,测得电压相等,验证虚断特性。

3.6 习　　题

1. 画出一个运算放大器电路图,说明虚短和虚断的概念分别指的是什么电学量近似为 0,并在图上标注出这两个电学量。
2. 计算图 3.24 中电路的交流放大倍数,并描述 C_1、C_0 以及 R_1 和 R_2 的作用。
3. 计算图 3.25 中输出电压和输入电压的关系。

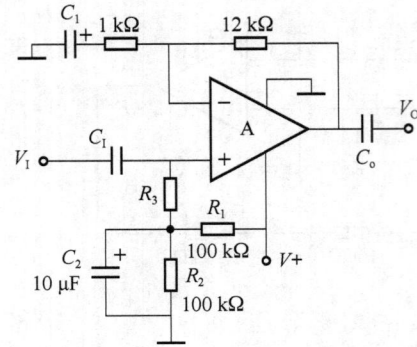

图 3.24　交流放大电路

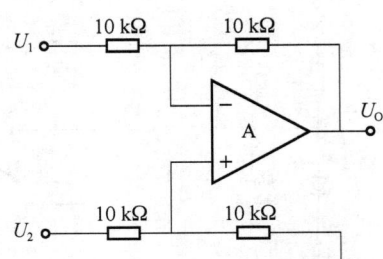

图 3.25　输出电压、输入电压电路

4. 计算图 3.26 中输出电压和输入电压的关系,并说明输入阻抗为多大?

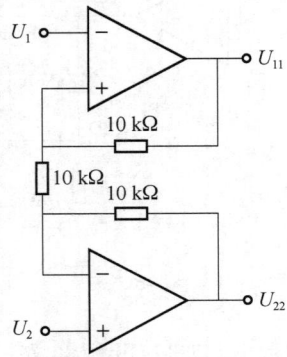

图 3.26　输出电压、输入电压、输入阻抗电路

5. 试用运放设计一个加法器电路,得到 $U_O = 2U_1 + U_2$。
6. 当试用运放对交流信号进行放大时,如果运放是单电源,一般要如何处理?
7. 运放的比例放大有同相和反相两种,分别属于正反馈还是负反馈?
8. 运放做比较器应用时,是否需要接反馈电路?
9. 运放做比较器应用时,何时输出高电平,何时输出低电平?为什么?

第 4 章　声音集成电路

声音集成电路,顾名思义是处理和声音有关信号的集成电路,包括声音的产生、存储、变换、放大等,有音乐播放集成电路、语音播放集成电路、语音录放集成电路、音频放大集成电路等多种类别。

4.1　TDA2822M 音频功率放大器及其应用

TDA2822M 是双声道音频功率放大集成电路,由于其价格低廉,外围电路简单,因此在收音机、小音箱以及小型音频设备中得到广泛的使用。

TDA2822M 适应的工作电压范围较宽,最低可至 1.8 V,最高工作电压为 15 V,最小输入阻抗 100 kΩ,最小输出阻抗 4 Ω。当工作电压为 6 V,输出阻抗为 4 Ω 时,输出功率为 650 mW×2。

4.1.1　TDA2822M 的主要性能及参数

TDA2822M 的主要性能及参数如下。

(1) 产品种类:音频功率放大器。
(2) 产品类型:AB 类。
(3) 输出功率:2 W(9 V,16 Ω)。
(4) 输出类型:桥接单声道或立体声双声道。
(5) 可用增益调整:39 dB。
(6) 总谐波失真+噪声(THD+N):0.2 %(8 Ω,500 mW)。
(7) 电源电压(最大值):15 V。
(8) 电源电压(最小值):1.8 V。
(9) 电源类型:单电源。
(10) 静态电源电流:6 mA。
(11) 最大功率耗散:1.4 W。
(12) 最小工作温度:−40 ℃。
(13) 最大工作温度:85 ℃。
(14) 封装:PDIP-8。
(15) 包装:管(Tube)。
(16) 音频负载电阻:4~32 Ω。

(17) 输入偏流(最大值):0.1 μA(6 V 电压下的典型值)。

(18) 输入信号类型:单端信号。

(19) 输出信号类型:差分或者单端信号。

4.1.2　TDA2822M 的引脚配置

TDA2822M 的引脚配置如图 4.1 所示。

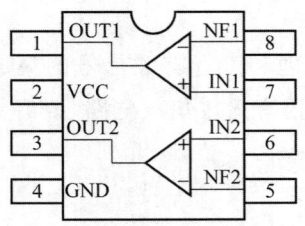

图 4.1　TDA2822M 的引脚配置(顶视)

4.1.3　TDA2822M 的典型应用电路

1. 立体声方式应用

TDA2822M 基本的立体声应用电路如图 4.2 所示,电容的选择对音质的好坏有着至关重要的影响。图中 C_1、C_2、C_4、C_5 可用钽电解电容,C_6 和 C_7 使用独石电容。

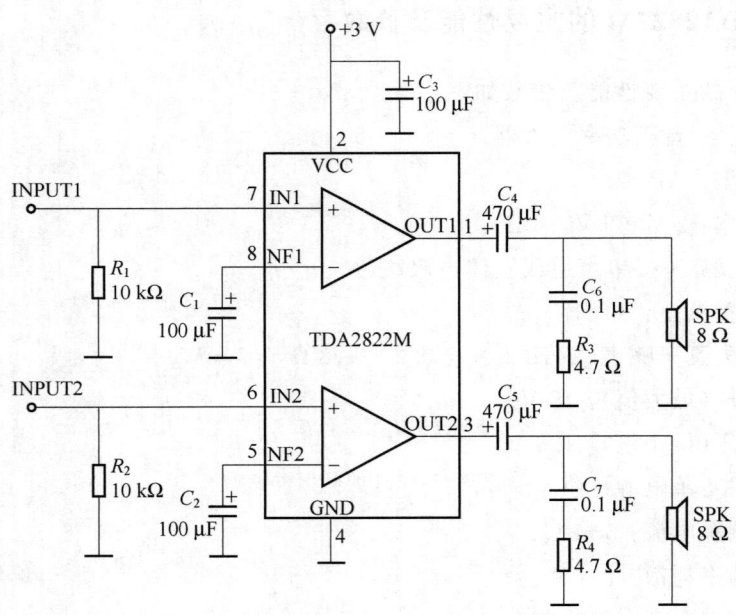

图 4.2　TDA2822M 的立体声应用电路

2. 桥接方式应用(BTL 方式)

TDA2822M 的桥接应用电路如图 4.3 所示。

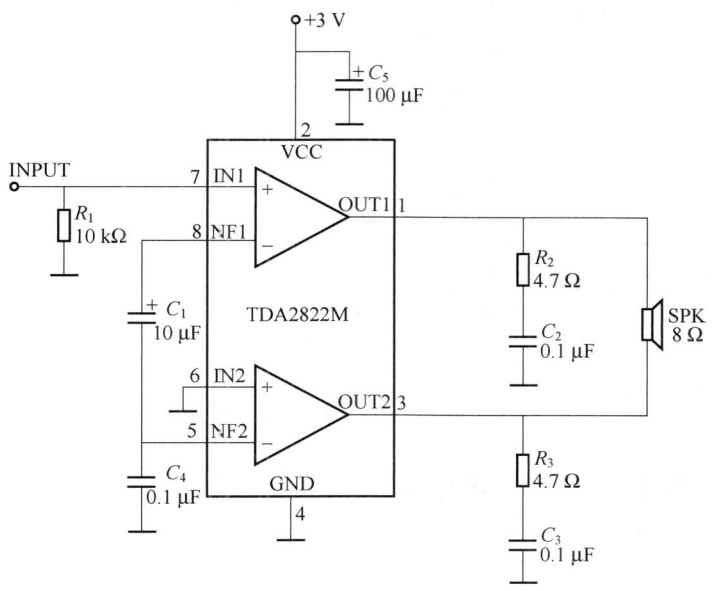

图 4.3 TDA2822M 的桥接应用电路

TDA2822M 的简化桥接应用电路如图 4.4 所示。

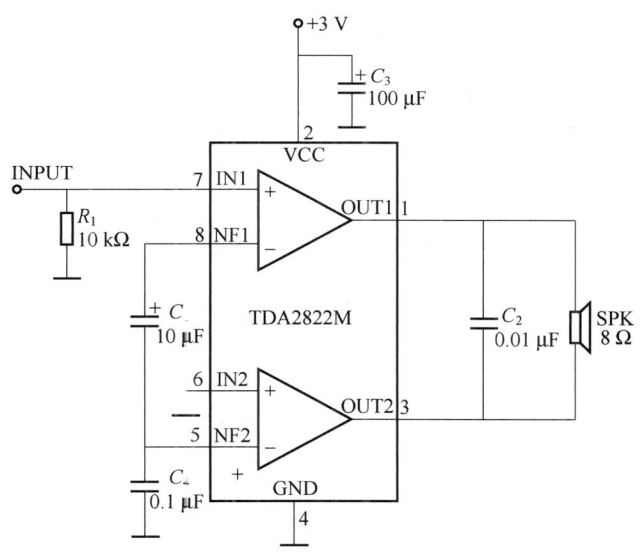

图 4.4 TDA2822M 的简化桥接应用电路

TDA2822M 的桥接应用输出波形如图 4.5 所示。

桥接方式,又称 BTL 方式,在这种方式中,TDA2822M 的两个放大器一个接成同相,一个接成反相。当引脚 1 输出高电平时,引脚 3 输出低电平,所以扬声器上的电压总是比普通方式大一倍,可以得到更大的功率。外围元件只有一只电阻和两只电容,不用装散热器,放音效果也会令人满意。由于图 4.4 的电路为直接耦合,所以输入信号不能带直流成分。如果输入信号有直流成分,则必须在输入端串接一只 10 μF 左右的电容隔开;否则将有很大的直流电流流过扬声器,使之发热烧毁。桥接方式追求的是高功率,IC 内部的两个放大器放大的都是一个声道的信号,适合单声道信号的放大,如果用它来放大立体声信号,需要使用两个 TDA2822 M。

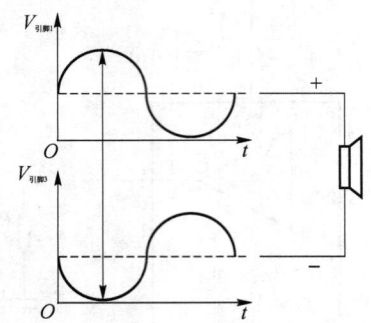

图 4.5　TDA2822M 的桥接应用输出波形

4.1.4　TDA2822M 制作的喊话器

1. 电路组成

TDA2822M 制作的喊话器电路如图 4.6 所示。

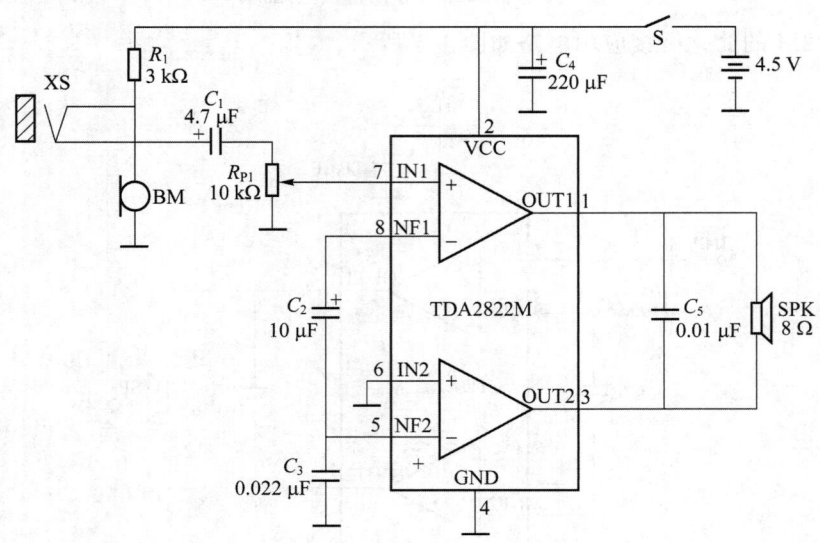

图 4.6　TDA2822M 制作的喊话器电路

2. 工作原理

本机工作原理如下:合上开关 S,当人面对话筒 BM 讲话时,BM 上端拾取的音频话音信号就经 C_1 和 R_{P1} 从集成电路 TDA2822 的引脚 7 输入,经过内部 BTL 功放电路放大后,由扬声器 SPK 发出清晰明亮的声音,并可由电位器 R_{P1} 调节音量的大小。整个电路采用 3 节 5 号电池(4.5 V)供电,其静态电流为 6～9 mA,输出功率可达 1 W 左右。插座 XS 相当于 2 切 1 的开关,当有插头插入时,MIC 信号被切断,外部信号通过插头进入电路,可以接续或者放大 MP3 等外部信号,起到一机两用的作用。

3. 元件选择

MIC 可以使用普通驻极体化话筒,C_1 和 C_2 可选钽电解电容,对音质的要求不高时,作为喊话器也可以选择普通电解电容,C_4 可选择普通电解电容,C_3 和 C_5 可选择独石电容。

4. 制作要点

本电路简单,容易制作,如无啸叫,也可以省略电容 C_5。作为扩展应用,还可以增加 TDA7021T 等组成调频收音机电路,增加产品的功能和使用价值。

4.1.5 TDA2822M 制作的音频感应无线耳机

1. 电路组成

TDA2822M 制作的音频感应无线耳机电路如图 4.7 所示。

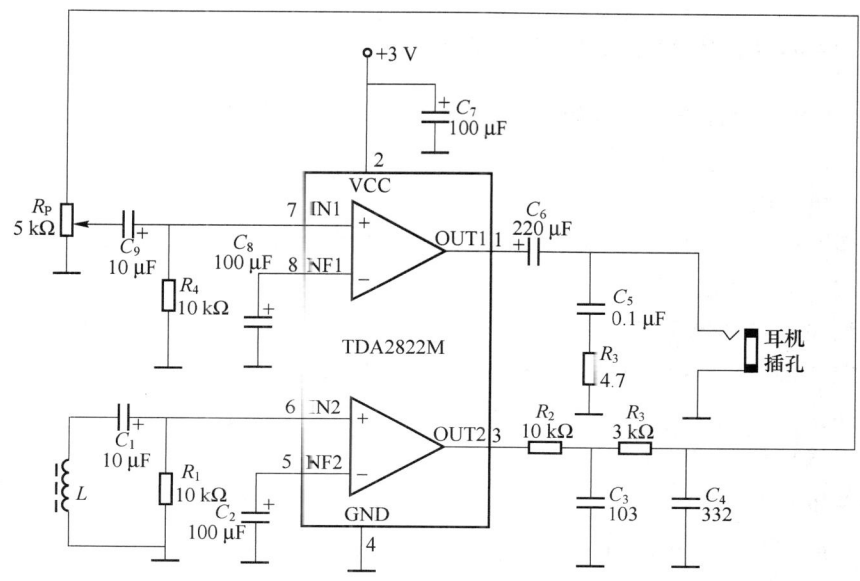

图 4.7 TDA2822M 制作的音频感应无线耳机电路

2. 工作原理

线圈 L 感应出来的感应电压即为声音信号。从引脚 7 接入 TDA2822M 的一个放大器,前置放大后的信号从引脚 1 输出,通过电阻、电容组成的衰减网络进行频率矫正和电位器分压,再通过引脚 6 接入 TDA2822 的另外一个放大器进行功率放大,最后信号从引脚 3 输出后通过电容隔直,推动耳机发出声音。

3. 元件选择

此类耳机音源为一多圈磁心线圈,其频响特性类似于录音机磁头,其质量好坏决定着音质的好坏,所以应该购买专业产品。电源可以用 2 节 5 号电池。

4. 制作要点

本电路为接收电路,经常用于学校的语音室。其发射可利用 50 W 广播用扩音机,单个教室使用时可用较细漆包线在教室顶棚上绕几圈,直流电阻 4 Ω 以上。然后连接到在黑板侧边的音频插座。教师上课时用输出功率 5 W 以上的收录机做音源,把扬声器输出线接至音频插座即可,这样学生用耳机听音频就不会干扰其他班级上课了。应注意的一点是相邻教室或上下楼层不能同时使用,否则会互相串音干扰。

4.2 LM1875T 高保真功率放大器及其应用

LM1875T 是一款功率放大集成电路。它为五脚 TO-220 封装,形如一只中功率管,体积小巧,使用外围电路少且输出功率较大,有过载过热及感性负载反向电动势安全工作保护等完善的保护功能。其谐波失真小于 0.015%,经常被用于高保真音响的功率放大电路。

LM1875T 由前美国国家半导体公司(2011年9月并入美国德州仪器公司)在20世纪90年代初推出。

4.2.1 LM1875T 的主要性能及参数

LM1875T 的主要性能及参数如下。
(1) 电压范围:单电压 15~60 V,或 ±30 V。
(2) 输出电流限制:4 A。
(3) 电源抑制比:95 dB。
(4) 静态电流:50 mA。
(5) 谐波失真:当 $f=1$ kHz, $R_L=8$ Ω, $P_0=20$ W 时,谐波失真小于 0.015%。
(6) 额定增益:当 $f=1$ kHz 时,额定增益为 26 dB。
(7) 转换速率:8 V/μs。
(8) 最大输出功率:30 W。
(9) 功率带宽:70 kHz。
(10) 单位增益带宽:5.5 MHz。
(11) 输入噪声:3 μV。
(12) 输入偏置电流:2 μA。
(13) 输入失调电流:0.5 μA。
(14) 输入失调电压:1 mV。

4.2.2 LM1875T 的引脚配置

LM1875T 的引脚配置如图 4.8 所示,左边是可以穿螺丝的金属片,其内部与引脚3相连。

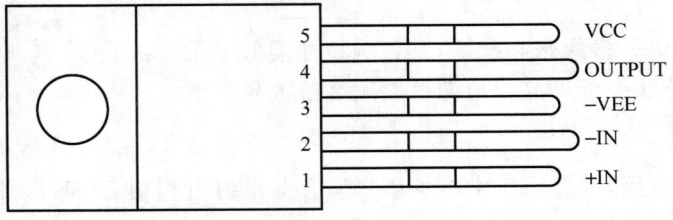

图 4.8　LM1875T 的引脚配置(顶视)

4.2.3 LM1875T 的典型应用电路

1. 双电源应用电路

LM1875T 最常用的方式就是双电源应用,由于是双电源,输入输出都以地为基准,所以它不需要影响音质的输出电容,电路如图 4.9 所示。

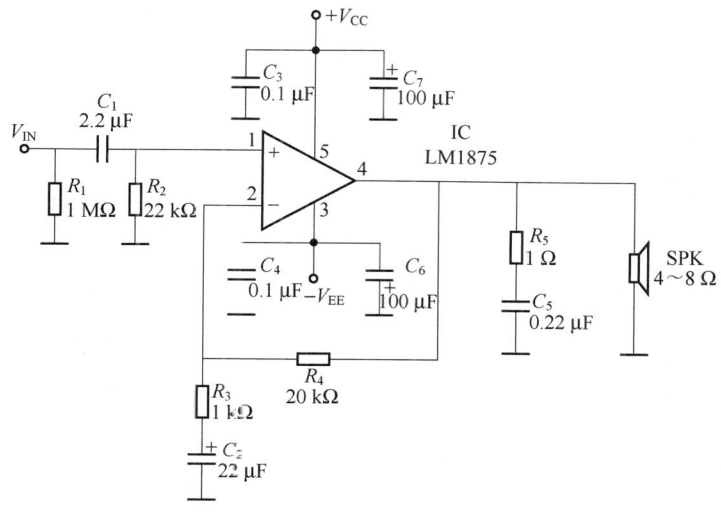

图 4.9 LM1875T 的双电源应用电路

2. 单电源应用电路

LM1875T 的单电源应用电路如图 4.10 所示。当无法提供双电源时,可以根据图中的接法使用单电源供电。单电源供电以 $V_{CC}/2$ 为基准,所以必须使用两个同样的电阻分压出 $V_{CC}/2$,再将其接到正输入端,单电源应用电路需要接输出电容来隔直。

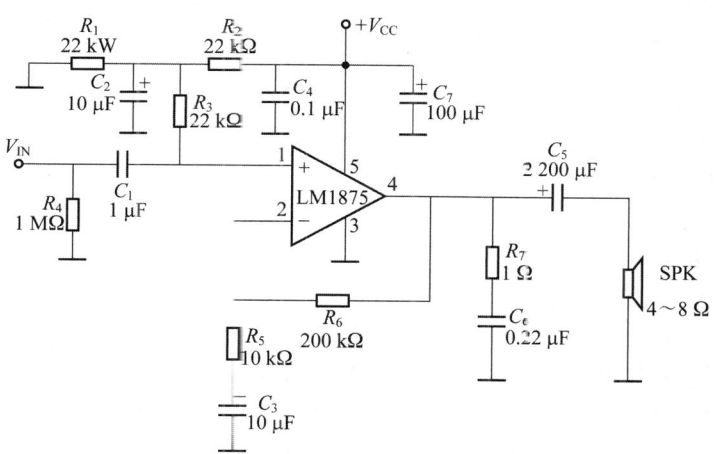

图 4.10 LM1875T 的单电源应用电路

3. BTL 应用电路

另外一种比较常用的方式是 BTL 方式,它采用两片 LM1875T 对一路信号进行推挽放大,具体电路如图 4.11 所示。

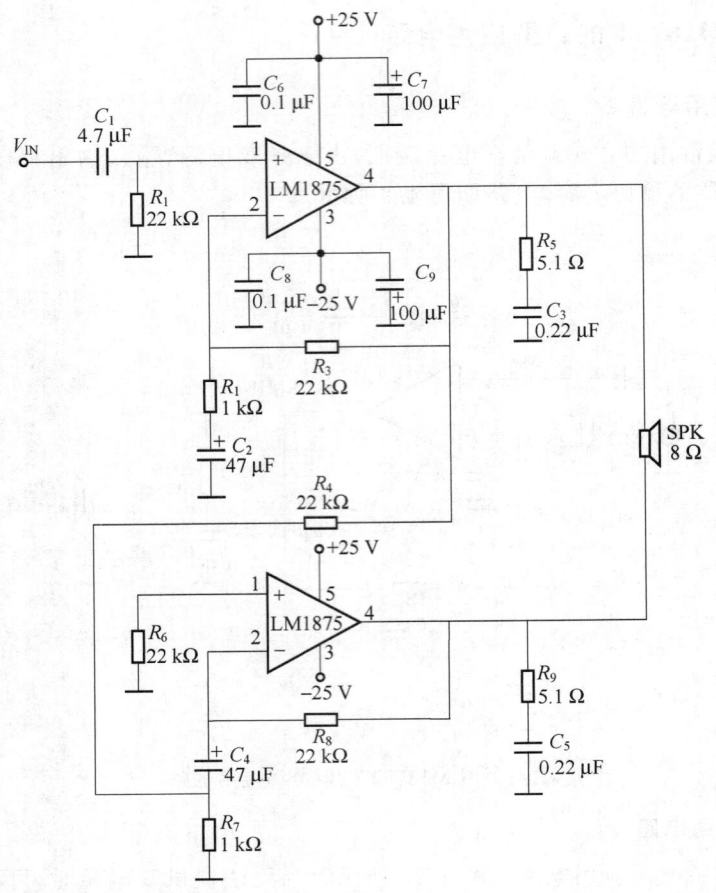

图 4.11 LM1875T 的 BTL 应用电路

在功放集成电路、负载阻抗、电源电压、反馈电阻均相同的情况下,BTL 功率放大器中扬声器上获得的输出电压是普通功放的两倍。因此,BTL 功放的输出功率是普通功放的 4 倍 ($P=\dfrac{V \times V}{R}$)。当然,BTL 功放的缺点是需多用一功放集成电路。本电路为单声道功放,如需做成立体声的 BTL 功放,再按图制作另一声道即可。

图 4.11 的 BTL 功放电路,输出功率可达 80 W,电压增益 33 dB,输入灵敏度 570 mV(功放达到额定功率的输入信号电压)。

图 4.11 的电路调整方法:

(1) 测电路静态电流,一般为 50~80 mA。若过大,则可能是电路自激,可适当调节移相网络中的电容器(C_3 和 C_5)的大小。在负反馈电阻(R_3 和 R_8)上并联一小电容(10~50 pF),可以消除高频自激,但该电容会影响电路高频特性,所以电容越小越好。

(2) 两片 LM1875 输出端(第 4 脚)的对地交流电压应幅度相等、相位相反,可以使用示波器测试。如幅度不等,可适当调节 R_4 的阻值,直到幅度相等。

4.2.4　LM1875T 制作的带音调控制的高保真功放电路

1. 电路组成

带音调控制的高保真功放电路由一片 LM1875 和若干电阻、电容组成,如图 4.12 所示。

其配套的电源电路如图 4.13 所示,该电路直接与双 25 V 的电源变压器连接,输出 ±25 V 的直流电。

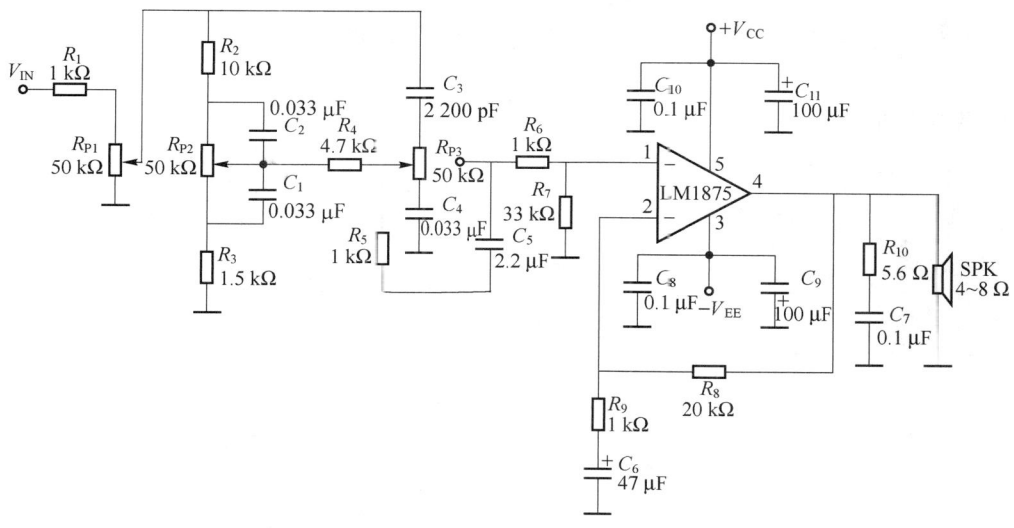

图 4.12 LM1875T 制作的带音调控制的高保真功放电路

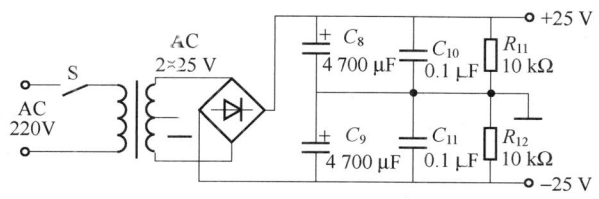

图 4.13 ±25 V 直流电源电路

2. 工作原理

电路的音调部分采用高低音分别控制的衰减式音调电路,其中低音控制电路由 R_2、R_3、C_1、C_2 和 R_{P2} 组成,高音控制电路由 C_3、C_4、R_{P3} 组成,R_{P1} 为调节音量大小的音量控制器,C_5 为隔直电容,防止后级的 LM1875 引脚 1 的直流电位对前级音调电路产生影响。

3. 元件选择

为了保证电路的音质,电源变压器的额定输出功率不得低于 80 W,图 4.13 中的电容 C_8 和 C_9 均为 4 700 μF/35 V 的电解电容,C_{10} 和 C_{11} 为两个 0.1 μF 的独石电容,选择独石电容作为高频滤波电容,有利于提高放大器的音质。图 4.12 中的有极性电容均可选用钽电解电容,其他电容可以使用独石电容。

4. 制作要点

焊接时要注意有极性的电子元器件,如电解电容、桥式整流堆,一旦焊反即有烧毁元器件之险,应特别小心。为了防止烧毁扬声器,放大器的输出端先不接扬声器和输入信号,而是接万用表电压挡测量输出。当接上变压器后,万用表的读数应在 30 mV 以内,否则应立即断电检查电路板。如读数在 30 mV 以内,则表明该功放板功能基本正常,可接上音箱。最后输入音乐信号,上电测试,旋转音量电位器,音量大小应有变化;旋转高低音旋钮,音调应有变化。如调节电位器无效,应检查电路的音量部分;若调节旋钮无效,应检查电路音调部分。

4.2.5 LM1875T 制作的精密直流伺服电机驱动电路

1. 电路组成

LM1875T 制作的精密直流伺服电机驱动电路由采用 LM1875 组成的同相放大器和三极管、继电器等组成的开关机保护电路组成,如图 4.14 所示。

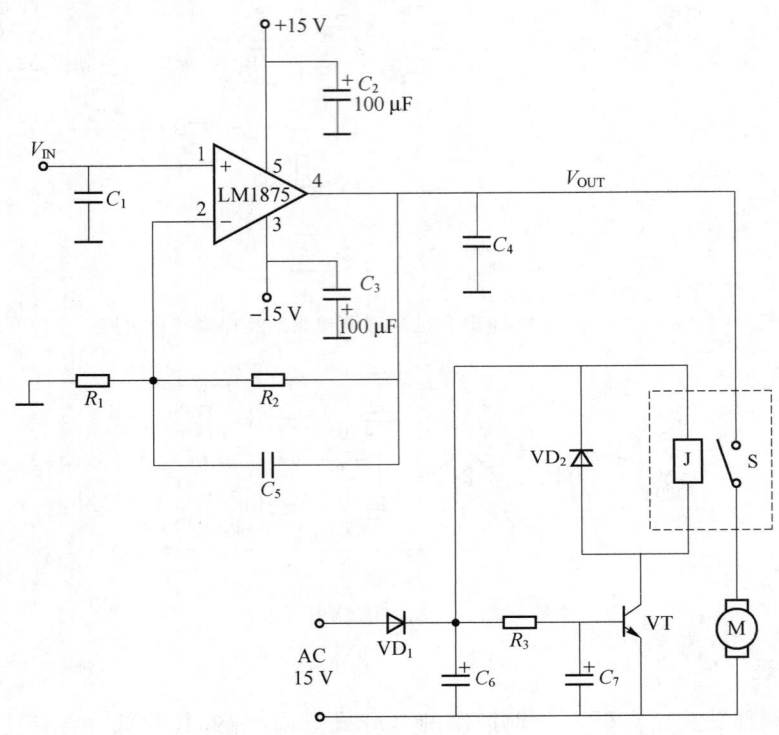

图 4.14 LM1875T 制作的精密直流伺服电机驱动电路

2. 工作原理

放大电路采用同相放大器接法,反馈采用直流反馈形式。反馈电压从输出电压经电阻 R_1 和 R_2 分压取得,引至放大器的反相端,故电路的放大倍数表示为 $(R_1+R_2)/R_1$。负载为电动机,呈现感性,很容易引起自激振荡。为此在电阻 R_2 上并联电容 C_5,即进行补偿以防止自激。同时,配合采用 C_4 来抑制因电机感性引起的寄生振荡。

在电源接通和断开的瞬间,电机可能会产生震颤。这是由于开关电源的瞬间,正负电源的不对称以及功率运放的直流负反馈未建立,因此输出零点存在短时摆动,电机震颤在音响电路中表现为开关机爆音。在高保真放大器中,为了保护扬声器音响开机时负载会延时合上,关机时负载会瞬间断开,这里也使用了这种技术来实现对电机的保护。具体的保护电路原理为:在开机瞬间,电容 C_7 电压为零,三极管截止,继电器接点 S 保持断开,电动机无电。经过数秒后(功放电路的开机不正常状态已经结束),电容 C_7 被充电,三极管导通,继电器接点 S 接通,从

3. 元件选择

C_2 和 C_3 用于滤除电源噪声，VD_1 和 VD_2 可以选用 1N4002 整流管，R_1 和 R_2 的比值决定了电路的放大倍数，可以根据输入信号和电机性能来决定其阻值。C_1 选用 $0.01\ \mu F$，C_4 选用 $1\ \mu F$，C_5 选用 $30\ pF$，均为陶瓷电容，C_2 和 C_3 选用 $100\ \mu F$，C_6 选用 $33\ \mu F$，C_7 选用 $47\ \mu F$，均为电解电容。

4. 制作要点

若放大器输出电压幅度不够，可以增大 R_2 的阻值；若放大器存在较大干扰，则可以增大 C_2、C_3 或 C_5 的容量。

4.3 ISD1820 录放音集成电路及其应用

ISD1820 是 8～20 s 录放音集成电路。美国 ISD 公司（后并入台湾地区的华邦电子公司，2008 年又分割成新唐科技公司）于 2001 年推出一种单片 8～20 s 单段语音录放电路 ISD1800 系列，它的基本结构与之前的 ISD1110 和 ISD1420 完全相同，采用 CMOS 技术，内含振荡器、话筒前置放大、自动增益控制、防混淆滤波器、扬声器驱动及 FLASH 阵列等，目前新唐科技公司提供 DIE（封装前单个单元的裸片称作 DIE）。ISD1820 为美国 ISD 公司芯片的简化版封装（去掉多余的引脚）。

4.3.1 ISD1820 的主要性能及参数

ISD1820 的主要性能及参数如下。
(1) 录放时间可达 8～20 s。
(2) 高质量、自然的语音还原技术。
(3) 边沿/电平触发放音。
(4) 不耗电信息保存 100 年。
(5) 外接电阻调整录音时间。
(6) 内置喇叭驱动电路。
(7) 录音次数可达 10 000 次。
(8) 单电源 3～5 V。
(9) 自动节电，维持电流 $0.5\ \mu A$。
(10) 借助专用设备可批量复制。

4.3.2 ISD1820 的引脚配置和功能

ISD1820 的引脚配置如图 4.15 所示。

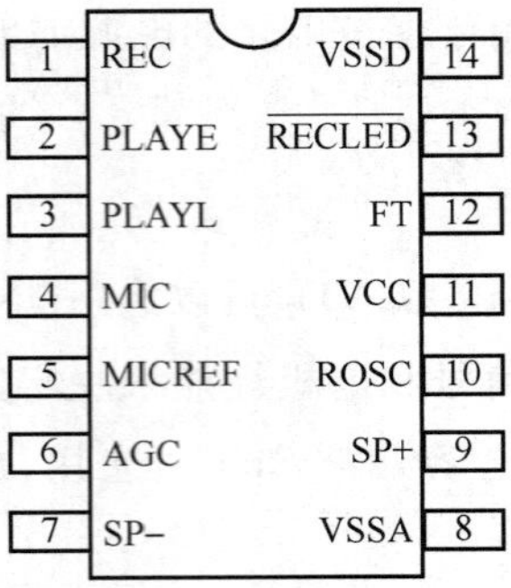

```
       ┌─────────────┐
    1 ─┤ REC    VSSD ├─ 14
    2 ─┤ PLAYE RECLED├─ 13
    3 ─┤ PLAYL   FT  ├─ 12
    4 ─┤ MIC    VCC  ├─ 11
    5 ─┤ MICREF ROSC ├─ 10
    6 ─┤ AGC    SP+  ├─ 9
    7 ─┤ SP-   VSSA  ├─ 8
       └─────────────┘
```

图 4.15　ISD1820 的引脚配置（顶视）

ISD1820 的引脚功能如表 4.1 所示。

表 4.1　ISD1820 的引脚功能

引脚	说明	引脚	说明
1	REC,高电平有效的录音控制信号	14	VSSD,数字地,接电源负极,即 GND
2	PLAYE,边缘触发放音,当引脚出现信号上升沿时,触发一个放音周期,放音持续到信息终端(EOM)标志被检测到或内存结束,之后芯片自动进入节电状态。开始放音后,可以释放 PLAYE	13	RECLED,录音 LED 指示,低电平输出时,表示正在录音。此外,放音遇到 EOM 或内存结束标志时,此端输出一个低电平脉冲。此脉冲可用来触发 PLAYE,实现循环放音
3	PLAYL,电平触发放音,当引脚从低电平到高电平时,放音循环被初始化,放音会持续到该脚被置低电平或信息终端(EOM)标志被检测到或者内存结束,之后芯片自动进入节电状态(电流很小)	12	FT,直通模式控制,当 FT 接到 VCC 时,MIC 信号将直通扬声器。不再经过录音处理。此端允许接在 MIC 输入端的外部语音信号经过芯片内部的 AGC 电路、滤波器和喇叭驱动器而直接到达喇叭输出端。通常 FT 端为低,要实现直通功能,需将 FT 端接高电平,同时 REC、PLAYE 和 PLAYL 保持低
4	MIC,话筒信号输入,片内 AGC 控制自动控制增益,外部话筒信号应用电容隔离。耦合电容值和此端的 10 kΩ 输入阻抗决定了芯片频带的低频截止点	11	VCC,电源正极
5	MICREF,连接内部放大器的反相端。当以差分形式连接话筒时,可减小噪声,提高共模抑制比	10	ROSC,接定义录放周期的振荡电阻。振荡电阻的阻值决定录放音的时间
6	AGC,自动增益控制端,一般连接 4.7 μF 到地。动态调整前置增益以补偿话筒输入电平的宽幅变化,使得录制变化很大的音量(从耳语到喧嚣声)时失真都能保持最小	9	SP+,SP+与 SP-连接 8 Ω 扬声器
7	SP-,SP+与 SP-连接 8 Ω 扬声器。单端使用时必须在输出端和喇叭之间接耦合电容,而双端输出既不用电容又能将功率提高至 4 倍。SP+和 SP-之间通过内部 50 kΩ 的电阻连接,不放音时为悬空状态	8	VSSA,模拟地,接电源负极,即 GND

引脚 10 上所接的 ROSC 电阻用于设定录放时间,如表 4.2 所示。

表 4.2 ROSC 定义的录放时间

ROSC/kΩ	录放时间/s	采样频率/kHz	典型带宽/kHz
80	8	8.0	3.4
100	10	6.4	2.6
120	12	5.3	2.3
160	16	4.0	1.7
200	20	3.2	1.3

4.3.3 ISD1820 的应用电路

ISD1820 的一种应用电路如图 4.16 所示,话筒下端的偏置电阻 R_4 和 220 μF 电容的负端接到RECLED端,这样在平时RECLED端为高电平,话筒没有电压电流,整个电路的耗电几乎为零。但在这种方式下直通模式不能工作。

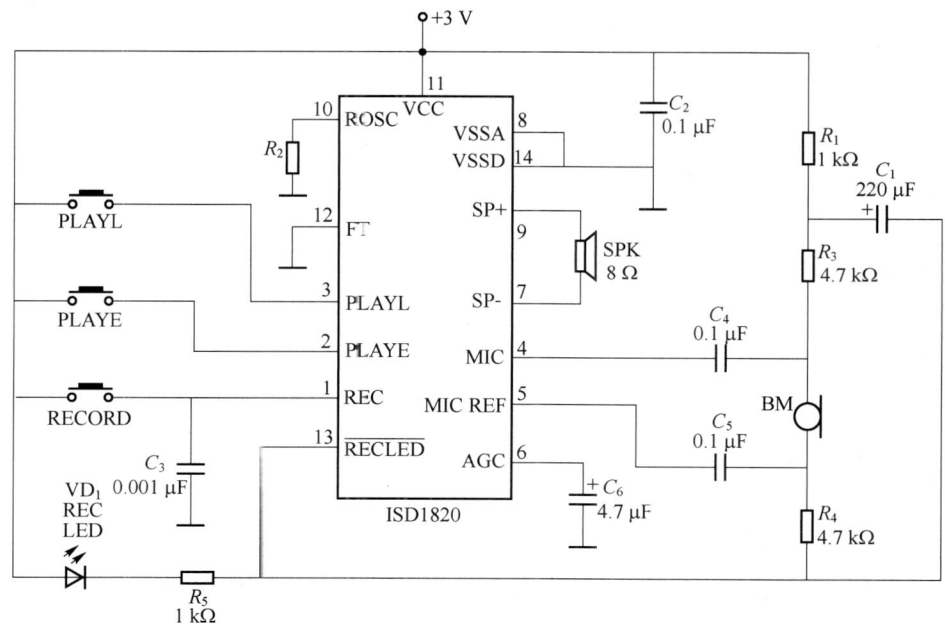

图 4.16 ISD1820 的应用电路(一)

ISD1820 的另一种应用电路如图 4.17 所示,直通模式可以工作,但是电流耗电比图 4.16 多。

当需要放大音量时,可用 LM386、TDA2283、TDA2822、TA7368 及 MC34119 等音频功率放大器。信号由 SP+或 SP−通过电容耦合输入,SP+或 SP−不用的一端必须悬空,不能接地,但是差动应用可用隔直电容 C_1 连接 SP+,隔直电容 C_2 连接 SP−。使用 LM386 作差动放大器的电路如图 4.18 所示。

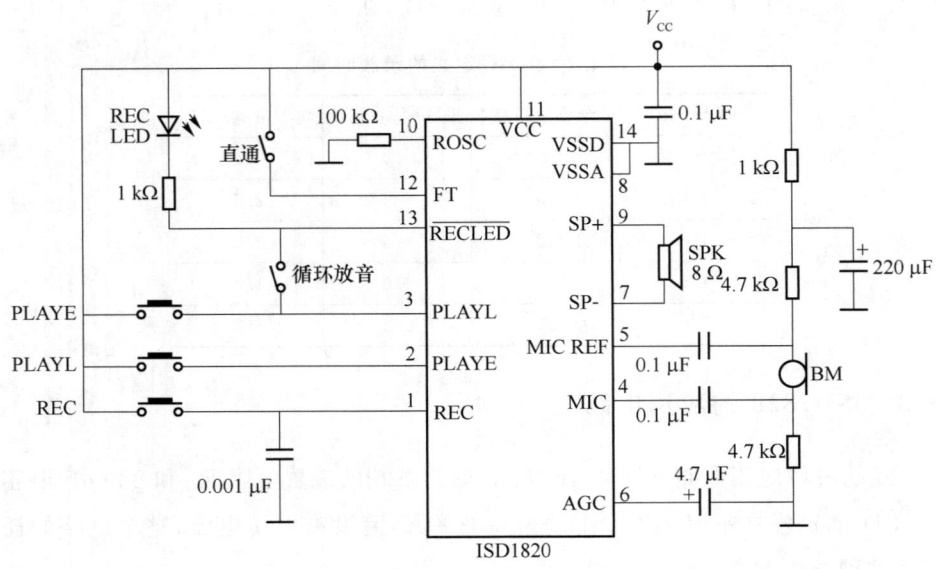

图 4.17 ISD1820 的应用电路(二)

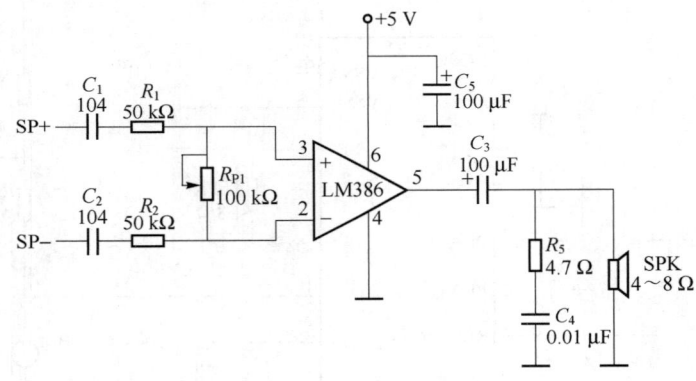

图 4.18 LM386 差动功率接续电路

4.4 TDA7088T 单片 FM 收音机集成电路及其应用

TDA7088T 是双极性集成电路,适用于单声道便携式或者手掌式 FM(调频)收音机,具有外围元件少、尺寸小、成本低等特点。

TDA7088T 包含了锁相环回路(FLL),其中频频率(IF)为 70 kHz,选择性可以通过有源 RC 滤波器来调整。与中频相应的未调谐信号和低输入信号由静噪电路来抑制。

TDA7088T 可以实现电调谐,其工作电源可低至 1.8 V,电路包含了从天线接收到鉴频输出音频信号的全部功能。采用 16 脚扁平封装。

4.4.1 TDA7088T 的主要性能及参数

TDA7088T 的主要性能如下。
(1) 含有静噪功能。
(2) 外接一只变容二极管可自动搜寻调谐。
(3) 使用内部 AFC 电路可以进行机械调谐。
(4) 可支持调幅接收应用,制作 AM/FM 收音机。
(5) 具备电源极性反接保护。
(6) 低至 1.8 V 仍可正常工作。

TDA7088T 的极限参数如表 4.3 所示。

表 4.3 TDA7088T 的极限参数

符号	参数名	典型值	单位
V_P	电源电压	5	V
T_{amb}	工作温度	−10~70	℃
T_S	储存温度	−55~150	℃

TDA7088T 的主要直流电气参数如表 4.4 所示。

表 4.4 TDA7088T 的主要直流电气参数

符号	参数名	最小值	典型值	最大值	单位
V_P	电源电压	1.8	3	5	V
I_P	电源电流	4.2	5.2	6.6	mA
V_1	DC 电压(引脚 1)	2.50	2.55	2.60	V
V_3	DC 电压(引脚 3)	2.64	2.69	2.74	V
V_6, V_7	DC 电压(引脚 6,引脚 7)	2.38	2.44	2.50	V
V_8	DC 电压(引脚 8)	1.60	1.67	1.74	V
V_9, V_{10}, V_{13}	DC 电压(引脚 9,引脚 10,引脚 13)	2.42	2.47	2.52	V
V_{11}, V_{12}	DC 电压(引脚 11,引脚 12)	0.91	0.94	0.98	V
V_{15}	DC 电压(引脚 15)	2.06	2.12	2.18	V
I_2	AF 输出电流(引脚 2)	45	60	80	μA
I_5	振荡器电流(引脚 5)	275	375	500	μA

TDA7088T 的主要交流电气参数如表 4.5 所示。

表 4.5 TDA7088T 的主要交流电气参数

符号	参数名	测试条件	最小值	典型值	最大值	单位
$V_{I(rms)}$	射频输入灵敏度	静噪功能关		3	6	μV
		静噪功能开	3	6	12	μV
		$(S+N)/N=26$ dB		5	10	μV

续表

符号	参数名	测试条件	最小值	典型值	最大值	单位
$V_{I(rms)}$	最大输入电压	THD<10%,$\Delta F=\pm 75$ kHz	100	200		mV
$(S+N)/N$	信噪比		52	56		dB
THD	总谐波失真	$\Delta F=\pm 22.5$ kHz		1	1.4	%
		$\Delta F=\pm 75$ kHz		2.4	3.3	%
RR	纹波抑制比	$\Delta V_p=100$ mV(有效值),$f=1$ kHz	7	10		dB
$V_{o(rms)}$	音频输出信号	$R_L=22$ kΩ	60	85	120	mV
自动调谐参数(使用 BB910 变容二极管,$C_{16}=0.1$ μF)						
V_{16}	引脚 16 最低输出电压	最低点		$V_p-1.85$		V
$\Delta V/\Delta t$	调谐电压变化速率	引脚 16 电压	95	210	420	mV/s
$\Delta f_{OSC}/\Delta t$	本振频率变化速率		1.25	2.85	5.6	MHz/s
$\Delta I_{AFC}/\Delta V_3$	AFC 变化速率	引脚 3 电压	4.75	9.5	19	μs

4.4.2 TDA7088T 的功能和引脚配置

TDA7088T 的原理结构如图 4.19 所示,该电路内含 FM 收音机从天线接收到鉴频输出音频信号的所有功能,内部集成搜索调谐电路、信号检测电路、静噪电路,以及频率锁定环(FLL)电路等。TDA7088T 采用 70 kHz 的中频频率,省去了外围中频变压器,中频选择性由引脚 9 上的外接 RC 中频滤波器来完成,简化了电路,无须调试中频频率,又提高了中频的频率特性,并缩小了电路体积。TDA7088T 的引脚配置如图 4.20 所示,该图为 SOP-16 的扁平封装方式。

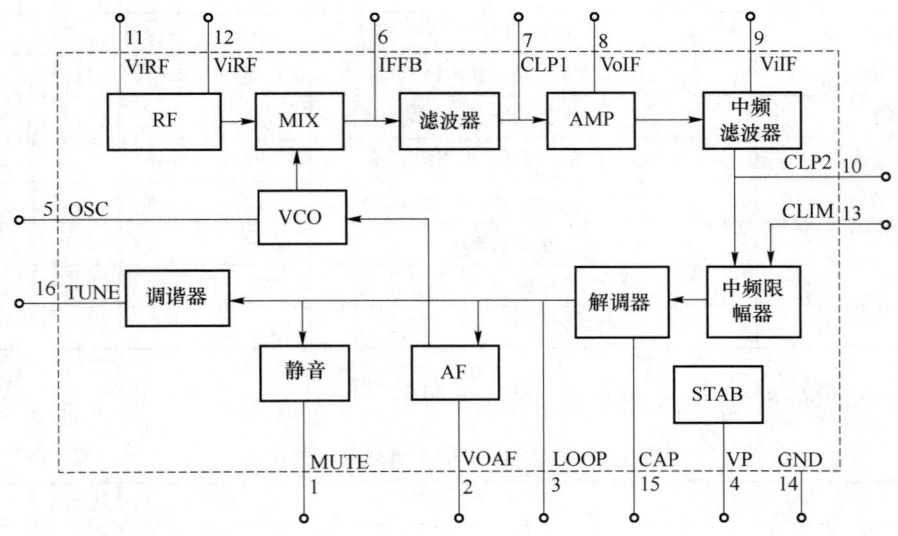

图 4.19 TDA7088T 的原理结构

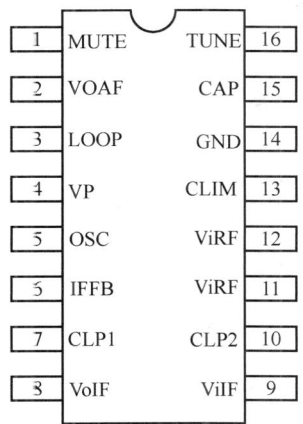

图 4.20　TDA7088T 的引脚配置(顶视)

TDA7088T 的引脚功能如表 4.6 所示。

表 4.6　TDA7088T 的引脚功能

引脚	说明	引脚	说明
1	MUTE,静噪输出	16	TUNE,电调谐 AFC 信号输出
2	VOAF,音频信号输出	15	CAP,全通滤波电容及搜索输入
3	LOOP,音频环路滤波	14	GND,模拟电源负极
4	VP,电源	13	CLIM,限幅器失调电压补偿电容
5	OSC,振荡器(本振)	12	ViRF,射频信号输入
6	IFFB,中频反馈	11	ViRF,射频信号输入
7	CLP1,1 dB 放大器的低通电容	10	CLP2,中频限幅放大器低通电容
8	VoIF,中频输出至外接耦合电容	9	ViIF,中频输入至限幅放大器

4.4.3　TDA7088T 组装的自动调谐 FM 收音机

1. 电路组成

自动调谐 FM 收音机电路如图 4.21 所示,由 TDA7088T 和若干电阻、电容、电感等收音部分以及 TDA2822M 的音频功放部分组成,可以使用 2 节 1.5 V 的干电池供电。

2. 工作原理

图 4.21 中,FM 信号由天线引进后从 TDA7088T 的引脚 11 进入混频电路。电感器 L_2,电阻器 R_3,电容器 C_{11}、C_{12}、C_9 构成输入回路,本振电路的本振频率由 L_1 和 C_5 及变容二极管 BB910 共同决定。电路中 C_1 为音频静噪电容,C_6 为中频反馈电容,C_7 为低通滤波器电容,C_8 为中频耦合电容。res 为复位按钮,run 为调谐按钮。按一下 run 按钮 FM 收音机会自动从频率低端向高端搜索选台,当收到一个电台时会自动锁定电台并停止搜索,如要收听下一个更高频率的电台,可再按一下 run 按钮。如搜索到频率最高端,可按一下 res 按钮即可回到频率最低端,然后可再重新搜索选台。天线输入回路收到的 FM 信号与本振频率混频后将产生 70 kHz 的中频信号,经中频滤波器完成滤波和放大后送鉴频级处理得到音频复合信号,再通

过静噪电路处理,从TDA7088T的引脚2输出音频复合信号,音频复合信号经R_2和C_2去加重后,由C_{20}耦合到音量调节电位器R_4,之后进入TDA2822M音频功率放大电路进行放大,推动喇叭放音。TDA2822M接成BTL方式工作,可简化电路,提高功率。

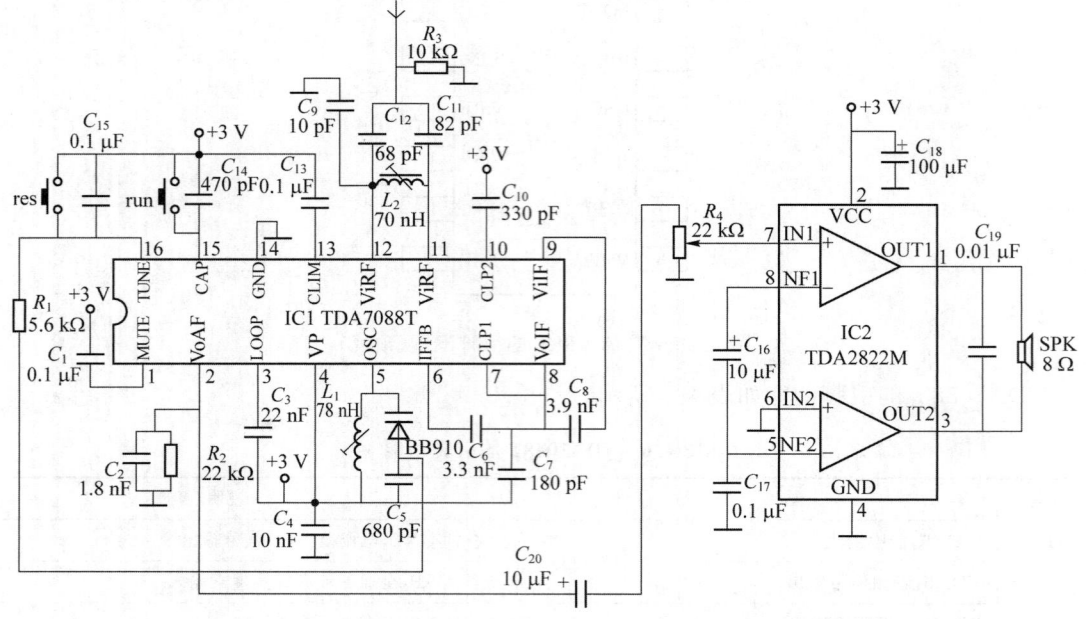

图4.21 TDA7088T组装的自动调谐FM收音机电路

电调谐调频收音机的频率为88～108 MHz,频道间隔大约为200 kHz。

3. 元件选择

IC1选用TDA7088T,也可以使用国产的CD9088、D7088、SC1088、SL1088等型号集成电路,与TDA7088T集成电路性能及引脚完全一样。

变容二极管采用BB910型变容二极管,电阻器宜选用1/8 W金属膜电阻。电容器C_1～C_{15}、C_{17}和C_{19}应选用小体积高频瓷片电容器,其他采用普通电解电容器。res和run采用微型轻触式按钮开关。L_1和L_2为空心电感线圈,采用0.43 mm的高强度漆包线,在2 mm的圆柱上密绕而成,其中L_1为13匝,L_2为10匝。

4. 制作要点

调整电感线圈L_1的匝间疏密度来调整收音机的接收频率范围。如果频率高端的电台收不到,可以把线圈夹紧一点。

装配式引线要尽可能短,以减少分布电容,TDA7088T为SOP-16扁平封装,直接焊接在PCB的铜箔面(底层),L_1和L_2两个电感线圈在布放时应相互垂直,以减少相互电路之间的影响,电感调整好后可用石蜡将其与周围元件进行密封固定,以提高接收的稳定度。

4.5 PAM8403立体声D类功率放大器及其应用

PAM8403是美国达尔科技公司(Diodes Incorporated)生产的一颗输出功率为3 W的D类音频功率放大器IC,它具有谐波失真低、噪声串扰小的特点,能以D类功放的效率提供AB

类功放的性能,效率高达 90%。它采用新型无耦合电容输出及无低通滤波电路的架构,可直接驱动喇叭,整个方案成本极低,PCB 空间的占用很小。在相同的外围元器件个数下,PAM8403 比其他甲类功放的效率要好得多,这样就延长了电池供电的续航时间,是便携式设备(如笔记本计算机等)的理想选择。

4.5.1 PAM8403 的主要性能及参数

PAM8403 的主要性能及参数如下。
(1) 无滤波器,低静态电流和低 EMI(电磁干扰)。
(2) 在 4 Ω 负载和 5 V 电源条件下,提供高达 3 W 输出功率。
(3) 效率高达 90%,无须散热器。
(4) 低 THD(可达 0.1%),低噪声。
(5) 短路保护。
(6) 过热保护。
(7) 极少外部元器件,节省空间和成本。
(8) 无铅封装。

PAM8403 的极限参数如表 4.7 所示。

表 4.7 PAM8403 的极限参数

参数名	典型值	单位
电源电压	6.0	V
输入电压	$-0.3\ V \sim V_{DD}+0.3\ V$	V
焊接温度(5 s)	300	℃
工作温度	$-40 \sim 85$	℃
最大结温	150	℃
贮存温度	$-65 \sim 150$	℃

PAM8403 的主要电气参数如表 4.8 所示。

表 4.8 PAM8403 的主要电气参数

符号	参数名	测试条件		最小值	典型值	最大值	单位
V_{DD}	电源电压			2.5		5.5	V
P_O	输出功率	THD+N=10%,f=1 kHz,R_L=4 Ω (R_L=8 Ω 下功率减半)	$V_{DD}=5\ V$		3.2		W
			$V_{DD}=3.6\ V$		1.6		W
			$V_{DD}=3.2\ V$		1.3		W
		THD+N=1%,f=1 kHz,R_L=4 Ω (RL=8 Ω 下功率减半)	$V_{DD}=5\ V$		2.5		W
			$V_{DD}=3.6\ V$		1.3		W
			$V_{DD}=3.2\ V$		0.85		W
I_Q	静态电流	无负载	$V_{DD}=5\ V$		16		mA
			$V_{DD}=3.6\ V$		10		mA
			$V_{DD}=3\ V$		8		mA
I_{MU}	静音电流	$V_{MUTE}=0.3\ V, V_{DD}=5\ V$			3.5		mA

续表

符号	参数名	测试条件	最小值	典型值	最大值	单位
I_D	关断电流	$V_{SD}=0.3\text{ V},V_{DD}=2.5\sim5.5\text{ V}$		<1		μA
$THD+N$	总谐波失真+噪声	$V_{DD}=5\text{ V},P_O=1\text{ W},R_L=8\text{ }\Omega$	$f=1\text{ kHz}$	0.15		%
G_D	电压增益			24		dB
PSRR	电源纹波抑制比	$V_{DD}=5\text{ V}$,输入用 $0.47\text{ }\mu F$ 电容接地	$f=1\text{ kHz}$	-59		dB
C_S	通道隔离度	$V_{DD}=5\text{ V},P_O=0.5\text{ W},R_L=8\text{ }\Omega,G_V=20\text{ dB}$	$f=1\text{ kHz}$	-95		dB
η	效率	$R_L=8\text{ }\Omega,THD=10\%$	$f=1\text{ kHz}$	87		%
f_{SW}	开关频率	$V_{DD}=3\sim5\text{ V}$		260		kHz
OPT	过热保护			140		℃

4.5.2 PAM8403 的引脚配置和功能

PAM8403 的引脚配置如图 4.22 所示。

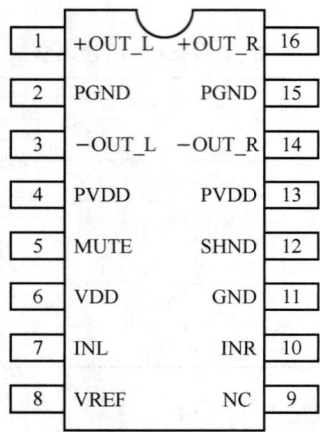

图 4.22　PAM8403 的引脚配置（顶视）

PAM8403 的引脚功能如表 4.9 所示。

表 4.9　PAM8403 的引脚功能

引脚	说明	引脚	说明
1	+OUT_L,左声道+输出	16	+OUT_R,右声道+输出
2	PGND,电源地	15	PGND,电源地
3	−OUT_L,左声道−输出	14	−OUT_R,右声道−输出
4	PVDD,电源正极	13	PVDD,电源正极
5	$\overline{MUTE}$,静音控制输入(低电平有效)	12	$\overline{SHDN}$,系统关断控制输入(低电平有效)
6	VDD,模拟电源正极	11	GND,模拟地
7	INL,左声道输入	10	INR,右声道输入
8	VREF,内部模拟基准源(从 VREF 连一个旁路电容到 GND)	9	NC,悬空

4.5.3 PAM8403 的内部结构和工作原理

PAM8403 的内部结构如图 4.23 所示。

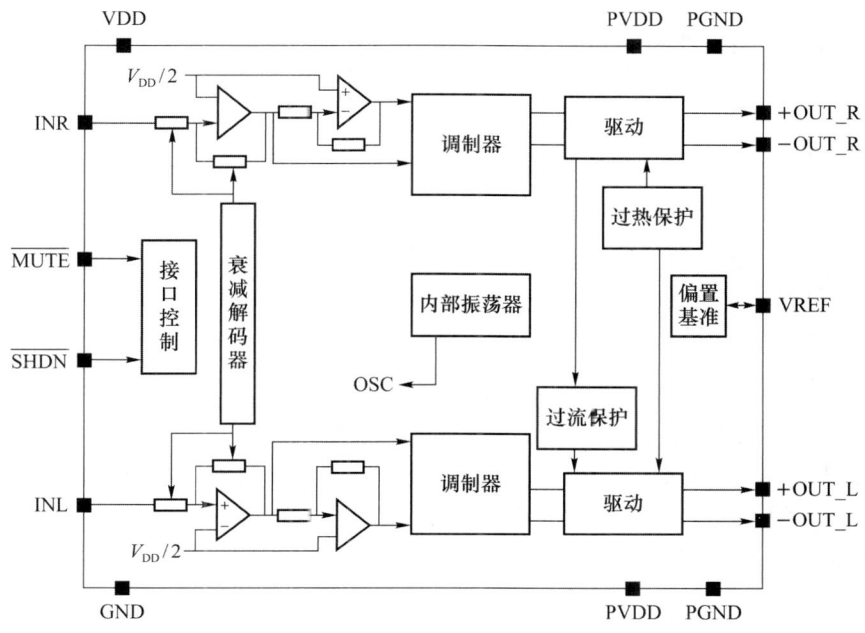

图 4.23 PAM8403 的内部结构

D 类功放的结构一般如图 4.24 所示,主要由调制器、功率放大器和低通滤波器三部分组成。调制输出过程如图 4.25 所示。图 4.24 中第一部分为调制器(比较器),最简单的只需用一只运放构成比较器即可完成。把原始音频信号加上一定直流偏置后和三角形波进行比较。当正端上的电位高于负端三角波电位时,比较器输出为高电平,反之则输出低电平。这样,比较器输出的波形就是一个脉冲宽度被音频信号幅度调制后的波形,称为 PWM 波(Pulse Width Modulation,脉宽调制)。第二部分为功率放大器(D 类功放),这是一个脉冲控制的大电流开关电路,把比较器输出的 PWM 信号变成高电压、大电流的大功率 PWM 信号。第三部分为低通滤波器,滤除了大功率 PWM 波形中的高频调制信号并将声音信息还原出来。此时电流很大,一般使用 LC 低通滤波器。

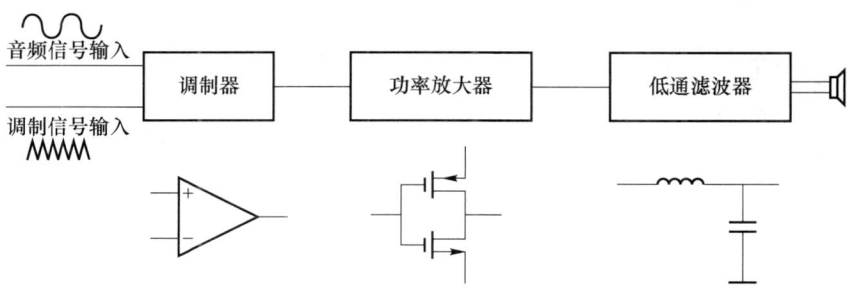

图 4.24 D 类功放的结构

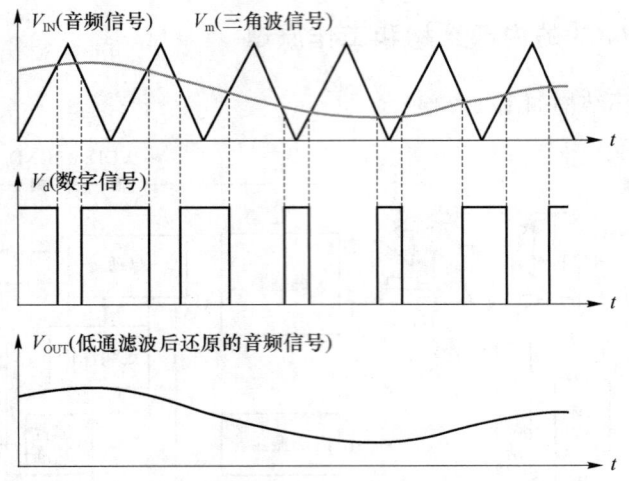

图 4.25 D 类功放的信号波形

PAM8403 的工作原理：

图 4.23 中，音频信号跟 $V_{DD}/2$ 的直流分量叠加后进入调制器，内部振荡器产生的三角波也进入调制器，输出的 PWM 信号进入驱动单元进行 D 类放大后输出。普通的 D 类功放都需要输出低通滤波器，PAM8403 采用了不同的调制技术，利用喇叭线圈作为滤波器，所以无须外接低通滤波即可工作。

4.5.4 PAM8403 的典型应用电路

PAM8403 的典型应用电路如图 4.26 所示。

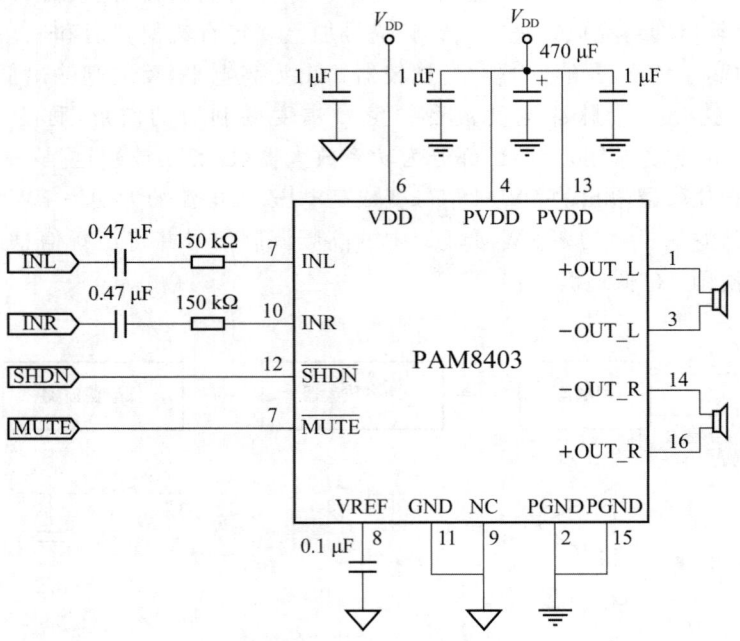

图 4.26 PAM8403 的典型应用电路（一）

使用PAM8403时,应注意下列问题:

1. 当PAM8403工作在无滤波器时,会产生一定的电磁干扰,最好在连接到扬声器的引出线口套上一个铁氧体磁环,可以降低电磁干扰。

2. PAM8403的极限工作电压为5.5 V,最大工作电压为5 V,比较适合使用USB或者3.7 V锂电池供电。如果采用4节新的普通干电池或碱性电池供电,PAM8403的工作电压有可能会超过6 V,会对芯片造成损坏。

3. 芯片中的数字音量控制具有很大的增益,在增大音量时不要让输入信号过大,避免产生切割限幅,甚至还可能使芯片的输出级损坏。

4. 在测试时,如采用纯电阻代替扬声器,将没有低通滤波器,所得到的测试结果会比采用扬声器作为负载时的结果差,包括THD、效率等。

5. PAM8403的左、右声道输出直接接喇叭,也就是每个声道各输出2根线接喇叭的2个极,不能接地,也不能共线。

6. 图4.26中的SHDN和MUTE引脚可以用于接单片机的IO口,均为低电平有效,可以导致芯片关闭和静音。

元件选择:

图4.26中的470 μF电容可以使用电解电容,其他电容可以选择陶瓷电容,电阻可以选择碳膜或者金属膜电阻。

4.5.5 PAM8403的扩展应用电路

PAM8403的一种扩展应用如图4.27所示。

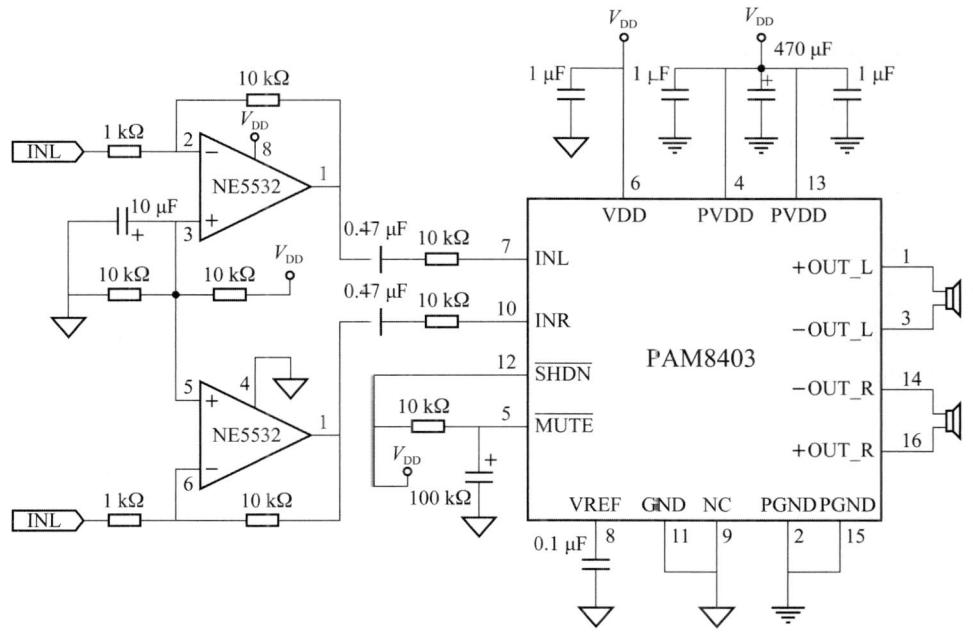

图4.27 PAM8403的典型应用电路(二)

因为PAM8403的电压增益只有24 dB(约16倍),对于一般的弱信号还是不够,所以使用NE5532进行10倍反相前置放大,合计电压放大倍数为160倍。整个电路使用单电源供电,运放的＋端必须要接 $V_{DD}/2$ 电位，由两个 $10\ k\Omega$ 电阻串联取得，左、右声道信号在进入运放前还需要再加耦合电容（图 4.27 中未给出）。另外为了消除开机噗噗声，使用了引脚 5 的静音功能，也就是开机即进入静音模式，几秒后才进入正常放大模式。

4.6　PT2399 回声处理器

PT2399 是我国台湾地区普诚科技股份有限公司出品的一块回声处理器集成电路，该集成电路在接收到模拟音频输入信号后经过高采样率 ADC 转换成比特流，然后存储到内部 44 kbitRAM 中，经过延迟处理后的比特流被 DAC 转换成模拟信号，通过低通滤波器将模拟信号还原成音频信号。总延迟时间由内部 VCO（压控振荡器）的时钟频率决定，用户可以很容易地通过调节外部电阻改变 VCO 的频率。对于音频应用，PT2399 有着低失真（THD＜0.5％@0.5 Vrms）和低噪声（N_O＜－90 dBV）的特点，其引脚排列和应用电路也经过了优化，方便进行 PCB 布局并节省了成本。PT2399 采用 16 引脚 DIP 或者 SOP 封装。

PT2399 在卡拉 OK 等音响系统中得到了极为广泛的应用，类似型号的 CD2399、SC5399、RSM2399、HT8972 等集成电路也有着和 PT2399 基本相同的引脚和功能。日本瑞萨电子株式会社也有一片与 PT2399 功能类似的集成电路 M68531。

4.6.1　PT2399 回声处理器的特性

PT2399 回声处理器的主要特点如下。
(1) 采用 CMOS 工艺。
(2) 较少的外围元件。
(3) 具有自动复位功能（降低开机噗噗声）。
(4) 低噪声，典型情况下，N_O＜－90 dBV。
(5) 低失真，THD＝0.5％。
(6) 可调压控振荡器频率。
(7) 封装形式：DIP16 和 SOP16。

PT2399 的极限参数如表 4.10 所示。

表 4.10　PT2399 的极限参数

符号	参数名	参数值	单位
V_{CC}	电源电压	6.5	V
I_{DD}	电源电流	100	mA
P_D	功耗	1.7	W
T_{OPR}	工作温度	－40～85	℃
T_S	存储温度	－65～150	℃

注：T_A＝25 ℃，除非特指。

PT2399 的主要电气参数如表 4.11 所示。

表 4.11 PT2399 的主要电气参数

符号	参数名	条件	最小值	典型值	最大值	单位
V_{CC}	电源电压		4.5	5.0	5.5	V
I_{DD}	电源电流			15	30	mA
G_v	电压增益	$R_L=47\ k\Omega$		−0.5	2.5	dB
V_{omax}	最大输出电压	THD=10%	1	1.25	1.5	Vrms
THD	输出失真	A-weighted		0.4	1.0	%
No	输出噪声电压	A-weighted	−95	−90	−80	dBV
PSRR	电源抑制比	$V_r=100\ mV, f=100\ Hz$		−40	−30	dB

注：$V_{CC}=5\ V, f_{IN}=1\ kHz, V_I=500\ mV, f_{ck}=4\ MHz, T_A=25\ ℃$，除非特指。

4.6.2 PT2399 原理结构和引脚配置

PT2399 的原理结构如图 4.28 所示。

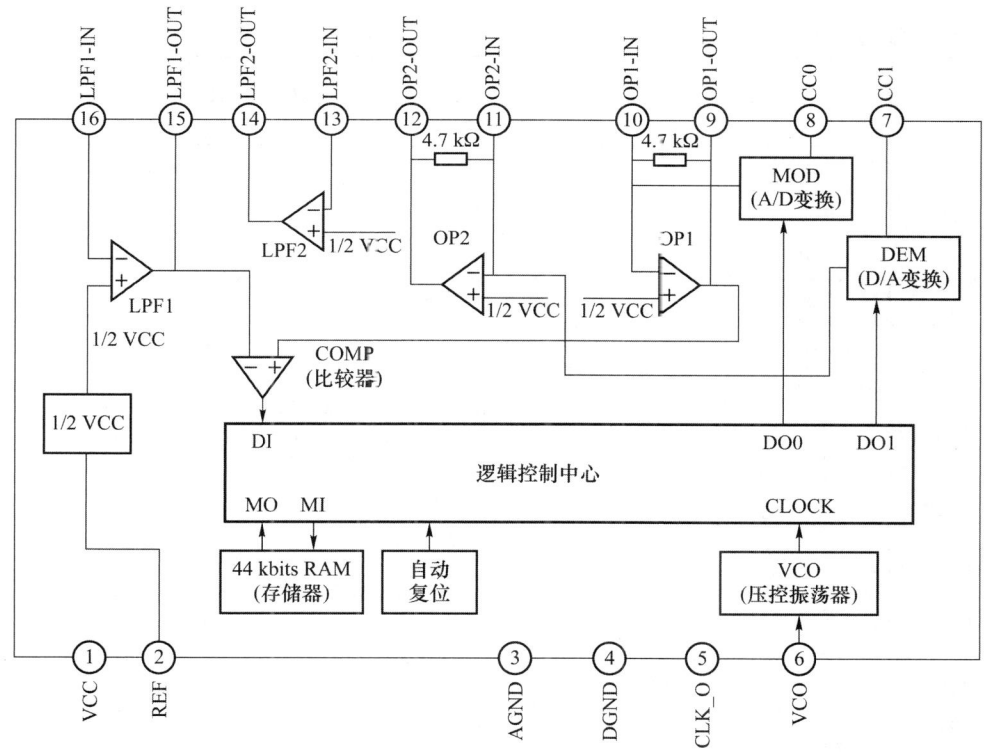

图 4.28 PT2399 的原理结构

从图 4.28 中可以看出，PT2399 是单电源工作，里边四个运放的＋端都接了内部的 $1/2V_{CC}$，其中的两个运放 LPF1 和 LPF2 实际需要由外接阻容元件组成低通滤波器，OP1 和 OP2 实际需要由外接电容元件组成积分器。自动复位功能可以在开机时有一个 400 ms 的复位时间,也就是开机 400 ms 后才有输出信号,这样可以消除开机噗噗声。

PT2399 的引脚配置如图 4.29 所示。

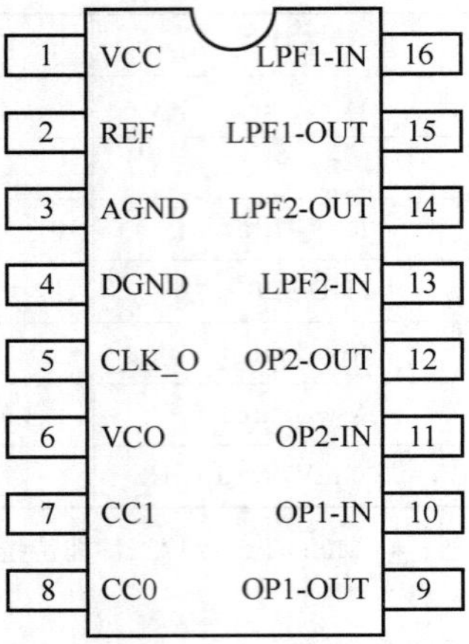

```
    ┌─┐
 1 │VCC      LPF1-IN │16
 2 │REF      LPF1-OUT│15
 3 │AGND     LPF2-OUT│14
 4 │DGND     LPF2-IN │13
 5 │CLK_O    OP2-OUT │12
 6 │VCO      OP2-IN  │11
 7 │CC1      OP1-IN  │10
 8 │CC0      OP1-OUT │9
    └─────────────────┘
```

图 4.29 PT2399 的引脚配置

PT2399 的引脚功能如表 4.12 所示。

表 4.12 PT2399 的引脚功能

引脚号	符号	I/O	说明
1	VCC	—	模拟电源电压输入
2	REF	—	模拟参考电压
3	AGND	—	模拟地
4	DGND	—	数字地
5	CLK_O	O	系统时钟输出
6	VCO	I	VCO 频率调节
7	CC1	—	电流控制 1
8	CC0	—	电流控制 0
9	OP1-OUT	O	之间外接电容构成积分器 1
10	OP1-IN	I	
11	OP2-IN	I	之间外接电容构成积分器 2
12	OP2-OUT	O	
13	LPF2-IN	I	低通滤波器 2 的输入端和输出端
14	LPF2-OUT	O	
15	LPF1-OUT	O	低通滤波器 1 的输入端和输出端
16	LPF1-IN	I	

4.6.3 PT2399 环绕音和延时应用电路

PT2399 的环绕音和延时电路如图 4.30 所示。

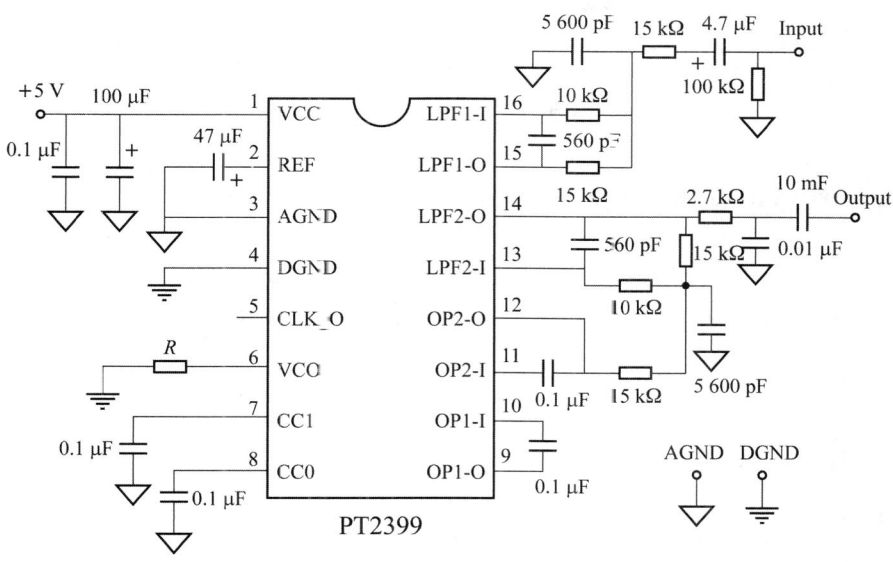

图 4.30　PT2399 环绕音和延时电路

在 PT2399 的延时电路中，R 的选择决定了时钟频率、延时的大小以及失真度，实际制作时可以使用可调电阻来调节延时的大小，具体如表 4.13 所示。

表 4.13　R 的取值与频率、延时及失真度的关系

R/kΩ	f_{ck}/MHz	t_d/ms	THD	R/kΩ	f_{ck}/MHz	t_d/ms	THD
27.6	2	342	1.00%	4	9	75.9	0.21%
21.3	2.5	273	0.80%	3.4	10	68.1	0.19%
17.2	3	228	0.63%	2.8	11	61.6	0.18%
14.3	3.5	196	0.53%	2.4	12	56.6	0.16%
12.1	4	171	0.46%	2	13	52.3	0.15%
10.5	4.5	151	0.41%	1.67	14	48.1	0.15%
9.2	5	136.6	0.36%	1.47	15	45.8	0.15%
8.2	5.5	124.1	0.33%	1.28	16	43	0.15%
7.2	6	113.7	0.29%	1.08	17	40.6	0.14%
6.4	6.5	104.3	0.27%	0.894	18	38.5	0.14%
5.8	7	97.1	0.25%	0.723	19	36.6	0.14%
5.4	7.5	92.2	0.25%	0.519	20	34.4	0.13%
4.9	8	86.3	0.23%	0.288	21	32.6	0.13%
4.5	8.5	81	0.22%	0.5	22	31.3	0.13%

在 PT2399 的延时电路中，只是简单地将声音信号进行延时，没有信号反馈部分，电路也相对简单一些，可以用于生成环绕音或者某些需要延时的场合，延时模式如图 4.31 所示。

图 4.31 PT2399 延时模式

4.6.4 PT2399 回声模式应用电路

在卡拉 OK 设备中,往往需要模拟现场感,可以使用 PT2399 的回声模式,实际上就是将延时后的声音信号再取一部分反馈到输入端,这样就形成反复的回声,具体的电路如图 4.32 所示。

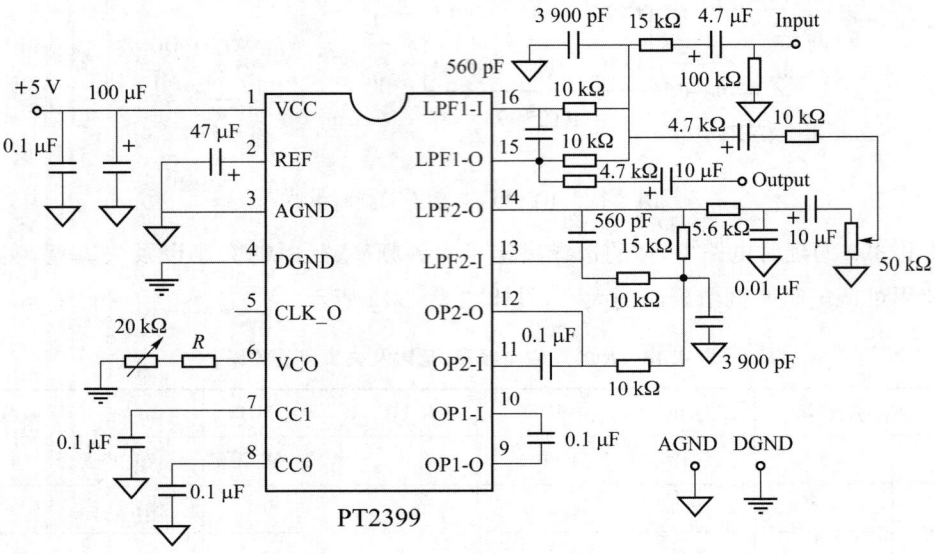

图 4.32 PT2399 回声应用电路

图 4.32 中的总外接电阻可设置为 10～50 kΩ,电阻 R 建议选择 10 kΩ,这时总的外接电阻为 10～30 kΩ,对应的延时为 150～400 ms。

在 PT2399 的回声应用电路中,需要将延时后的声音信号再叠加到输入端,所以需要增加信号反馈和叠加部分,回声模式如图 4.33 所示。

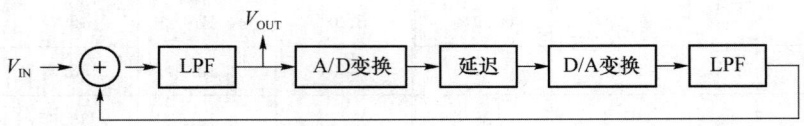

图 4.33 PT2399 回声模式

4.6.5 PT2399 卡拉 OK 电路

在卡拉 OK 设备中,需要接麦克风和放大电路。放大后的信号再进入 PT2399 处理成回声信号,回声信号和伴奏音乐信号叠加形成混音信号输入至功率放大器。

麦克风放大和混音电路如图4.34所示,与图4.32组合即成为卡拉OK混音电路。图4.34中麦克风经过两级放大后形成的250 mV左右的信号输入图4.32中Input端,图4.32中Output端输出处理后的麦克风回声信号,将其接入图4.32混音部分与外部伴奏音乐信号进行叠加,叠加后的混音信号进入后级功放。图4.34中分别设置了两个电位器用于调节麦克风声音和伴奏音乐大小,$1/2V_{CC}$信号可以直接连接到图4.32中PT2399的引脚2,或者使用两个100 kΩ的串联电阻产生。

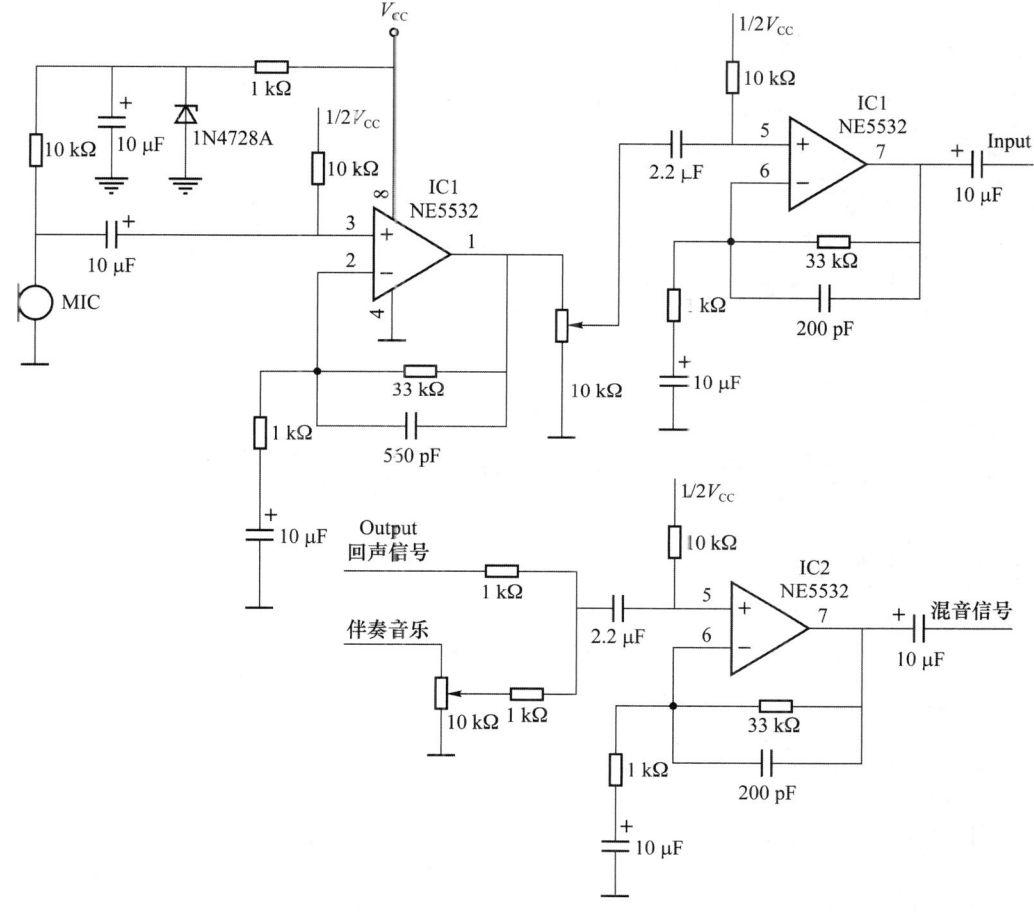

图4.34 麦克风放大和混音电路

4.6.6 PT2399麦克风放大和延时应用电路

PT2399麦克风放大和延时应用电路如图4.35所示,如果需要将麦克风的声音信号放大并进行延迟处理,图4.35的简单电路就可以完成。由于没有经过延时处理的麦克风信号的高频成分并不是很多,所以该电路是将PT2399的引脚15和引脚16的低通滤波器电路改成普通的反相放大电路,放大倍数为100倍。麦克风的偏压来自PT2399引脚2的参考电压,即$1/2V_{CC}$。

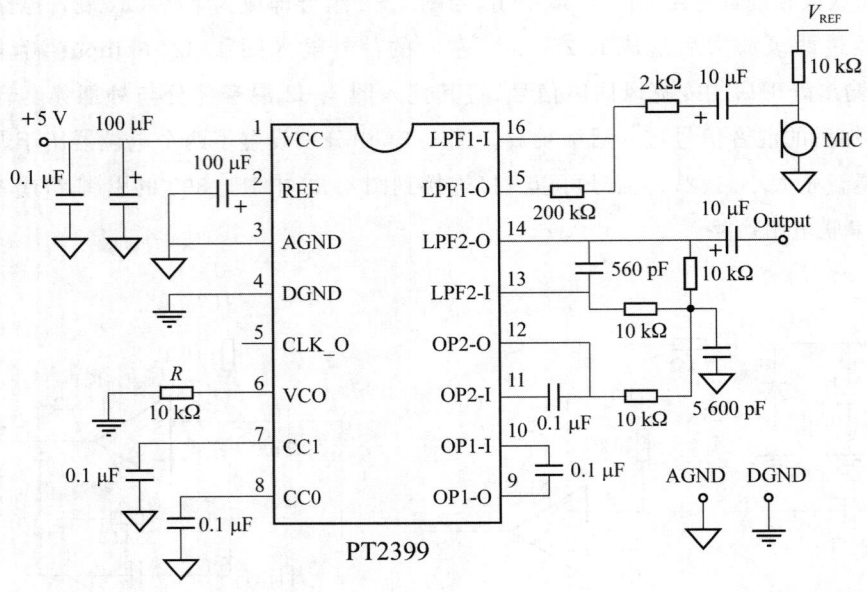

图 4.35　PT2399 麦克风放大和延时应用电路

4.7　声音集成电路应用测试实践

图 4.36 为 TDA2822M 的应用测试电路。

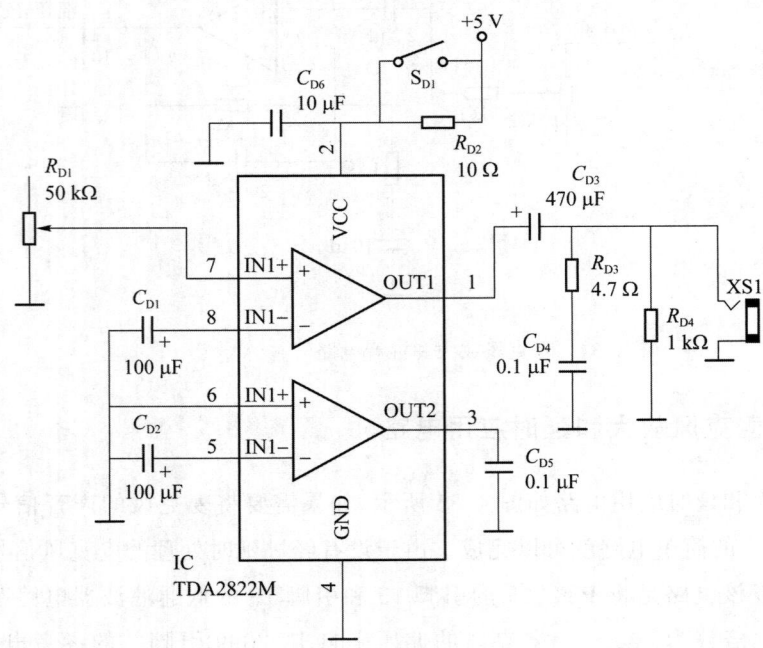

图 4.36　TDA2822M 应用测试电路

声音集成电路
应用测试实践

对图 4.36 所示的电路可以进行如下测量。

(1) 静态工作电流 I_{CC} 的测量。将 R_{D1} 中心抽头调到最下端,即输入交流信号为 0 V,XS1 插座不插入耳机,即输出不接正常的负载(保留 R_{D4} 做小负载),S_{D1} 断开,测量 R_{D2} 两端的电压,除以 R_{D2} 的阻值 10 Ω,即得到静态工作电流 I_{CC}。

(2) 输出交流电压的测量。手指充分接触 R_{D1} 上端(通过手指引入交流杂波信号),在 XS1 插座插入耳机,使用万用表的交流电压挡监视 XS1 两端的电压,调节 R_{D1}。当 XS1 两端的电压(也就是耳机上的电压)为 20 mV 左右时,测量该值的具体值,即为 TDA2822M 的单声道输出交流电压。由于通过手指引入的信号为噪声信号,频谱比较广,万用表的交流电压挡的频率范围有限,因此,这里只能近似测量,实训人员可以通过耳机聆听,体验电压大小与音量的关系。

实训时,建议使用手机充电头作为电源来有效引入噪声信号,不要使用充电宝作为电源。

(3) 耳机直流电阻的测量,输出功率计算。耳机从 XS1 插座拔出后,测量其各个声道的直流电阻和串联的直流电阻,直流电阻近似其阻抗值,再根据实际电路的负载电阻与步骤 2 中测得的输出交流电压计算输出功率。

(4) 手指在 50 kΩ 音量电位器上端产生的噪声电压信号的测算。将耳机从 XS1 插座拔出,使用万用表交流电压挡监视输出,手指充分接触 R_{D1}(50 kΩ 音量电位器)上端引入噪声信号,调节 R_{D1},使得输出电压 V_O 逐渐增大到最大值,测量该值。由于该值是通过固定放大倍数的放大器放大后得到的,即手指引入的噪声信号×放大倍数=V_O,可以推算手指在 R_{D1} 电阻上产生的电压信号的有效值。

实训时,建议使用充电宝作为电源,如不能有效引入噪音信号,改用手机充电头。

4.8 习　　题

1. TDA2822M 的交流电压放大倍数是多少?
2. 请说明功放桥接方式的工作原理,这种方式得到的输出功率是普通方式的多少倍?为什么?
3. LM1875T 单电源应用时,为什么输出端和喇叭之间需要串接一个电容?对比 ISD1820 的应用电路,也是单电源应用,为何其喇叭到芯片之间不需要接电容?
4. LM1875T 应用电路如图 4.37 所示,是否可以省掉输出电容 C_5? R_1 和 R_2 起什么作用?计算交流电压增益为多少?
5. 请使用运放和 LM1875T 设计一个话筒扩音电路,要求喇叭上的输出功率为 5 W 左右,画出完整的电路图。(注:驻极体话筒的输出交流电压按 1 mV 计)
6. 简述 D 类功放和普通 A、B 类功放的区别。

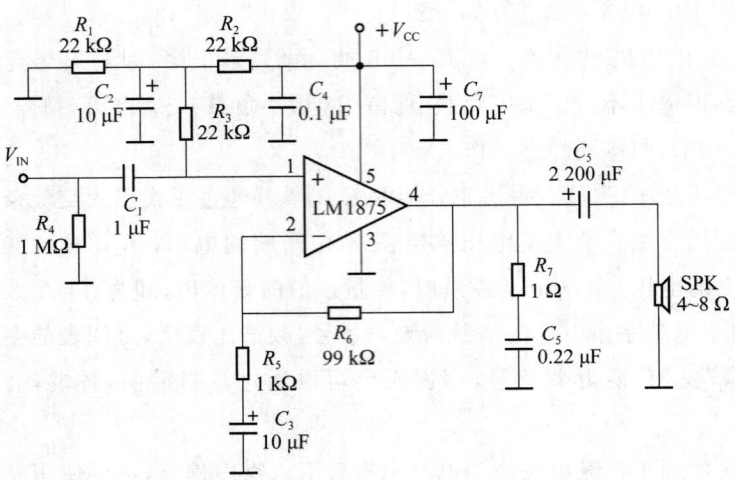

图 4.37 LM1875T 应用电路

第5章 电源集成电路

5.1 LM78××系列三端稳压器

LM78××系列是前美国国家半导体公司的三端固定输出正稳压集成电路,国产的产品有 UTC78××系列,另外相对应的 79×× 为负稳压输出,性能接近。在单电源场合通常使用 LM78×× 来得到稳定的正电压,在双电源场合经常使用相应的 78×× 和 79×× 来得到正负稳定电压。LM78××系列集成电路只有三个引脚,分别是输入端、接地端和输出端,使用非常方便,型号中 78 后面的数字代表了输出电压,如 7806 表示输出电压为+6 V。

78××系列三端稳压器的负载电流最大为 1.5 A(TO-220 封装),使用时只需两个外接电解电容,内部集成了过流、过热及调整管的保护电路。另外还有 78M×× 系列和 78L×× 系列,最大负载电流分别为 0.5 A 和 0.1 A,其中 78L×× 系列采用 TO-92 小型封装。

5.1.1 LM78××三端稳压器的特性

LM78××三端稳压器的主要特点如下。

(1) 输出电流最大为 1.5 A。
(2) 输出电压为 5 V,6 V,8 V,9 V,10 V,12 V,15 V,18 V,24 V 等。
(3) 内部热过载保护。
(4) 内部短路电流限制。
(5) 输出晶体管安全工作区保护。

LM78××的极限参数如表 5.1 所示。

表 5.1 LM78××的极限参数

符号	参数名	典型值	单位
V_I	输入电压	35	V
T_L	工作温度	0~125	℃
T_S	储存温度	−65~150	℃

LM78××系列有各自不同的电气参数,LM7805 的主要电气参数如表 5.2 所示。

表 5.2 LM7805 主要电气参数

符号	参数名	条件	最小值	典型值	最大值	单位
V_O	输出电压	10 mA$<I_O<$1 A $P_O<$15 W V_I 为 7.5~20 V	4.75	5	5.25	V
ΔV_O	线性调整率	$T_J=$25 ℃ 7.5 V$\leqslant V_I \leqslant$25 V		4	100	mV
ΔV_O	负载调整率	$T_J=$25 ℃ 5 mA$<I_O<$1.5 A		9	100	mV
I_Q	静态电流			5	8	mA
$\Delta V_O/\Delta T$	输出电压温漂	$I_O=$5 mA		-0.8		mV/℃
V_N	输出噪声电压	5 Hz$\leqslant f \leqslant$5 kHz		42		μV
R_R	纹波抑制比	$f=$120 Hz, 8 V$\leqslant V_I \leqslant$18 V	62	73		dB
V_O-V_I	输入输出电压差	$I_O=$1 A		2		V
R_O	输出阻抗	$f=$1 kHz		15		mΩ
I_{sc}	短路电流	$V_I=$35 V		230		mA
I_{PK}	峰值电流	$T_J=$25 ℃		2.2		A

注:除特别说明 $0<T_J<$125,$I_O=$500 mA,$V_I=$10 V,$C_I=$0.33 μF,$C_O=$0.1 μF,$T_A=$25 ℃。

5.1.2 LM78××的原理结构和引脚配置

LM78××的原理结构和引脚配置如图 5.1 所示。

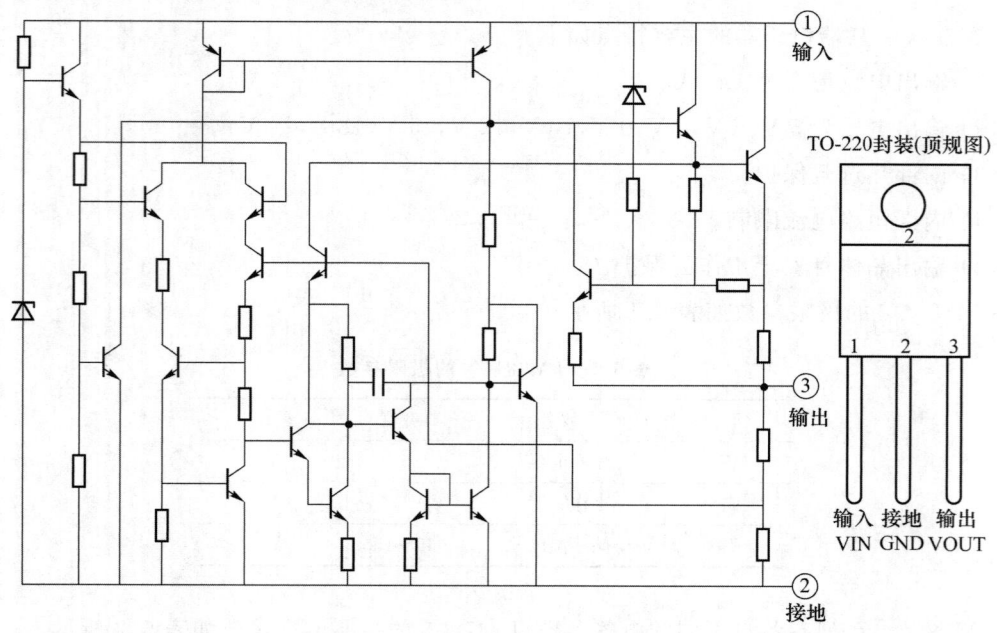

图 5.1 LM78××的原理结构和引脚配置

LM78×追三端固定式集成稳压器的三个引脚按顺序分别是输入端、公共端(接地端)和输出端，LM78××的典型封装有 TO-220。另外，LM78××还有 TO-263 贴片封装形式。具体可以参考 datasheet 文件。

5.1.3 LM78××的典型应用电路

1. LM78××的典型应用电路

LM78××的典型应用电路如图 5.2 所示，通常使用 LM78××时输入端接整流滤波以后的直流电压 V_I，公共端接地，输出端输出稳定的标称电压 V_O。一般要求输入电压 V_I 比输出电压 V_O 大 2～3 V 及以上，以保证调整管工作在线性放大区。由于 C_I 和 C_O 通常使用电解电容，实际容量一般远大于建议值。电容 C_I 的作用是改善输入电压纹波和抑制输入的瞬时高压，保证集成稳压器的输入输出电压差值不会瞬间超过允许值，如离电源滤波电容很近，C_I 也可以取消。电容 C_O 主要起到降低输出电压纹波及平衡负载电流的作用。

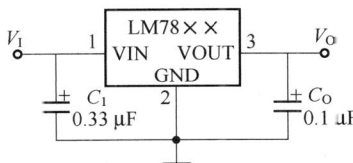

图 5.2 LM78××的典型应用电路

2. LM78××的恒流稳压电路

LM78××的恒流应用电路如图 5.3 所示，LM78××可以作为恒流源使用于需要恒定电流的场合，如电池充电等。由于 LM78××输出恒定的电压 $V_{××}$ 加到电阻 R_1 上，所以输出电流公式为 $I_\text{O}=V_{××}/R_1+I_\text{Q}$，其中 I_Q 为 mA 级，可以忽略。

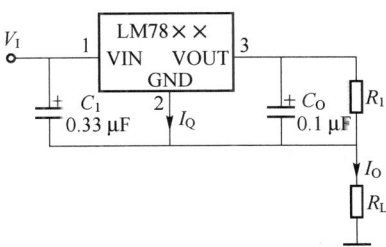

图 5.3 LM78××的恒流应用电路

3. LM78××可调稳压电路

LM78××也可以通过设置 2 个电阻设计成可调稳压输出电路，如图 5.4 所示，输出电压公式为 $V_\text{O}=V_{××}+(V_{××}/R_1+I_\text{Q})R_2$。

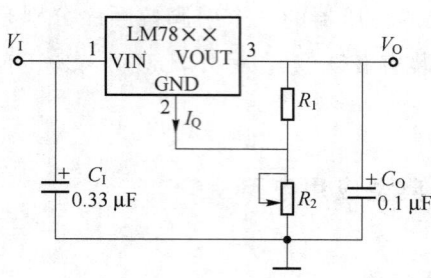

图 5.4 LM7×× 可调稳压应用电路

4．双电源稳压电路

在有些应用场合往往需要双电源供电，由 LM7815 和 LM7915 组成的 ±15V1A 稳压电源电路如图 5.5 所示。在该电路中使用 4 个 1N4001 作为保护二极管。其中二极管 VD_1 和 VD_2 是防止输入短路时输出电容上积存的电荷向稳压器放电。当输出短路或者极性反转等异常情况发生时，二极管 VD_3 和 VD_4 可起到保护集成电路的作用。

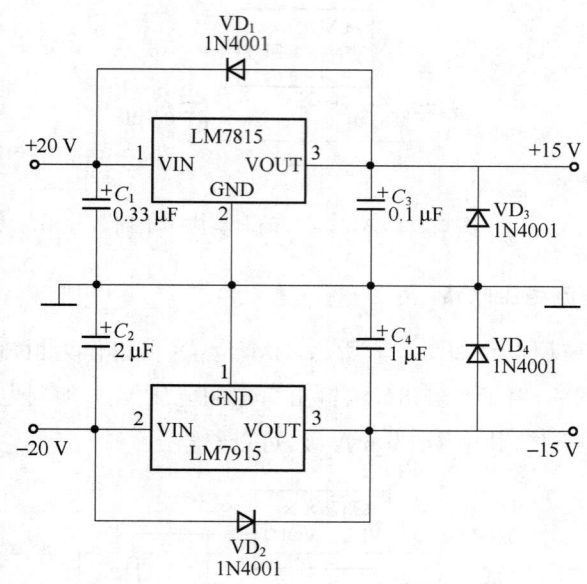

图 5.5 LM7815 和 LM7915 组成的 ±15 V 稳压电源电路

5.2 LM317 三端可调稳压器

LM317 是前美国国家半导体公司的三端可调正稳压集成电路，世界各大集成电路厂商均有同类产品可供使用，使用极为广泛。

LM317 的输出电压为 1.25～37 V，负载电流最大为 2.2 A。它的使用非常简单，仅需两个外接电阻来设置输出电压。LM317 内置有过载保护、安全区保护等多种保护电路。此外，它的线性调整率和负载调整率也比LM78××系列的标准固定三端稳压器好。LM317为正电压输出,对应的负电压输出的产品为LM337。

5.2.1 LM317三端可调稳压器的特性

LM317三端可调稳压器的主要特点如下。

（1）输出电流大于1.5 A。
（2）输出电压在1.25～37 V可调整。
（3）内部热过载保护。
（4）内部短路电流限制。
（5）输出晶体管安全工作区保护。

LM317的极限参数如表5.3所示。

表5.3 LM317的极限参数

符号	参数名	典型值	单位
V_I-V_O	输入输出电压差	40	V
T_{LEAD}	引线温度	270	℃
T_S	储存温度	−65～150	℃
P_D	耗散功率	内部限制	
T_L	工作温度	0～115	℃

LM317的主要电气参数如表5.4所示。

表5.4 LM317的主要电气参数

符号	参数名	条件	最小值	典型值	最大值	单位
ΔV_O	电压调整率	3 V<V_I-V_O<40 V		0.01	0.04	%/V
ΔV_O	负载调整率	10 mA<I_O<I_{MAX},V_O>5 V		0.4	0.5	%
I_{ADJ}	调整端电流			46	100	μA
ΔI_{ADJ}	调整端电流变化量			0.2	5	μA
V_{REF}	参考电压		1.2	1.25	1.3	V
T_S	温度稳定性	$V_{DD}=5$ V		0.7		%
$I_L(LOAD)$	维持电压调整的最小负载电流			3.5	10	mA
I_O	最大输出电流		1.5	2.2		A
	RMS噪声电压与V_{OUT}之比	$V_{DD}=5$ V		0.003	0.01	%
R_R	纹波抑制比	$C_{ADJ}=10$ μF	66	75		dB

注：$T_A=25$ ℃。

5.2.2 LM317的原理结构和引脚配置

LM317的原理结构和引脚配置如图5.6所示,其中引脚配置为LM317的典型封装 TO-

220，LM317 还有 SOT-223、TO-252、TO-3、TO-39、TO-263 等封装形式。具体参考厂家的 datasheet 文件。

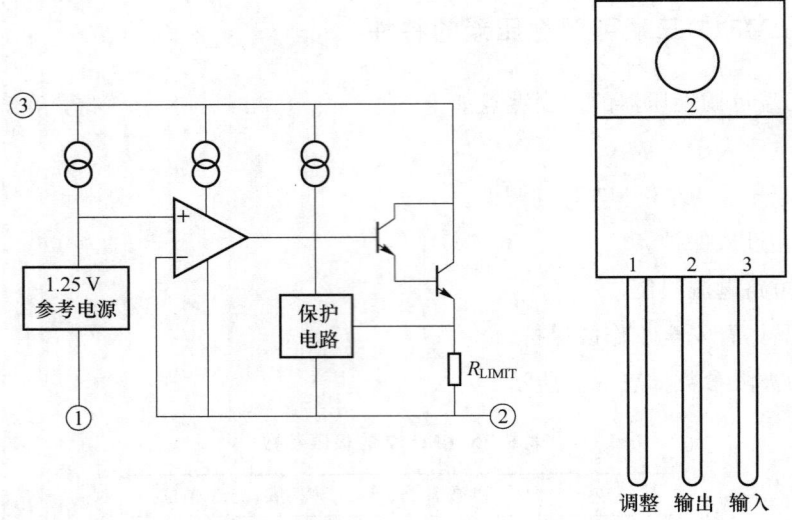

图 5.6　LM317 的原理结构和引脚配置

5.2.3　LM317 的典型应用电路

1. 电路组成

LM317 的典型应用电路如图 5.7 所示，如果电路离电源滤波电容很近，C_I 也可以取消。C_O 对稳定性而言不必要，但是对改进瞬态响应有帮助。当 $C_O>25~\mu F$，$C_{ADJ}>10~\mu F$，且输出电压超过 25 V 时，保护 LM317 的二极管 VD_1 和 VD_2 不能取消。

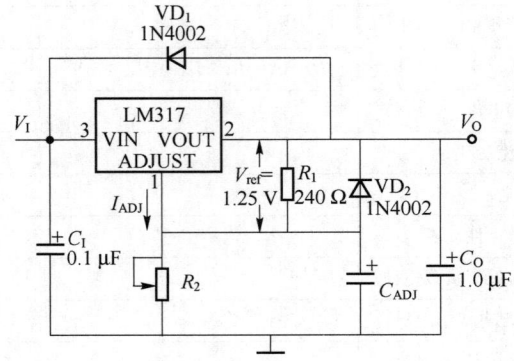

图 5.7　LM317 的典型应用电路

2. 工作原理

$$V_{OUT}=1.25(1+R_2/R_1)+I_{ADJ}R_2$$

I_{ADJ} 小于 100 μA，故在大多数应用中 I_{ADJ} 可以近似为 0。由于 I_{ADJ} 的存在，所以需要一个最小负载电流以维持 I_{ADJ}，否则输出电压可能上升。因此，如果本电路所接的负载为无穷大，可以在输出端并接提供最小负载电流(约 3.5 mA)的电阻。二极管 VD$_1$ 可以防止输入短路时 C_C 经过集成电路放电。二极管 VD$_2$ 可以防止输出短路时电容 C_{ADJ} 对集成电路放电。VD$_1$ 和 VD$_2$ 的组合可以防止输入短路时 C_{ADJ} 通过集成电路放电。电容 C_{ADJ} 的作用是抑制电源纹波。

3. 元件选择

VD$_1$ 和 VD$_2$ 选用整流二极管 1N4002,电容可以选择独石电容或者钽电容,电阻选择金属膜电阻。

4. 制作要点

为了让 LM317 提供最优的负载调整率,电阻 R_1 应尽可能与 LM317 的相应引脚靠近,以使与参考电压有效串联的线路压降最小,避免负载调整率变差。R_2 的接地端应最靠近负载的接地端,以提供远程接地采样。

5.2.4 LM317 的应用电路举例

小型可调电源电路如图 5.8 所示,输入电压至少要比输出电压高 2 V,否则不能调压。当输入输出压差比较大且输出电流比较大时,要注意 LM317 的功耗,一般加散热器后功耗不要超过 20 W。压差大,且电流大时建议进行分挡调压以降低 LM317 功耗。

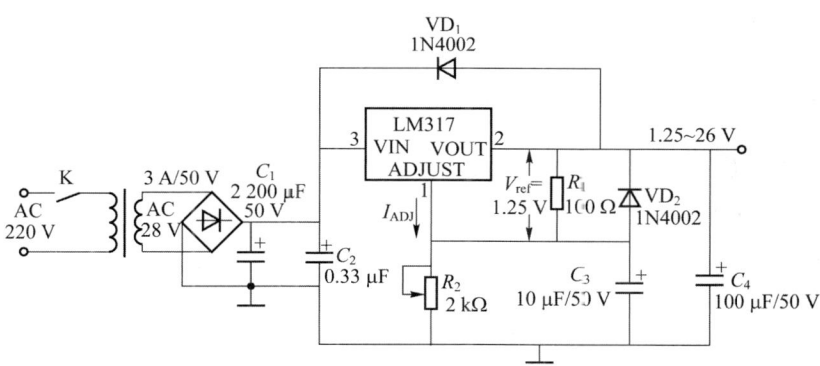

图 5.8　LM317 组成的小型可调稳压电源电路

带电子切换的稳压电源电路如图 5.9 所示,当 TTL 控制电平为高电平时,三极管导通,调整端被拉到地,输出变为+1.25 V;TTL 控制电平为低电平时,三极管截止,调整端正常,输出变为+5 V。实际制作时,三极管可以选择 9013 等通用 NPN 管。

慢启动稳压电源电路如图 5.10 所示,在许多要求电压不能突变的场合,可能需要慢启动电源,在开机的时候电压逐渐上升到正常值。图 5.10 中,开机后电容 C_3 上的电压不能突变,只能从 0 开始缓慢上升,PNP 三极管饱和导通,输出电压为 1.25 V。随着电容被充电,电压逐渐升高,三极管从饱和到正常放大再到截止的过程中发射极电压逐步增加到预定值,最终输出正常电压值。当 R_2 为 2 kΩ 可变电阻时,可输出 1.25~12 V 直流电压。

LM317 组成的恒流源电路如图 5.11 所示,R_1 为编程电阻,输出电流为

$$I_{OUT} = \frac{V_{ref}}{R_1} + I_{ADJ} \approx \frac{1.25}{R_1}$$

通常 10 mA＜I_{OUT}＜1.5 A。

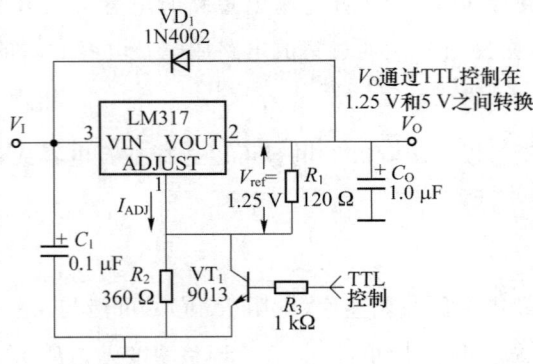

图 5.9　LM317 组成的带电子切换的稳压电源电路

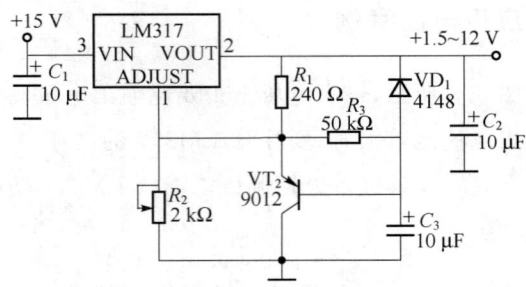

图 5.10　LM317 组成的慢启动稳压电源电路

由于 LM317 的输出电压总是保持恒定为 1.25 V，所以输出电流 I_{OUT} 基本稳定在 $1.25/R_1$。由于 LM317 的最小负载电流为 10 mA，所以 I_{OUT} 最低为 10 mA。

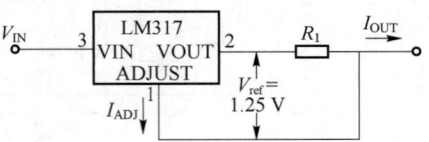

图 5.11　LM317 组成的恒定电流源电路

可调三端正稳压器 LM317 与可调三端负稳压器 LM337 构成的一组±5 V 稳压电路如图 5.12 所示，调节电位器 R_{P1} 和 R_{P2} 可以改变输出电压，本电路也可以使用性能良好的线性同轴电位器得到连续可调的同步输出电压。

两片 LM317 组成的限压恒流镍氢电池充电电路如图 5.13 所示。U_1 接成恒流源模式，设定恒定电流为 200 mA（1.25/6.25），U_2 接成恒压模式，设定恒定电压为 1.4 V（1.2 V 镍氢电池的充电限制电压）。当镍氢电池放电终了时，电池电压在 1 V 以下，接入电路后充电电流为 200 mA，但是随着电池被充电，电池电压逐渐上升，充电电流逐渐减小，直到电池电压上升到 1.4 V 充电电流就会减小到很低。当电池充电电压超过 1.4 V 时，电池的寿命可能受到很大影响，本电路能很好地实现限压限流充电。工作电源为 5 V，可以利用计算机的 USB 口为镍氢电池充电。

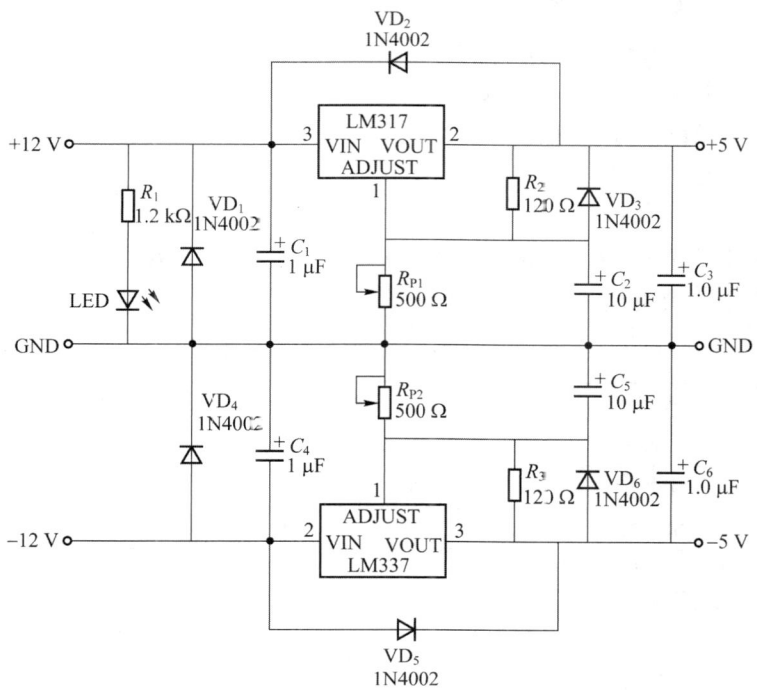

图 5.12 LM317 和 LM337 组成的 ±5 V 电源电路

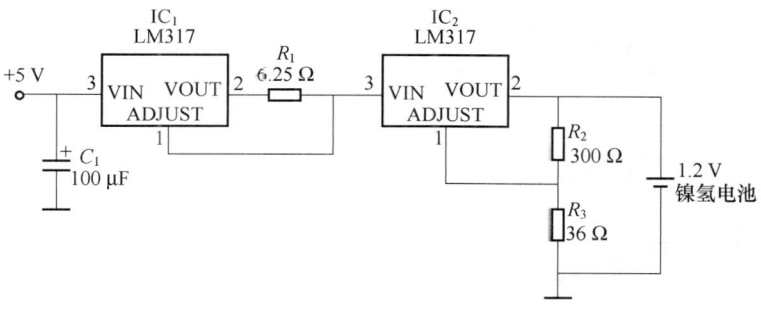

图 5.13 LM317 组成的 USB 限压恒流镍氢电池充电电路

5.3 MC34063A 直流-直流变换控制电路

MC34063A 是一块单片直流-直流变换控制电路,内含直流到直流变换器所要求的主要功能。如带有温度补偿的基准电压源、比较器、带激励电流限制的占空比可控振荡器、RS 触发器和大电流输出开关管等。该电路是专为降压、升压和反相应用所设计的,应用时所需外围元器件很少。

5.3.1 MC34063A 直流-直流变换器的特性

MC34063A 三端可调稳压器的主要特点如下。

(1) 输入电压范围：2.5~40 V。
(2) 输出正电压可调范围：1.25~40 V。
(3) 输出开关电流可达：1.5 A。
(4) 工作频率：最高可达 100 kHz。
(5) 低静态电流。
(6) 短路电流限制。
(7) 可实现升压、降压或者反相电源变换。

MC34063A 的主要电气参数如表 5.5 所示。

表 5.5 MC34063A 的主要电气参数

符号	参数名	条件	最小值	典型值	最大值	单位
f_{OSC}	频率	$V_{PIN5}=0\ V, C_T=1.0\ nF$	24	33	42	kHz
I_{CHQ}	充电电流	$V_{PIN6}=5\sim40\ V$	24	33	42	μA
I_{DISCHG}	放电电流	$V_{PIN6}=5\sim40\ V$	140	190	260	μA
V_{IPK}	电流限制传感电压		250	300	350	mV
V_{REF}	参考电压		1.2	1.25	1.3	V
V_{CE}	输出开关饱和电压	达林顿连接 $I_{SW}=1\ A$		1	1.3	V
H_{FE}	直流电流增益	$I_{SW}=1\ A, V_{CE}=5\ V$	50	120		
$I_{C(OFF)}$	集电极关断电流	$V_{CE}=40\ V$		0.01	100	μA
V_{TH}	门限电压			1.25	1.275	V
I_{IB}	输入偏置电流	$V_{IN}=0\ V$		−40	−400	nA

注：$T_A=25\ ℃$。

5.3.2 MC34063A 的引脚配置

MC34063A 的引脚配置如图 5.14 所示。

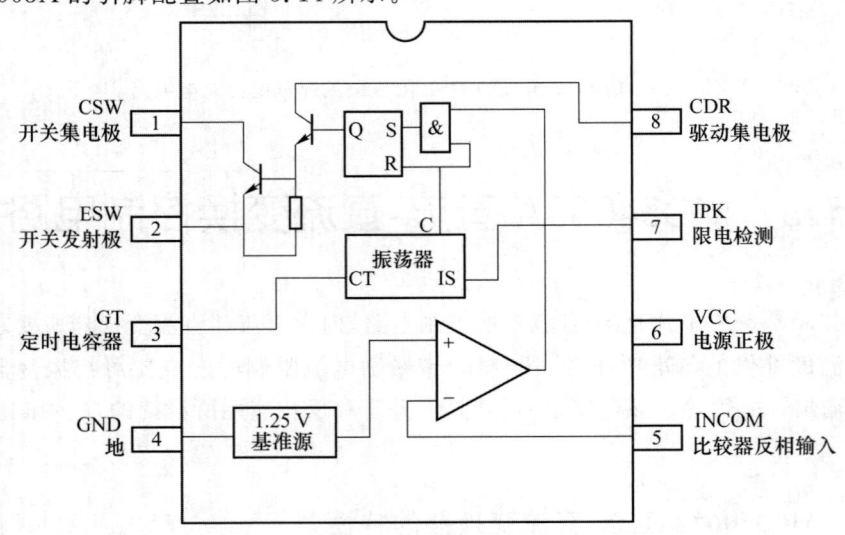

图 5.14 MC34063A 的引脚配置

5.3.3 MC34063A 的典型升压、降压、负电压电路

MC34063A 的典型升压电路如图 5.15 所示。

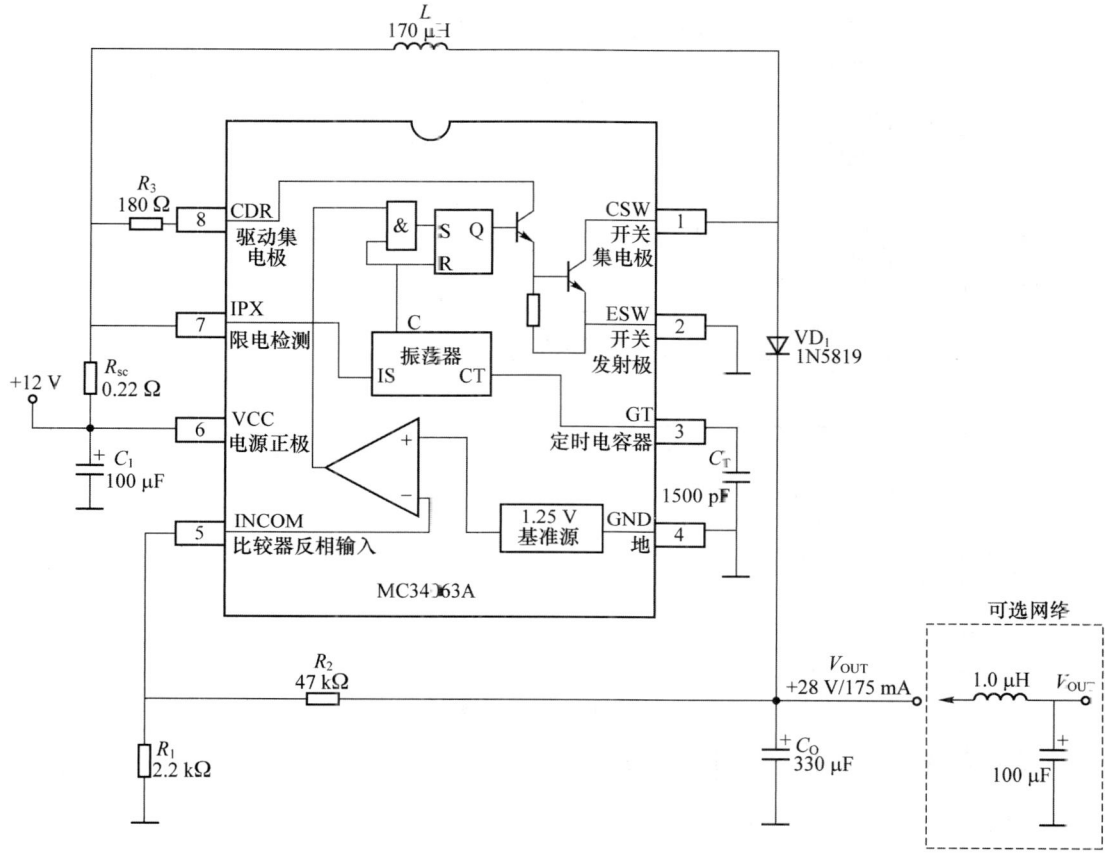

图 5.15 MC34063A 的典型升压电路

MC34063A 的典型升压电路性能如表 5.6 所示。

表 5.6 MC34063A 的典型升压电路性能

测试值	条件	测试结果
线性调整率	$V_{IN}=8\sim16$ V,$I_O=175$ mA	±0.05% (30 mV)
负载调整率	$V_{IN}=12$ V,$I_O=75\sim175$ mA	±0.017% (10 mV)
输出纹波	$v_{IN}=12$ V,$I_O=175$ mA	400 mV,峰峰值
效率	$v_{IN}=12$ V,$I_O=175$ mA	87%
带可选网络输出纹波	$v_{IN}=12$ V,$I_O=175$ mA	40 mV,峰峰值

注:$T_A=25$ ℃。

MC34063A 的典型降压电路如图 5.16 所示。

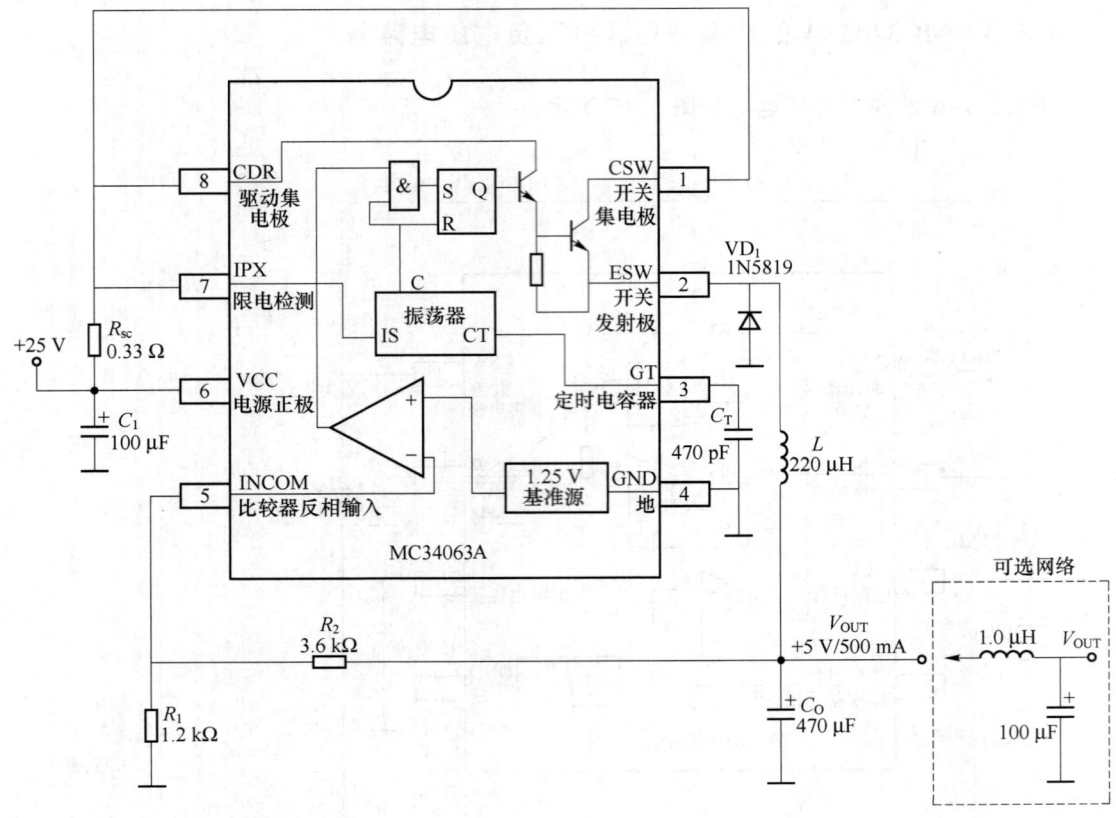

图 5.16 MC34063A 的典型降压电路

MC34063A 的典型降压电路性能如表 5.7 所示。

表 5.7 MC34063A 的典型降压电路性能

测试值	条件	测试结果
线性调整率	$V_{IN}=15\sim25\ V, I_O=500\ mA$	±0.12% (12 mV)
负载调整率	$V_{IN}=25\ V, I_O=50\sim500\ mA$	±0.03% (3 mV)
输出纹波	$V_{IN}=25\ V, I_O=500\ mA$	120 mV,峰峰值
短路电流	$V_{IN}=25\ V, R_L=0.1\ \Omega$	1.1 A
效率	$V_{IN}=25\ V, I_O=500\ mA$	83.7%
带可选网络输出纹波	$V_{IN}=25\ V, I_O=500\ mA$	40 mV,峰峰值

注:$T_A=25\ ℃$。

MC34063A 的典型负电压电路如图 5.17 所示。

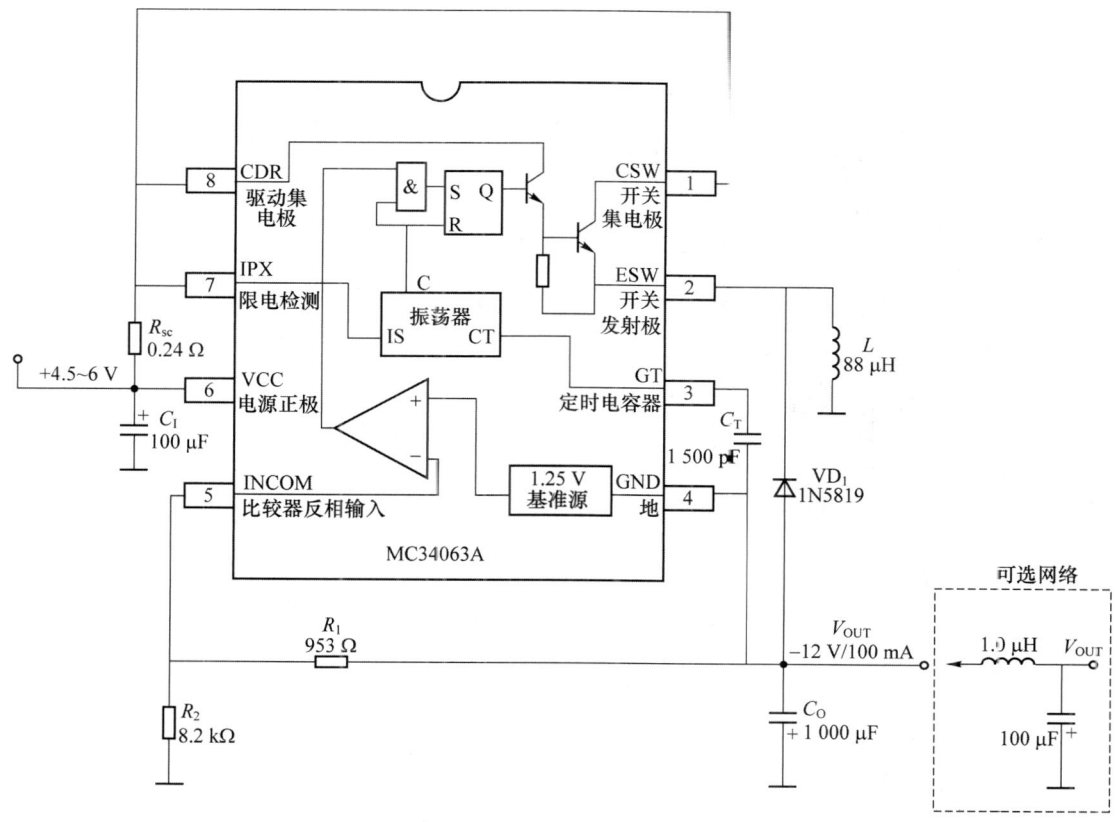

图 5.17 MC34063A 的典型负电压电路

MC34063A 的典型负电压电路性能如表 5.8 所示。

表 5.8 MC34063A 的典型负电压电路性能

测试值	条件	测试结果
线性调整率	$V_{IN}=4.5\sim6\ V,I_O=100\ mA$	$\pm0.012\%$（3 mV）
负载调整率	$V_{IN}=5\ V,I_O=10\sim100\ mA$	$\pm0.09\%$（22 mV）
输出纹波	$V_{IN}=5\ V,I_O=100\ mA$	500 mV,峰峰值
短路电流	$V_{IN}=5\ V,R_L=0.1\ \Omega$	910 mA
效率	$V_{IN}=5\ V,I_O=100\ mA$	62.2%
带可选网络输出纹波	$V_{IN}=5\ V,I_O=100\ mA$	70 mV,峰峰值

注：$T_A=25\ ℃$。

5.3.4 MC34063A 的扩流应用

当 MC34063A 内部开关管输出功率限制无法得到所需电流时,可以采用外部功率管进行扩流,以下为三种典型的扩流应用。

MC34063A 的扩流升压电路如图 5.18 所示。

MC34063A 的扩流降压电路如图 5.19 所示。

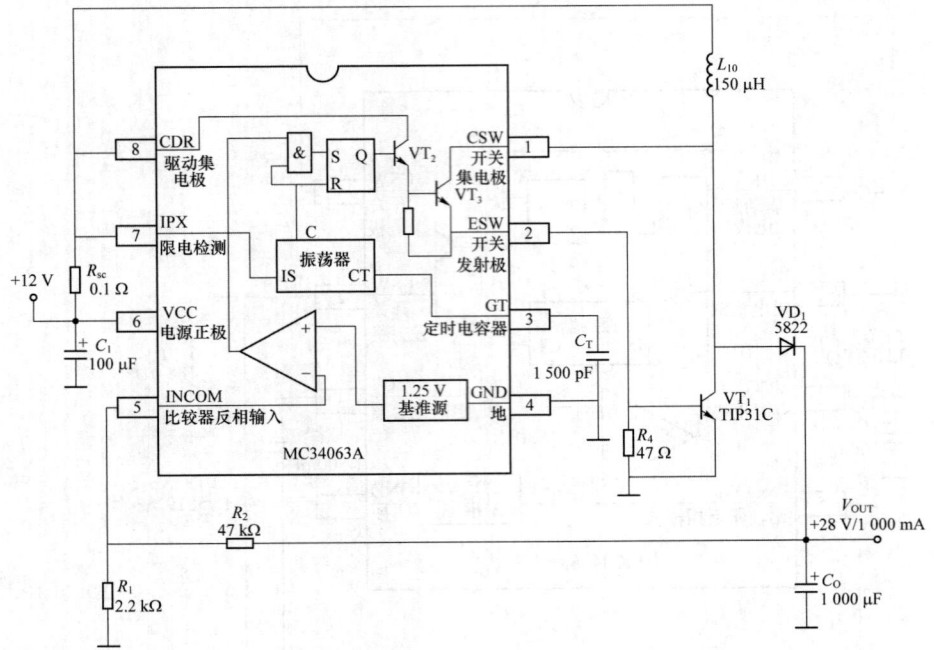

图 5.18 MC34063A 的扩流升压电路

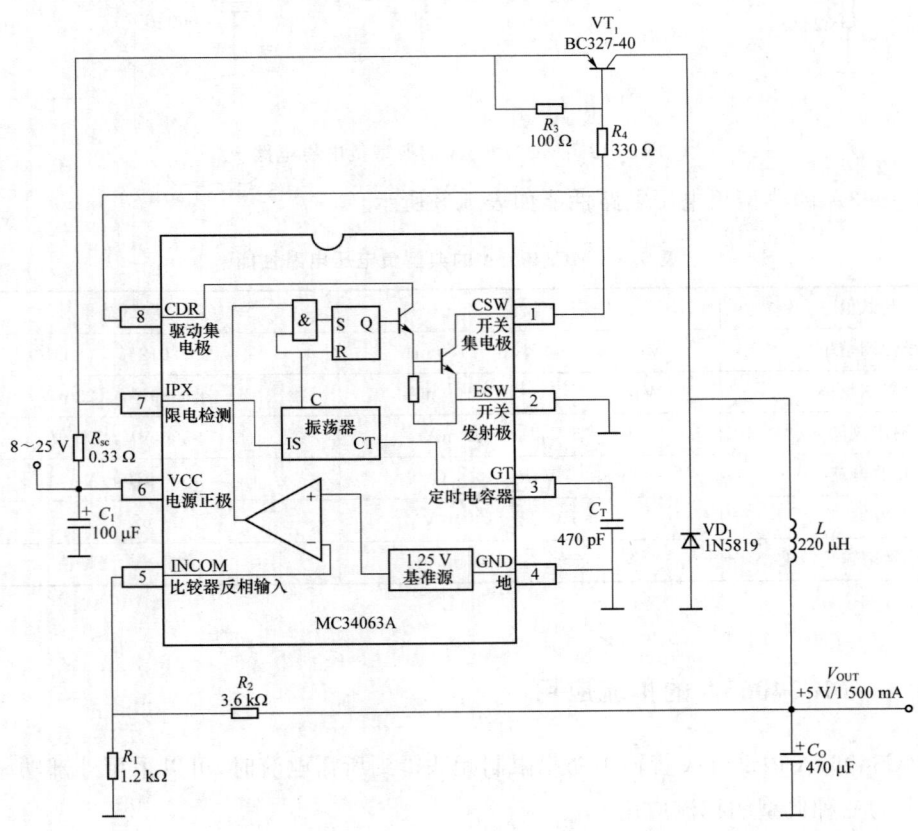

图 5.19 MC34063A 的扩流降压电路

MC34063A 的扩流负电压电路如图 5.20 所示。

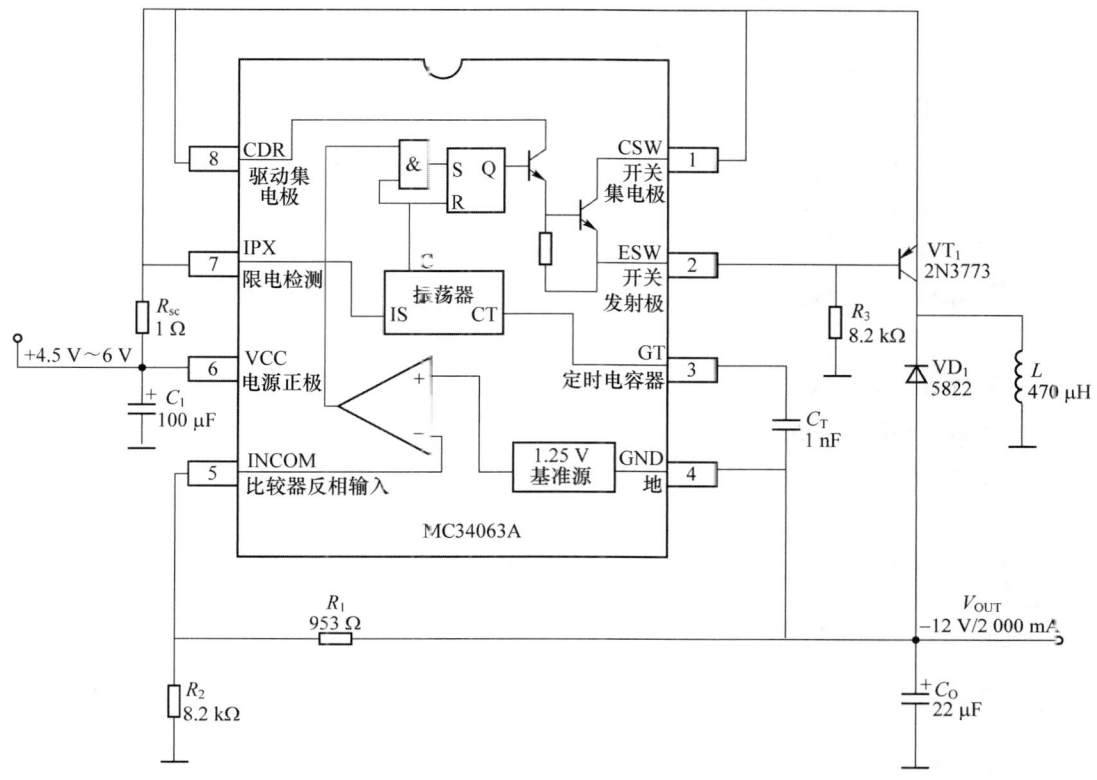

图 5.20　MC34063A 的扩流负电压电路

图 5.18 至图 5.20 为三种形式的扩流应用电路，三个电路均使用了外接功率管。MC34063A 内部的达林顿管用于推动外接功率管工作，外接功率管可使用散热器散热。

MC34063A 的扩流应用如达不到预期效果，也可以选择其他输出电流更高的单片直流-直流电路，如单片升压电路 LM2577、单片降压电路 LM2576 等，它们的最大输出电流可达 3 A 甚至更高，而且应用简单方便、效率高。

5.4　LM2576 简易型开关降压稳压器

LM2576 是前美国国家半导体公司生产的一种简易型开关降压稳压器，是简易型系列直流-直流转换器中的一种，电路非常简单易用，功能相当完善。LM2576 有 3.3 V、5 V、12 V、15 V 和可调输出五种产品，每种还有对应的 HV(高压)型。LM2576 内部含有频率补偿器和固定频率振荡器，其效率比 78 系列的三端稳压器高很多，一般情况下甚至可以不加散热片使用。

5.4.1 LM2576 稳压器的特性

LM2576 稳压器的主要特点如下。

(1) 输出电压：3.3 V、5 V、12 V、15 V 或者可调输出。
(2) 输出正电压可调范围：1.23～40 V。
(3) 输出电流：3 A。
(4) 输入电压范围广：可达 40 V(HV 型号的可达 60 V)。
(5) 只需要 4 个外部元器件。
(6) 内部振荡器频率 52 kHz。
(7) 有待机省电模式。
(8) 热保护和限流保护。

LM2576 的主要电气参数如表 5.9 所示。

表 5.9 LM2576 的主要电气参数

符号	参数名	条件	典型值	最大值	单位
I_B	反馈偏置电流		50		nA
f_0	振荡器频率		52		kHz
V_{SAT}	饱和电压	$I_{OUT}=3\ A$	1.4		V
DC	最大占空比		98		%
I_{CL}	电流极限		5.8		A
I_L	输出漏电流		7.5		mA
I_Q	静态电流		5		mA
I_{STBY}	待机静态电流		50		μA

注：$T_A=25\ ℃$。

5.4.2 LM2576 的引脚配置

LM2576 的封装方式有三种，其引脚配置如图 5.21 所示。

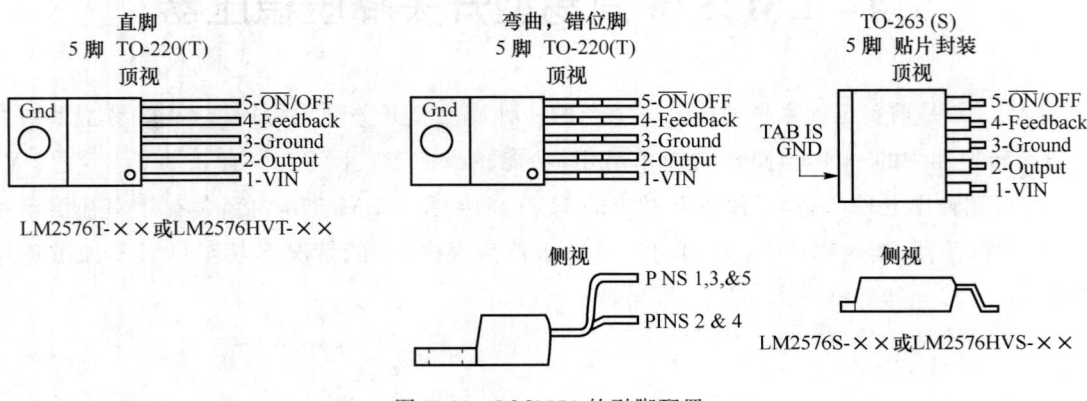

图 5.21 LM2576 的引脚配置

5.4.3 LM2576 的典型固定电压降压电路

LM2576 的固定输出电压电路相当简洁,如图 5.22 所示。

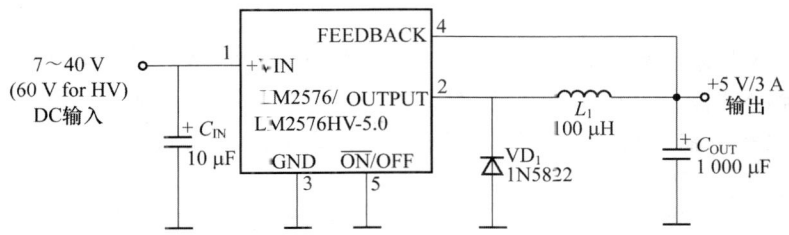

图 5.22 LM2576 固定输出电压电路

通过 LM2576 的内部结构可以理解其固定输出原理,如图 5.23 所示。

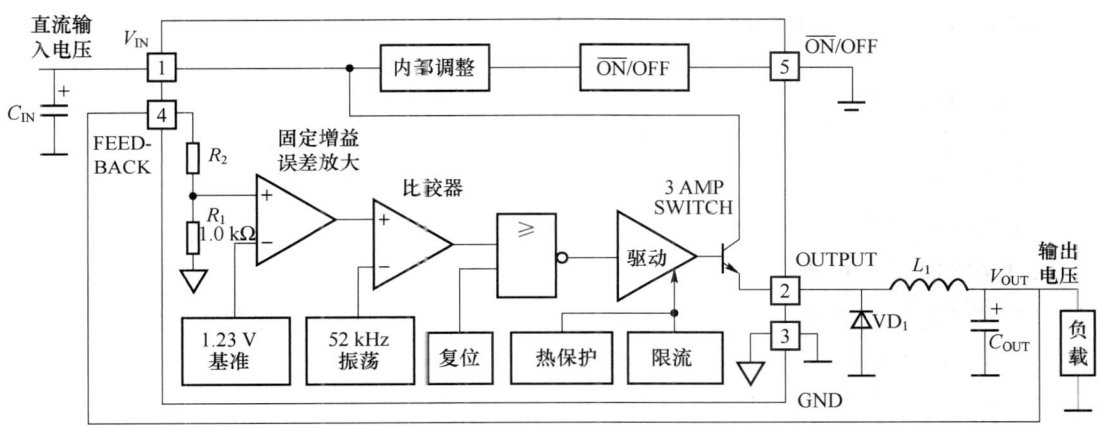

图 5.23 LM2576 固定输出型内部结构

5.4.4 LM2576 的典型可调电压降压电路

LM2576 的可调输出相比固定输出只多两个分压电阻,如图 5.24 所示。

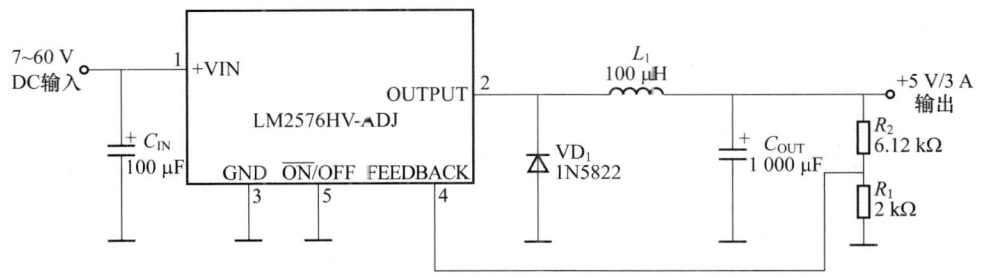

图 5.24 LM2576 可调输出电压电路

可调输出电压计算方法:$V_{OUT}=1.23(1+R_2/R_1)$,其中 R_1 应在 $1\sim 5\ \text{k}\Omega$。

5.4.5 LM2576 的外围元件选择和使用技巧

1. 外围元件的选择

(1) 输入电容 C_{IN}

要选低 ESR(等效串联电阻)的铝或钽电解电容作为输入旁路电容,防止在输入端出现大的瞬态电压。当输入电压波动较大,输出电流又较高时,可以增大 C_{IN} 到 470 μF 甚至 10 000 μF。电容的耐压值要为最大输入电压的 1.5 倍。输入电容 C_{IN} 要尽可能靠近集成电路。

(2) 续流二极管 VD

一般选用肖特基管,因为此类二极管开关速度快,正向压降低,反向恢复时间短,如 1N5822、MBR360 等。在选择时,应确保二极管平均正向导通电流大于负载电流,不建议选用普通整流管。

(3) 储能电感 L

电感选择 100 μH 带磁铁的,最大的电流值在 5 A 以上。电感的选择对效率等特性影响较大。

(4) 输出电容 C_{OUT}

推荐使用 220~1 000 μF 的低 ESR 的钽电容,此时的输出纹波大致在 50~150 mV,更大容量的电容可能将纹波再降低 20~50 mV。标称为"高频率""低电感""低 ESR"的电容并联使用或者独立使用可以将纹波再降低 10~20 mV。

2. LM2576 的使用技巧

反馈线要远离电感,电路中输入/输出电容、续流二极管、接地端、控制端的连线要尽可能短而粗,最好用地线进行屏蔽。

由于器件具有较高的转换效率,因此几乎不用考虑散热问题。

5.4.6 LM2576 的扩展应用

LM2576 可以扩展出以下几种应用方式,其灵活的连接可以使电路得到更多的功能。LM2576 负电压转换电路如图 5.25 所示。

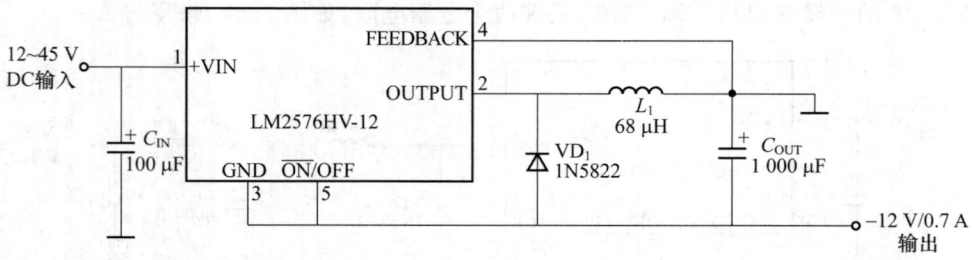

图 5.25 LM2576 负电压转换电路

LM2576 还可以连接成负电压对负电压的转换,以满足一些特殊场合,如图 5.26 所示。

LM2576 欠压关闭型转换电路如图 5.27 所示,当电压不够时电路可以自动关闭,节约能源。

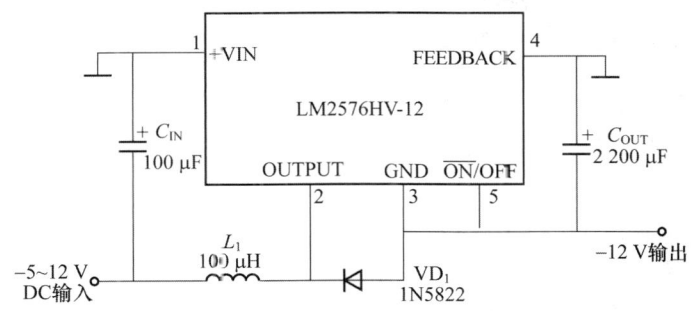

图 5.26 LM2576 负电压-负电压转换电路

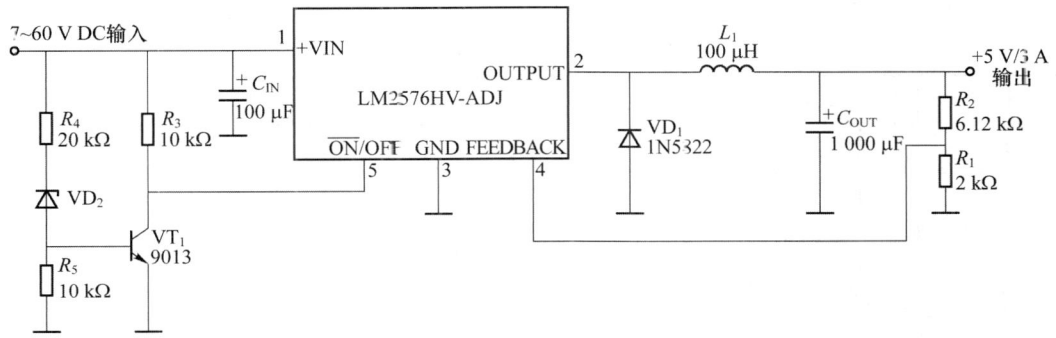

图 5.27 LM2576 欠压关闭型转换电路

LM2576 延迟启动型转换电路如图 5.28 所示,当电源开关打开后,由于 C_D 的充电需要一定的时间,所以 LM2576 会延迟启动。

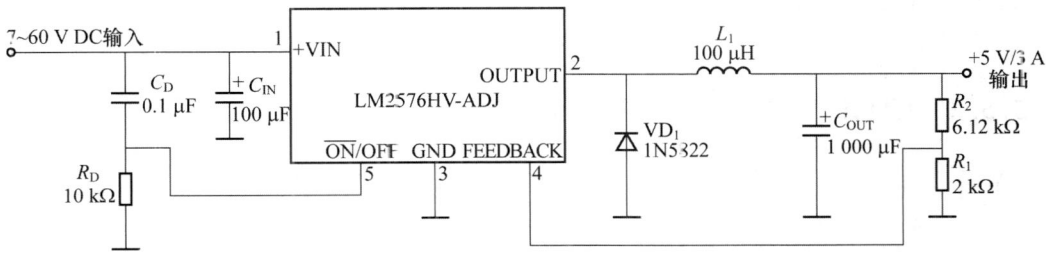

图 5.28 LM2576 延迟启动型转换电路

图 5.27 和图 5.28 的电路均是使用了 LM2576 的开关控制端功能,类似还可以开发出光控型、声控型等扩展延伸应用。

5.5　LM2577 简易型开关升压稳压器

LM2577 是前美国国家半导体公司生产的一种简易型开关升压稳压器,电路非常简单易用,功能相当完善,可提供 12 V 和 15 V 以及可调输出电压三种版本,其效率很高,一般情况下甚至可以不加散热片就可以实现升压功能。

5.5.1 LM2577 稳压器的特性

LM2577 稳压器的主要特点如下。
（1）输出电压：12 V、15 V 或者可调输出。
（2）输出正电压可调范围：3.5～40 V。
（3）NPN 功率管耐压 65 V，开关电流 3 A。
（4）软启动功能。
（5）内部振荡器频率 52 kHz。
（6）热保护、低压锁定和限流保护。

LM2577 的主要电气参数如表 5.10 所示。

表 5.10 LM2577 的主要电气参数

符号	参数名	条件	典型值	最大值	单位
I_B	反馈偏置电流		100		nA
f_0	振荡器频率		52		kHz
V_{SAT}	饱和电压	$I_{SWITCH}=3 A, V_{COMP}=2 V$	0.5		V
DC	最大占空比	$I_{SWITCH}=0.1 A, V_{COMP}=1.5 V$	95		%
I_{CL}	电流极限		4.5		A
I_L	输出漏电流		10		μA
I_Q	静态电流		7.5		mA
I_{STBY}	待机静态电流		50		μA

注：$T_A=25$ ℃。

5.5.2 LM2577 的引脚配置和内部结构

LM2577 的封装方式有三种，其引脚配置和内部结构如图 5.29 所示。

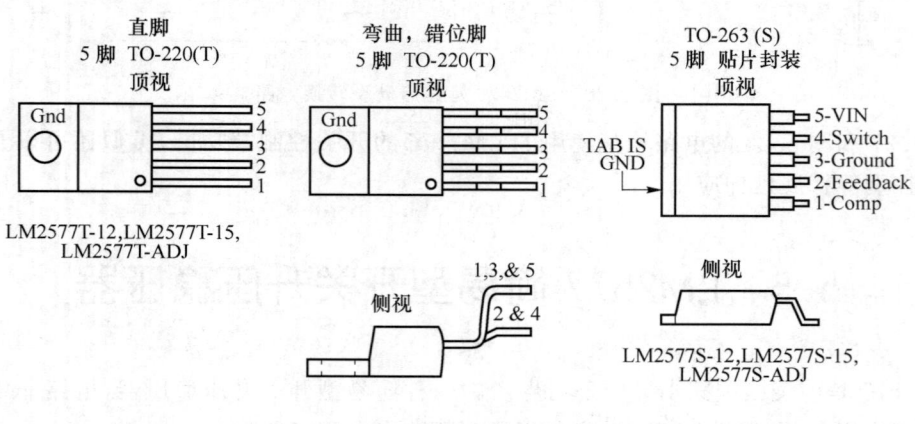

(a) LM2577 引脚配置

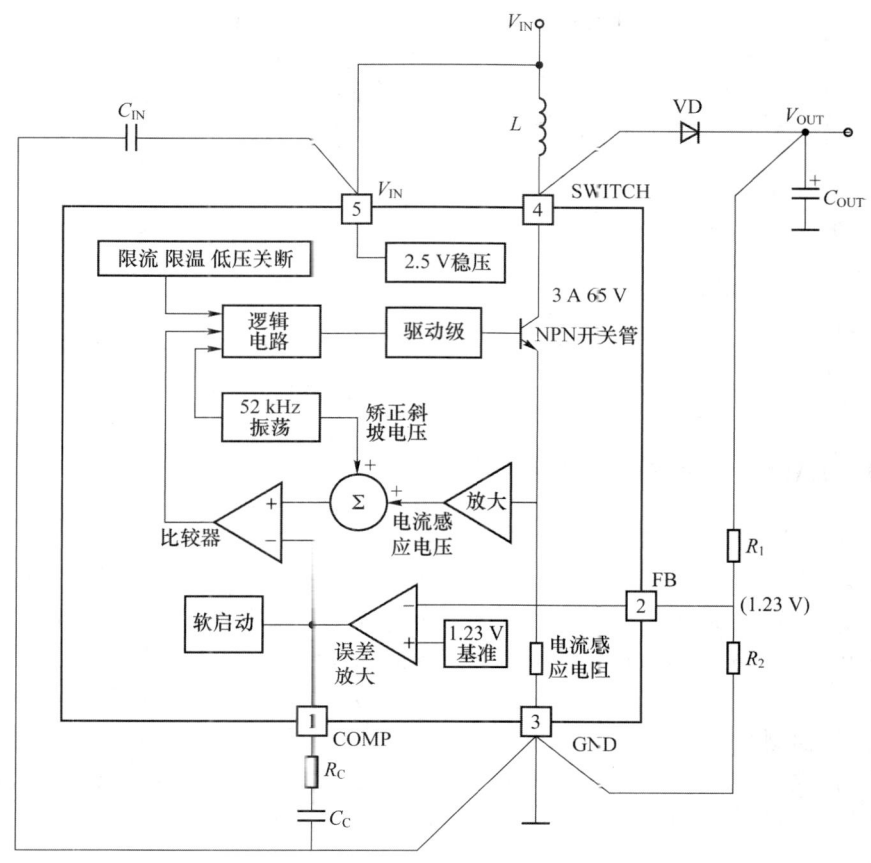

(b) LM2577 内部结构

图 5.29 LM2577 的引脚配置和内部结构

5.5.3 LM2577 的典型应用电路

LM2577 可调输出应用电路如图 5.30 所示,是针对 LM2577-ADJ 的电路。对于固定输出型,如 LM2577-12,可去掉编程电阻 R_1 和 R_2,将 FEEDBACK 直接连接到输出端即可。

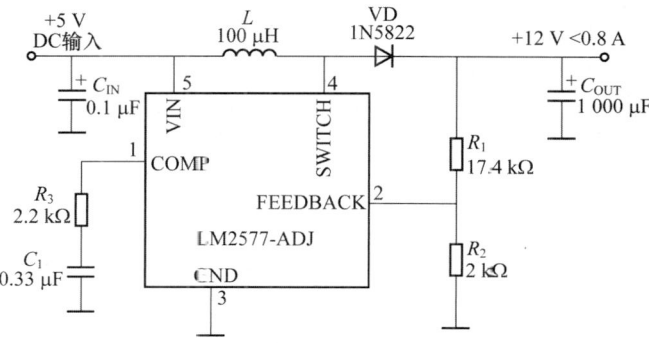

图 5.30 LM2577 典型应用电路(一)

利用 LM2577 组成的反激式稳压器电路如图 5.31 所示,该电路可以轻松提供正负电压输出。

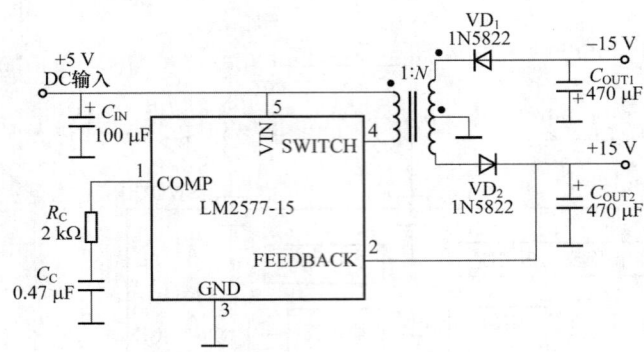

图 5.31　LM2577 典型应用电路(二)

5.5.4　LM2577 的并联扩流应用

利用两片 LM2577 组成的稳压器电路如图 5.32 所示。当输入电压很低时,如当输入电压只有 5 V 时,由于 LM2577 最大开关电流(3A)的限制,单片 LM2577 提供的输出功率有限,所以此时可以采用两片 LM2577 并联的方式。因为 LM2577 使用的是电流模式控制,所以这两片 LM2577 可以自动分担负载电流的大小。下边的 LM2577 为主稳压器,它决定了两个稳压器共同的占空比(COMP 引脚连接在一起可以让 LM2577 保持占空比相同)。主稳压器直接反馈输出电压,而副稳压器的 FB 引脚接地,这样副稳压器的占空比允许调整到最大占空比。但是,主稳压器控制了两个 COMP 引脚的电压,该电压控制占空比以使输出电压达到 12 V。这样的模式可以使两片 LM2577 有相同的占空比,达到同步工作增加输出电流的目的。

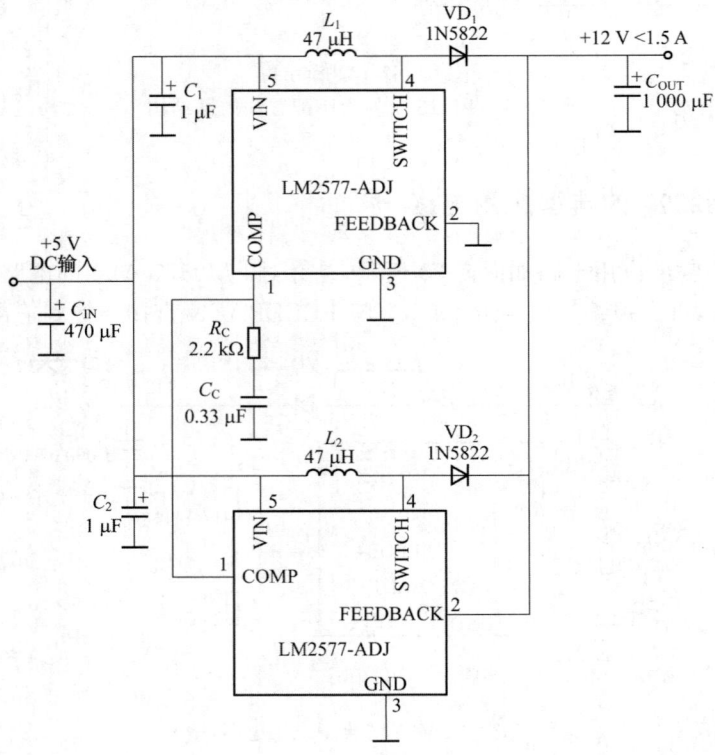

图 5.32　LM2577 的并联扩流应用电路

5.5.5 LM2577 三输出隔离反激式稳压器

有一些应用是要求输入输出供电完全隔离的,如为了保证病人的安全,医疗监护仪器都要求完全电气隔离。LM2577 组成的三输出隔离反激式稳压器电路如图 5.33 所示,该电路在输入和输出之间是完全电气隔离的。由于隔离需要,输出误差放大必须要在变压器次级完成,所以 LM2577 的 FB 引脚被接地,相当于 LM2577 内部的基准电源和误差放大电路被禁止。这里使用了 LM385 可调基准电路和 4N27 来代替其功能,并通过 4N27 实现电路的完全电气隔离。

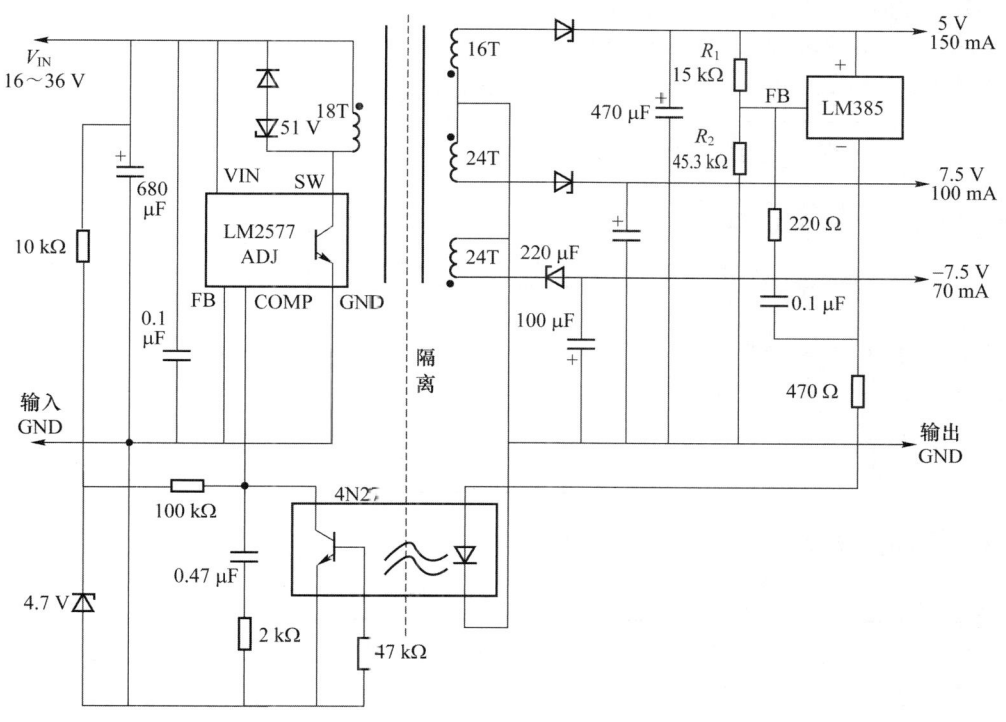

图 5.33 LM2577 的三输出隔离反激式稳压器电路

5.6 BL8530 升压型直流-直流转换器

BL8530 系列是上海贝岭股份有限公司生产的 PFM 控制的开关型直流-直流升压稳压芯片。0.8 V 的低启动电压、200 mA 的高负载驱动能力、5.5 μA 的极低静态电流使得 BL8530 非常适合于便携式 1~4 节普通电池应用的场合。

BL8530 可提供 SOT-89-3、SOT-23-3、SOT-89-5 及 SOT-23-5 封装形式。在 SOT-89-5 及 SOT-23-5 封装形式中,可通过 CE 使能端,方便地控制芯片的开关,使芯片的功耗达到最小。BL8530 可提供 2.5~6 V 等(每隔 0.1 V 一个版本)多种输出电压版本。

5.6.1 BL8530 升压型直流-直流转换器的特性

BL8530 升压型直流-直流转换器的主要特点如下。

(1) 输出电流大于 0.7 A。
(2) 极强的带负载能力:V_{IN}=1.8 V 时可以提供 3.3 V 200 mA 负载电流。
(3) 0.8 V 的低启动电压(I_{OUT}=1 mA 时),适合单节电池供电。
(4) 2.5~6 V 输出电压范围内提供 0.1 V 步进,可定制。
(5) 输出电压精度可达±2%。
(6) 低输出电压温漂:±100 ppm/℃。
(7) 仅需电感、电容、肖特基二极管 3 个外部元件。
(8) 效率最高达 85%。
(9) 芯片静态工作电流小于 5.5 μA。

BL8530 的极限参数如表 5.11 所示。

表 5.11 BL8530 的极限参数

参数名	典型值	单位
输入电压	0.3~12	V
LX 脚开关电压	0.3 V~V_{OUT}+0.3 V	V
CE 脚电压	0.3 V~V_{OUT}+0.3 V	V
LX 脚输出电流	0.7	A
最大允许功耗(SOT-23)	0.15	W
最大允许功耗(SOT-89)	0.5	W
最大工作结温	150	℃
工作温度	−20~80	℃

BL8530 的主要电气参数如表 5.12 所示。

表 5.12 BL8530 的主要电气参数

符号	参数名	条件	最小值	典型值	最大值	单位
V_{OUT}	输出电压误差		−2	0	2	%
V_{IN}	输入电源				12	V
I_{IN}	输入电流(无负载功耗)	V_{IN}=0.6V_{OUT}		12	15	μA
V_{START}	启动电压	I_{OUT}=1 mA,升压		0.8	0.9	V
V_{HOLD}	保持电压	I_{OUT}=1 mA,降压	0.6	0.7		V
I_{DD}	静态功耗	无外围元件		4	7	μA
R_{SWON}	开关管导通电阻			0.4	0.5	Ω
I_{LXLEAK}	开关管泄漏电流				0.5	μA
f_{OSC}	振荡频率		300	350	400	kHz
DTY_{MAX}	最大占空比		70	75	80	%
η	效率			85		%

注:T_A=25 ℃。

5.6.2 BL8530 的原理结构和引脚配置

BL8530 是电压型 PFM 控制模式的直流-直流升压转换电路,内部低阈值耗尽 CMOS 工艺使得芯片的静态功耗小于 5.5 μA。芯片内部包括输出电压反馈和修正网络、启动电路、振荡电路、基准源电路、PFM 控制逻辑电路、过流保护电路以及功率管。PFM(脉冲频率调制)控制模块是 BL8530 的核心,该模块根据其他模块传递的输入电压信号、负载信号、使能信号和电流信号来控制功率管的开关,从而达到控制电路恒压输出的目的。在 PFM 控制系统中,保持振荡频率和脉宽不变,通过跳过脉冲来调整占空比,从而根据输入电压、输出电流和负载大小等来改变功率管的导通情况。振荡电路提供基准振荡频率和固定的脉宽。基准电路提供稳定的基准电压,并且由于基准电路采用了内部的修正技术,因此它保证了输出电压精度达到 ±2%。同时,由于参考电压经过精心的温度补偿设计考虑,使得芯片的输出电压的温度漂移系数小于 100 ppm/℃。

BL8530 的原理结构和引脚配置如图 5.34 所示。

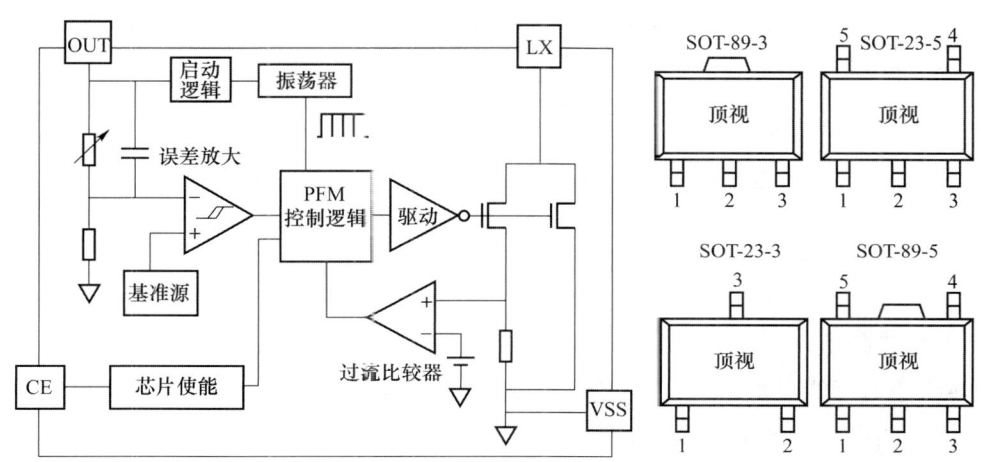

图 5.34 BL8530 的原理结构和引脚配置

BL8530 常用五种不同封装形式,引脚定义也不同,具体如表 5.13 所示。

表 5.13 BL8530 的引脚定义

引脚编号				符号	引脚描述
SOT-89-3	SOT-89-5	SOT-23-3	SOT-23-5		
1	4	1	4	VSS(GND)	接地
2	2	2	2	VOUT	输出电压监视,内部供电
3	5	3	5	LX(EXT)	开关引脚
—	3	—	5	NC	空脚
—	1	—	1	CE	使能端

5.6.3 BL8530 的典型应用电路

对于没有 CE 端的 BL8530,典型应用电路如图 5.35 所示。

对于有 CE 端的 BL8530,需要给 CE 端接开关信号,电路如图 5.36 所示。

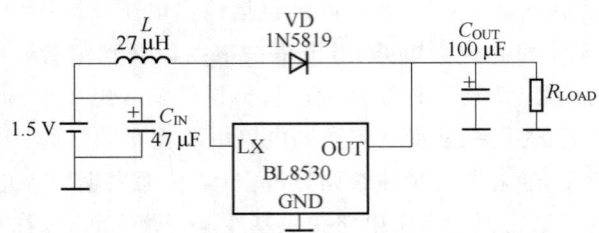

图 5.35 BL8530 的典型应用电路(SOT-89-3 及 SOT-23-3 封装)

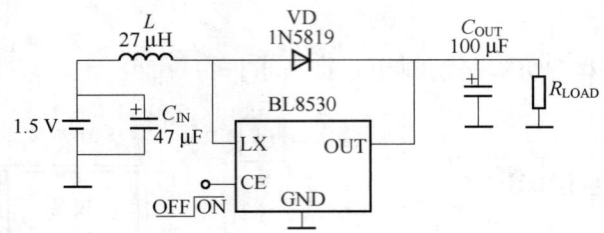

图 5.36 BL8530 的典型应用电路(SOT-89-5 及 SOT-23-5 封装)

5.6.4 BL8530 外围元件的选择

1. 电感的选择

电感太小时可能会发生磁饱和,造成直流-直流电路效率大大下降,甚至不能正常工作。电感过小时,也会造成电感上的电流纹波过大,使得通过电感、肖特基二极管以及功率管的瞬时电流过大。由于功率管有导通电阻,所以在特别大的电流通过时在功率管上的功率损耗会加大,降低了整个电路的转换效率。

如果不考虑效率问题,小电感的带负载能力强于大电感。但是在相同负载条件下,大电感的电流纹波和最大的电流值小,所以大电感可以使得电路在更低的输入电压下启动。BL8530 的工作频率高达 350 kHz,只需要 3.3 μH 以上的电感就可以保证电路正常工作,但是输出端如果需要输出大电流(如大于 50 mA),为了提高转换效率,建议使用较大电感。

综合考虑,建议使用 27 μH,大于 0.5 A 的电感。如在大负载应用时需要提高效率,则可以使用更大电感值、更小寄生电阻值的电感。

2. 输出电容的选择

较大的输出电容可以减小输出电压的纹波,但是输出电容过大,会使系统的反应时间过长。建议使用 100 μF 电容,如果需要更小的纹波,则需要更大的电容。当负载电流很小(10 mA 左右)时,可以使用较小的电容。但当负载电流很大时,电容的 ESR(串联等效电阻)将成为电流纹波最主要的因素,可能会大大超过 100 mV。建议使用 ESR 低的钽电容,或者将多个电容并联使用以降低 ESR。

3. 二极管的选择

由于 BL8530 工作频率为 350 kHz 左右,所以二极管应该选择反应时间短且正向导通电压低的,普通整流二极管也能工作但是会使效率降低 5%~10%,建议使用肖特基二极管,例如,1N5817、1N5819、1N5821、1N5822 等。

4. 输入电容的选择

当电源稳定时,尤其是使用电池作为电源时,即使没有输入滤波电容,BL8530 也可以正常工作。但是当电源离电路较远时,建议在直流-直流的输入端加上 10 μF 以上的滤波电容,有利于降低输出的噪声。

5.6.5 BL8530 制作的电池间歇供电电路

1. 电路组成

电池间歇供电电路由三部分组成,BL8530 构成 1.5 V 转 5 V 电压电路,CD4060 组成振荡和分配电路,CD4077 为逻辑电路并且驱动 8550PNP 三极管间歇供电,如图 5.37 所示。

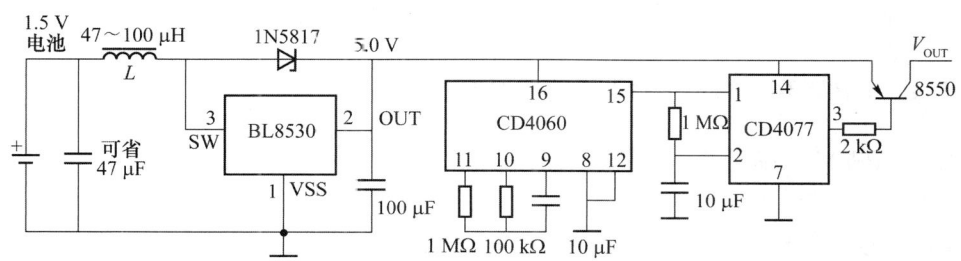

图 5.37 BL8530 制作的电池间歇供电电路

2. 工作原理

在有些电池供电的设备中,为了节约电力,要求设备采用间歇供电,如每 10 min 工作 10 s,这样平均电流就降低为原来的 1/60,大大延长了电池的使用时间。图 5.37 中,BL8530 组成直流-直流转换电路,将电池电压 1.5 V 转换成标准 5 V 电压给整个电路供电,CD4060 组成振荡电路和分频电路,振荡周期为 $T=2.2\,RC$,约 2.2 s。从 CD4060 的引脚 15(Q10)输出的信号周期约为 $2.2×1024=2253$ s,约 38 min,此信号为 19 min 高电平,19 min 低电平,输入到异或非门 CD4077 的引脚 1,引脚 2 的信号跟随引脚 1 变换,但是延时约 10 s。在这 10 s 内,异或非门输出 0,其他时间输出 1,这样就可以造成每当 Q10 出现电平转换时(每 19 min 转换一次),CD4077 输出 10 s 的低电平将三极管导通,给下级电路提供电力,让下级电路每 19 min 工作 10 s。

3. 元件选择

如电池离 BL8530 较近,47 μF 电容可以省略,二极管选择肖特基二极管 1N5817 或者 1N5819,所有电容都可以选择电解电容。

4. 制作要点

本电路可以做成通用的电池间歇供电电路,CD4060 和 CD4077 的电源来源于 BL8530,所以 BL8530 必须保持工作状态,会耗费约 20 μA 的电流。如采用双节电池 3 V 供电,也可以将 BL8530 置于三极管 8550 的控制下,这样静态的功耗就只有 CD4060 和 CD4077,能更大限度地延长电池使用时间。

5.7 OB2536 高精度原边控制 PWM 功率开关

OB2536 是昂宝电子(上海)有限公司生产的应用于低功率交流-直流开关电源的高性能离线式 PWM 功率开关,全电压输入范围内恒压精度能保持在±5%以内。芯片采用高频变压器原边反馈技术,使系统应用中可以节省 TL431 等基准芯片和光耦以降低整机成本。OB2536 制作的开关电源可以作为恒压(CV)/恒流(CC)电池充电器、小功率电源适配器或者线性电源的替代品。

OB2536 内置高压 MOS 管,通过外部电路可以设置恒压和恒流大小,内置原边绕组电感补偿、软启动功能和前沿消隐电路(LEB),可以进行逐周期的过流保护、欠压保护(UVLO)等多种电压保护。OB2536 采用 DIP8 封装形式,符合 RoHS 标准。

5.7.1 OB2536 PWM 功率开关的特性

OB2536 PWM 功率开关的主要特点如下。
(1) 全电压范围 CV 精度保持在±5%以内。
(2) 原边反馈技术可使系统节省 TL431 与光耦。
(3) 可编程的 CV 及 CC。
(4) 内置原边绕组电感补偿。
(5) 可编程的输出线压降补偿。
(6) 内置软启动功能。
(7) 内置前沿消隐电路(LEB)。
(8) 逐周期过流保护。
(9) 欠压保护(UVLO)。
(10) VDD OVP 保护功能及 V_{DD} 电压钳位功能。

OB2536 的极限参数如表 5.14 所示。

表 5.14 OB2536 的极限参数

参数名	典型值	单位
V_{DD} 电压	−0.3~32	V
V_{DD} 的齐纳钳位持续电流	10	mA
COMP 电压	−0.3~7	V
CS 脚电压输入电压	−0.3~7	V
INV 脚电压输入电压	−0.3~7	V
最大工作结温	150	℃
焊接温度(10 s)	260	℃

OB2536 的主要电气参数如表 5.15 所示。

表 5.15　OB2536 的主要电气参数

符号	参数名	条件	最小值	典型值	最大值	单位
I_{DD}	电源电压	$V_{DD}=13\text{ V}$ 启动		5	20	μA
		$V_{DD}=13\text{ V}$ 工作		2.5	3.5	mA
$U_{VLO(ON)}$	欠压锁定开始电压	V_{DD} 下降	7.5	8.5	10	V
$U_{VLO(OFF)}$	欠压锁定结束电压	V_{DD} 上升	13.5	14.5	16	V
V_{DD_clamp}	最大 VDD 工作电压	$I_{DD}=10\text{ mA}$	30.5	32.5	34.5	V
OVP	过压保护门限		27.5	29.5	31.5	V
V_{th_oc}	过流门限电压		870	900	930	mV
Z_{SENSE_IN}	输入内阻			50		kΩ
f_{req}	系统开关频率			60		kHz
f_{req_st}	启动频率	INV=0V,Comp=5 V		14		kHz
V_{ref_EA}	EA 基准电压		1.97	2	2.03	V
G_{ain}	EA 的直流增益			60		dB
BVdss	MOS 管极击穿电压	漏极源	600			V
R_{dson}	MOS 导通电阻	$I_d=0.4\text{ A}$		10		Ω

注：$T_A=25\ ℃$。

5.7.2　OB2536 的原理结构和引脚配置

OB2536 的原理结构和引脚配置如图 5.38 所示，可见 OB2536 包括了软启动、采样和误差放大、时钟发生器、PWM 信号发生器、恒流控制电路、MOS 管驱动电路及功率 MOS 管等部分。OB2536 的引脚功能如表 5.16 所示。

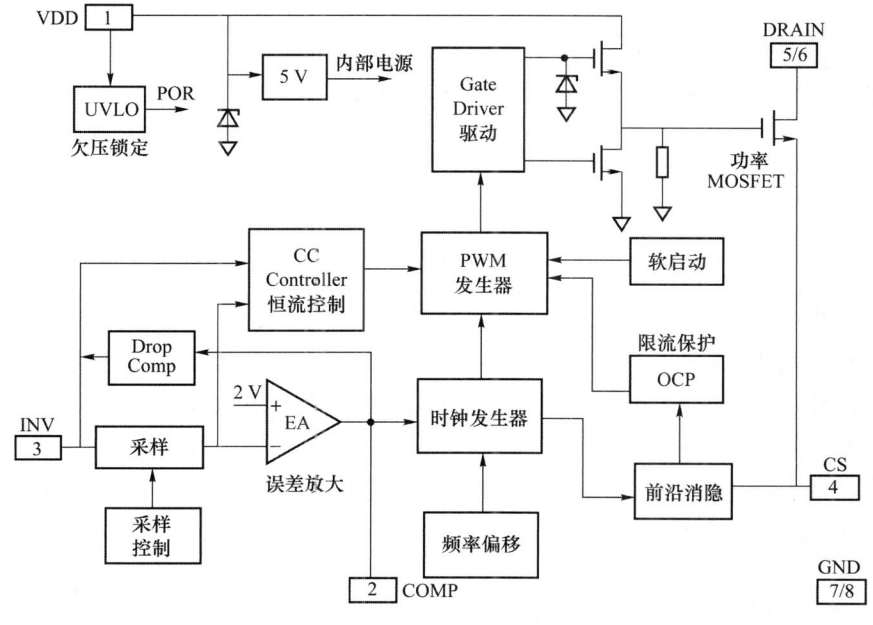

图 5.38　OB2536 的原理结构和引脚配置

表 5.16 OB2536 的引脚功能

引脚	符号	类型	说明
1	VDD		电源
2	COMP	I	环路补偿(保证恒压稳定性)
3	INV	I	辅助绕组电压反馈输入。辅助绕组电压通过电阻分压后接入,PWM 占空比由 EA 输出以及引脚 4 的电流检测信号共同决定
4	CS	I	MOS 功率管电流检测输入
5	Drain	O	MOS 管的漏极,连接到变压器初级
6	Drain	O	MOS 管的漏极,连接到变压器初级
7	GND		地
8	GND		地

OB2536 组成的交流-直流开关电源电路如图 5.39 所示,采用单端反激式电路结构,输出和输入高压使用高频变压器进行隔离。在这种反激电路中,当内部开关管导通时初级绕组上的电压很高,极性为"上正下负",电流(方向为向下)线性增加,变压器储存能量,而次级绕组上的电压极性为"上负下正",二极管 VD_3 截止,负载电流仅仅由输出电容 C_7 提供。

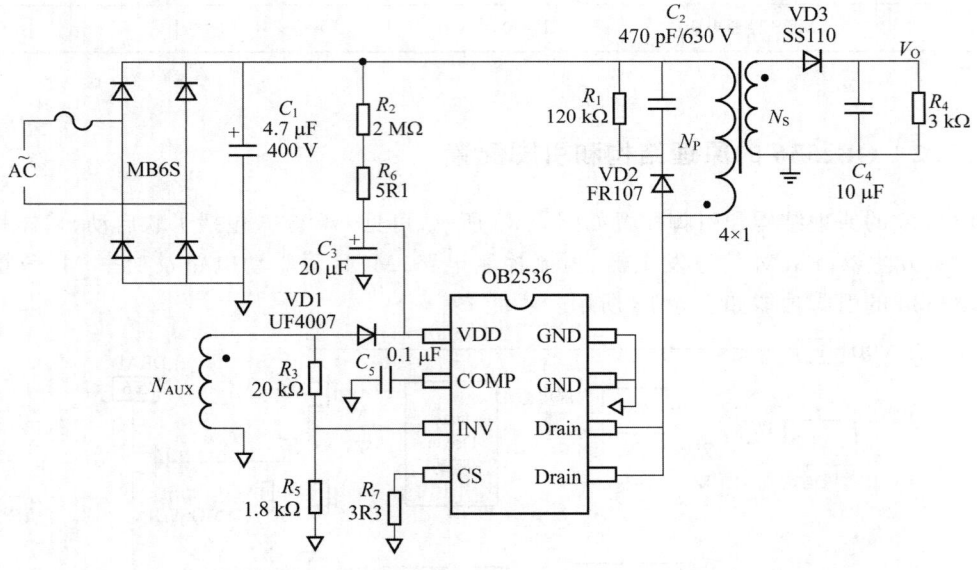

图 5.39 OB2536 组成的交流-直流开关电源电路

当 OB2536 内部开关管截止时,变压器初级产生"上负下正"的感应电动势,次级绕组上产生"上正下负"的电压,导致二极管 VD_3 导通,电流传递到负载和输出滤波电容,来补偿电容单独提供负载电流所消耗的能量;同时在开关管截止期间,次级电流线性减小,相当于变压器释放能量给负载和输出滤波电容。

当开机时,OB2536 由 R_2、R_6 和 C_3 组成的电路提供启动电压供电,启动后,次级绕组上会产生脉冲电压,通过二极管 VD_1 整流后加到 OB2536 的 VDD 端,提供 OB2536 正常工作所需的电流。

次级绕组上产生的脉冲电压经过 R_3 和 R_5 采样,进入 INV 端,OB2536 以此电压来完成恒压和恒流控制。电阻 R_7 与开关管的源极相连,用于检测开关管电流,当 R_7 上的电压超过 0.9 V 时,OB2536 将关断内部功率 MOS 管。

5.7.3 OB2536 的典型应用

在开关电源的应用中,元器件的选择很关键,它直接关系到制作的成败。

1. 元件选择

图 5.39 中,电容 C_1 和 C_3 为铝电解电容,C_4 为钽电解电容,其中 C_1 耐压应大于 400 V,R_1、R_2、R_4、R_6 可选择 1/8W 碳膜电阻,R_3、R_5、R_7 必须选择金属膜电阻。VD_3 应选用肖特基二极管(正向压降 0.3V 左右,电流 0.5A),如 SS110 等,具体元器件清单如表 5.17 所示。

表 5.17 元器件清单

代号	名称	参数	数量	备注
MB	整流桥	MB6S	1	400 V
VD_1	二极管	UF4007	1	快速
VD_2	二极管	FR107	1	快速
VD_3	二极管	SS110	1	肖特基
R_1	电阻	120 kΩ,1/2 W	1	
R_2	电阻	2 MΩ,1/4 W	1	
R_3	电阻	20 kΩ,1/4 W	1	
R_4	电阻	3 kΩ,1/8 W	1	
R_5	电阻	1.8 kΩ,1/4 W	1	
R_6	电阻	5.1 Ω,1/4 W	1	
R_7	电阻	3.3 Ω,1/2 W	1	
C_1	电解电容	4.7 μF/400 V	1	
C_2	CBB 电容	470 pF/680 V	1	
C_3	电解电容	10 μF/50 V	1	
C_4	钽电解电容	10 μF/25 V	1	低 ESR
T	高频变压器 EE13	$L_P=8.78$ mH $N_P:N_S:N_{AUX}=361T:43T:43T$	1	
IC	PWM 控制 IC	OB2536	1	DIP

2. 制作要点

在空载或者负载很小时,电路可能存在反馈信号失真和输出电压上升的问题,所以选择了 R_4 作为假负载,这样可以将输出电压控制在最大允许输出电压范围内。但是假负载电阻同时也会增大空载功耗,在空载输出电压限制不高的情况下可以取消 R_4。对于充电器应用,为满足电池自放电要求,用一个串联电阻和稳压电路替代假负载电阻。不过,在没有此要求的设计中,可以使用一个标准电阻。

交流-直流开关电源成败的关键在于高频变压器的绕制,绕制时要注意同名端的标注,使用时不能接错,变压器要保留一定的气隙。

5.8 MP2307同步整流降压稳压器

MP2307是一块单片同步整流降压稳压集成电路,其内部集成了100 mΩ的MOSFET,能够提供3 A的持续负载电流,具备4.75～23 V的宽输入电压范围。MP2307的电流模式控制提供了快速瞬态响应和逐周期电流限制。MP2307可调整的软启动电路可防止开机时产生的浪涌电流,在关断模式下电源电流低于1 μA。MP2307采用8引脚SOIC封装,提供了一个非常紧凑的系统解决方案,而且只需极少的外部元件。

5.8.1 MP2307稳压器的特性

MP2307稳压器的主要特点如下。
(1) 连续输出电流可达3 A,峰值输出电流可达4 A。
(2) 4.75～23 V的宽输入电压范围。
(3) 集成了100 mΩ导通电阻的功率MOSFET开关管。
(4) 可调输出由0.925～20 V。
(5) 高达95%的效率。
(6) 可编程的软启动功能。
(7) 使用低ESR陶瓷输出电容器,可稳定工作。
(8) 340 kHz固定工作频率。
(9) 逐周期的过电流保护。
(10) 输入欠压锁定。
(11) 耐热增强型8引脚SOIC封装。

MP2307的主要电气参数如表5.18所示。

表5.18 MP2307的主要电气参数

符号	参数名	条件	最小值	典型值	最大值	单位
	关闭电流	$V_{EN}=0$ V		0.3	3.0	μA
I_{DD}	电源电流	$V_{EN}=2$ V, $V_{FB}=1$ V		1.3	1.5	mA
V_{FB}	反馈电压	4.75 V≤V_{IN}≤23 V	0.900	0.925	0.95	V
	反馈过压阈值			1.1		V
	误差放大电压增益			400		
R_{DS}	开关管导通电阻			100		mΩ
	开关电流限制		4	5.8		A
f_{OSC}	振荡频率		300	340	380	kHz
D_{MAX}	最大占空比			90		%
T_{ON}	最小导通时间			220		ns

续表

符号	参数名	条件	最小值	典型值	最大值	单位
	EN 关闭阈值电压		1.1	1.5	2.0	V
	EN 锁定阈值电压		2.2	2.5	2.7	V
	输入低压锁定阈值	V_{IN} 上升	3.80	4.05	4.40	V
	软启动电流	$V_{SS}=0$ V		6		μA

注：$V_{IN}=12$ V，$T_A=25$ ℃，除非特指。

5.8.2 MP2307 的原理结构和引脚配置

MP2307 的原理结构如图 5.40 所示。

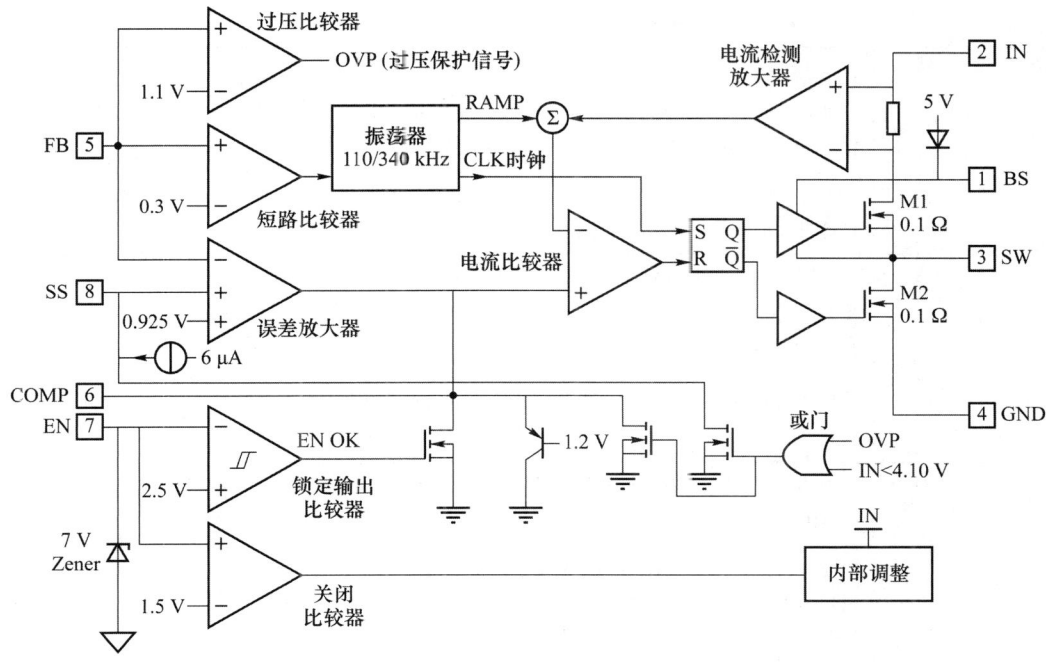

图 5.40 MP2307 的原理结构

MP2307 采用电流模式控制来调节输出电压。输出电压通过电阻串联分压后进入 FB 引脚，进行误差放大。将 COMP 引脚上的电压和代表开关电流（内部测量得来）的电压信号相比较来控制输出电压。MP2307 采用两个内部 N 沟道 MOSFET 开关，实现了降压直流-直流变换。由于高侧 MOSFET 需要的栅极电压大于输入电压，故 SW 引脚和 BS 引脚之间需要连接一个升压电容器用于驱动高侧 MOSFET 的栅极。当 SW 引脚是低电平时，升压电容被接到内部 5 V 电压，所以会被充电。当 FB 引脚电压超过 0.925 V 的标称稳压值的 20%(1.1 V)后，过压比较器翻转且 COMP 引脚和 SS 引脚放电到 GND，迫使高侧开关关闭。

MP2307 的引脚配置和建议的焊盘尺寸如图 5.41 所示，MP2307 的底部有一个虚线框大小的裸露焊盘，用于芯片的散热。在设计 PCB 时，应设计相应的焊盘，尤其是双面 PCB，应在顶层和底层均设计面积稍大于虚线框的方形焊盘，并用过孔沟通，如三行四列的过孔阵列，这样可以将 IC 底部焊盘的热量通过过孔阵列导入到 PCB 的另外一侧。

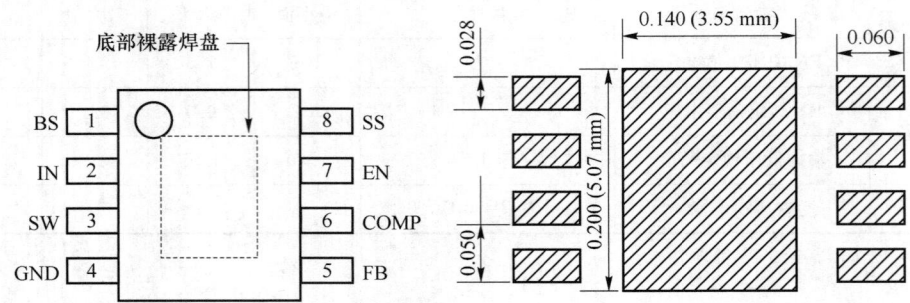

图 5.41　MP2307 的引脚配置(顶视)和建议焊盘

MP2307 的引脚功能如表 5.19 所示。

表 5.19　MP2307 的引脚功能

引脚号	符号	说明
1	BS	高侧栅极驱动升压输入端，BS 提供高侧 N 沟道 MOSFET 开关管的驱动，在 SW 和 BS 之间连接 $0.01\mu F$ 或更大的电容器，用于给高侧开关管供电
2	IN	电源＋极输入端，用于芯片以及降压转换器开关的供电。应接 4.75～23 V 电源，与 GND 之间接适当大小的旁路电容以消除输入噪声。见典型应用中的输入电容
3	SW	功率开关输出端，SW 是电源端到输出端的开关节点，从 SW 到输出负载需要连接输出 LC 滤波器
4	GND	接地端(芯片底部的裸露焊盘连接到此引脚)
5	FB	反馈输入端，用于检测输出电压。从输出电压连接串联电阻分压后连接到 FB。反馈电压阈值是 0.925 V
6	COMP	补偿节点端，用于补偿调整控制回路。从 COMP 到 GND 连接一个 RC 网络，在某些情况下，从 COMP 到 GND 再连接一个电容也是必须的
7	EN	使能输入端，是一个数字输入端用于打开或关闭稳压器。EN＝1 打开，EN＝0 关闭。在 EN 上增加一个 100 kΩ 上拉电阻可实现自动启动
8	SS	软启动控制输入端，控制软启动周期。在 SS 和 GND 之间连接一个电容设置软启动的时间。如 $0.1\mu F$ 电容器的软启动时间为 15 ms，让 SS 悬空可禁用软启动功能

5.8.3　MP2307 的典型应用电路

MP2307 的典型应用电路如图 5.42 所示。

在 MP2307 的使用过程中，需要注意以下几点。

1. 有关输出电压的设置

图 5.42 中的电阻 R_1 和 R_2 设置了输出电压为 3.3 V，如果需要更换成其他的输出电压，可按式(5.1)设置 R_1 和 R_2 的值。

$$V_{\mathrm{OUT}}=0.925\times\frac{R_1+R_2}{R_2} \tag{5.1}$$

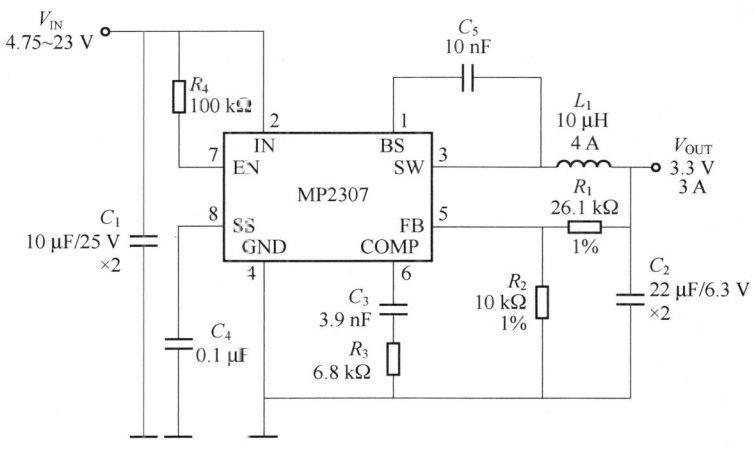

图 5.42 MP2307 的典型应用电路

R_2 的典型值可取 10 kΩ，如果要提高效率也可以取 100 kΩ。当 $R_2 = 10$ kΩ 时，对应的输出电压和建议的 R_1 值如表 5.20 所示。

表 5.20 推荐的电阻值

V_{OUT}	R_1/kΩ	R_2/kΩ
1.8	9.53	10
2.5	16.9	10
3.3	26.1	10
5	44.2	10
12	121	10
15	154	10

2. 电感 L 的选择

在开关输入电压的驱动下，需要电感来为负载提供持续的电流。一个较大的电感将导致较低的输出纹波电压，但是大的电感价格高，串联电阻也高，更容易饱和，所以电感值需要折中选取。通常，确定电感值的规则是：允许纹波电流的峰峰值大约是最大开关电流的 30%，此外也需要确保电感峰值电流低于最大开关电流。电感值可以根据式(5.2)进行计算得到。

$$L = \frac{V_{OUT}}{f_S \times \Delta I_L} \times \left(1 - \frac{V_{OUT}}{V_{IN}}\right) \quad (5.2)$$

其中，f_S 为工作频率 340 kHz，V_{OUT} 和 V_{IN} 分别为输出和输入电压，ΔI_L 为电感纹波电流的峰峰值(取最大开关电流的 30%)。例如，根据图 5.42 计算的 $L = 7$ μH，选择了 10 μH 的电感。

另外，在选择电感时，不饱和情况下电感的最大峰值电流，可通过式(5.3)计算。

$$I_{LP} = I_{LOAD} + \frac{V_{OUT}}{2 \times f_S \times L} \times \left(1 - \frac{V_{OUT}}{V_{IN}}\right) \quad (5.3)$$

其中，I_{LOAD} 为负载电流。例如，根据图 5.42 计算的 $I_{LP} = 3.6$ A，选择了 4 A 的电感。

电感类型的选择主要依据价格、尺寸要求和对电磁干扰方面的要求。

3. 可选肖特基二极管的选择

在高侧开关和低侧开关的过渡期间,低侧功率 MOSFET 的体二极管续流了电感电流。该体二极管的正向电压比较高,这时候可选一个外部肖特基二极管并联在 SW 引脚和 GND 引脚之间,用于提高整体效率。肖特基二极管可以选择 B130、SK13、MBRS130 等 30V1A 的规格。

4. 输入和输出电容的选择

输入电容和输出电容均比较适合选择低 ESR 的电容器,如陶瓷电容。但钽电容或低 ESR 电解电容器也足够使用,如输入电容如果使用了钽电容或电解电容器,建议并联一个 $0.1\ \mu F$ 的陶瓷电容,并尽可能离 IC 引脚近。

在开关频率(340 kHz)下,输出电容如使用陶瓷电容器,阻抗主要由电容值决定,这是输出电压纹波的主要原因;如使用钽或铝电解电容器,则阻抗主要由其 ESR 决定。

5. 有关输入电压

由于是降压稳压器,故 MP2307 的输入电压必须大于输出电压一定的值。实测空载时,如输出电压为 5 V,输入电压要在 5.8 V 以上。

5.8.4　MP2307 的负压应用电路

理论上,所有的降压直流-直流变换电路都可以修改为负电压产生电路,典型的 LM2576 如图 5.24 和图 5.25 所示。当 LM2576 做负压输出时,实际比较不容易成功,因为它对输入电源的要求比较苛刻。在实际制作中,当输入电源内阻太大时,按图 5.25 制作的负电压转换电路往往不能正常输出,但 MP2307 则容易得多。

很多集成电路,如运算放大器、功放电路等,往往需要使用正负电源,这时候可以使用负电压转换电路在原来正电源的基础上产生一个负电压,图 5.43 的电路就是在 +12 V 的基础上产生了一个 −12 V 的电压。

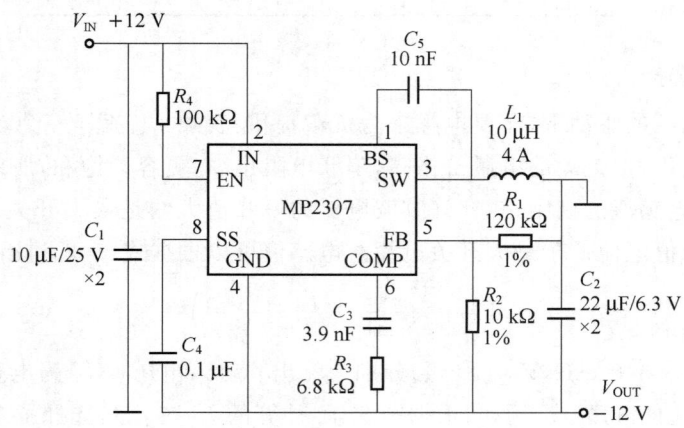

图 5.43　MP2307 负电压转换电路

在制作负电压转换电路时,由于 MP2307 的引脚 4(GND)实际接了负输出端,所以引脚 2 和引脚 4 之间的电压往往很高,但是最高不建议超过 23 V,超过极限电压 26 V 则可能导致 IC 烧毁。图 5.43 的输入电压为 +12 V,如降低到 +11 V 则更加安全。

负电压转换电路在加电的瞬间通常会吸收输入电源很大的电流,如果电源内阻较大或者无法提供较大的瞬时电流,电路可能出现严重故障。这时可以尝试增加 C_4 的容量,增加软启动的时间。

使用 MP2307 制作负电压转换电路的效率相比正常的降压转换略低。如实测当输入电压为 +10V,输出电压为 +5V,负载为 20Ω 时,效率大约为 85%,芯片在不加散热措施的情况下基本不怎么发热;但负载相同,输出电压为 -5V 时,效率大约为 75%,该情况下芯片微热。

5.9 电源集成电路应用测试实践

5.9.1 固定输出的稳压电源集成电路应用测试实践

图 5.44 为三片集成电路组成的电源电路,其中 HT7544-2 和 78L05 均为三端稳压电源集成电路,不同之处是 HT7544-2 属于 LDO(低压差)产品,电路中 HT7544-2 的输入电压为 +5V,标称输出电压为 +4.4V。当开关 S_{11} 闭合时,78L05 的输入电压为 +8.8V,输出电压为 +5V(引脚1和引脚2之间的电压)。

图 5.44 中的 LM2662 是电荷泵电源变换集成电路,该电路可以将正电源变换成负电源,其基本原理是 LM2662 内部控制开关 S_{FC} 对外接电容 C_4 进行充电。充好后,开关将电容 C_4 从充电电路中断开,以隔离充进的电荷。然后,再通过开关将外接电容 C_4 连接到输出电容 C_5 上,传递刚才隔离的电荷。由于开关的周期性反复作用,故电路可以形成持续的等值负电压输出。

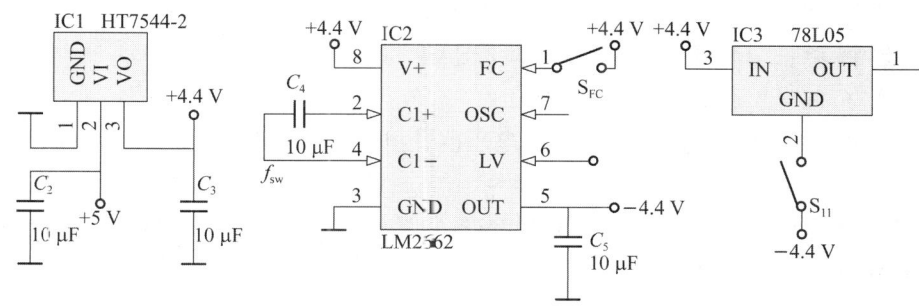

图 5.44 固定输出的稳压电源集成电路应用测试电路

固定输出的电源
集成电路
应用测试实践

对图 5.44 所示的电路可以进行如下测量。

(1) HT7544-2 的输入和输出电压的测量。加电后直接测量 HT7544-2 的引脚2的电位,即为其输入电压;加电后直接测量 HT7544-2 引脚3的电位,即为其输出电压,输出电压应在 +4.4V 左右。

(2) 78L05 的输入和输出电压的测量。闭合开关 S_{11} 后,在引脚3和引脚2之间测量输入电压,在引脚1和引脚2之间测量输出电压,输出电压应在 +5V 左右。

(3) LM2662 的输入和输出电压的测量。加电后直接测量 LM2662 的引脚8的电位,即为其输入电压,应在 +4.4V 左右;加电后直接测量 LM2662 的引脚5的电位,即为其输出电压,空载时应在 -4.4 V 左右,有负载时电压绝对值会相应下降。

(4) LM2662 的开关频率 f_{sw} 的测量。开关 S_{FC} 决定了开关频率的大小。当开关 S_{FC} 闭合(引脚 1 接正电源端)后加电,测量 LM2662 的引脚 4 上的信号频率,此时频率标称值为 75 kHz;当开关 S_{FC} 断开后加电,再测量 LM2662 的引脚 4 上的信号频率,此时频率标称值为 10 kHz。

5.9.2 LM317L 集成电路应用测试实践

图 5.45 为 LM317L 集成电路组成的可调输出稳压电源电路,通过 3 切 1 开关 S_{E1} 切换下端电阻得到三种不同的输出电压。

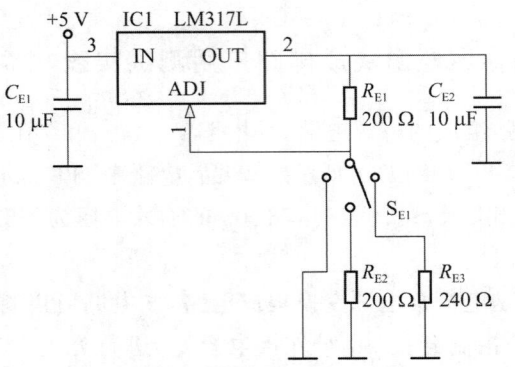

图 5.45 LM317L 集成电路应用测试电路

LM317L 集成电路应用测试实践

对图 5.45 所示的电路可以进行如下测量。

(1) 将开关打到左,测量引脚 2 的电位,即为电路的输出电压(理论值 1.25 V)。

(2) 将开关打到中,测量引脚 2 的电位(理论值 2.5 V)。

(3) 将开关打到右,测量引脚 2 的电位(理论值 2.75 V)。

(4) 将开关打到中,测量两个 200 Ω 电阻上的电压值,应近似相等,表明引脚 1 的电流 I_{adj} 接近 0 A。

(5) 假设 R_{E2} 和 R_{E3} 为负载,通过开关 S_{E1} 切换负载,测量 R_{E2} 和 R_{E3} 的电压,通过欧姆定律验证两个负载的电流相等,说明电路相当于恒流源。

5.9.3 MC34063A 集成电路应用测试实践

图 5.46 为 MC34063A 集成电路组成的 DC-DC 开关稳压电源电路,通过 2 切 1 开关 S_{F1} 切换接地点位置,可以得到不同极性的输出电压。

对图 5.46 所示的电路可以进行如下测量。

(1) 引脚 5 和引脚 4 之间的电压(基准电压 1.25 V)。

(2) 将开关 S_{F1} 打到 1 位置,从 C_{F3} 的负极输出负电源(理论值 -2.5 V)。

(3) 将开关 S_{F1} 打到 3 位置,从 C_{F3} 的正极输出正电源(理论值 $+2.5$ V)。

(4) 测量开关频率 f_{sw}(将开关 S_{F1} 打到 1 位置或者 3 位置,测量引脚 2 的信号频率)。

(5) 测量输出功率、输入功率、效率。

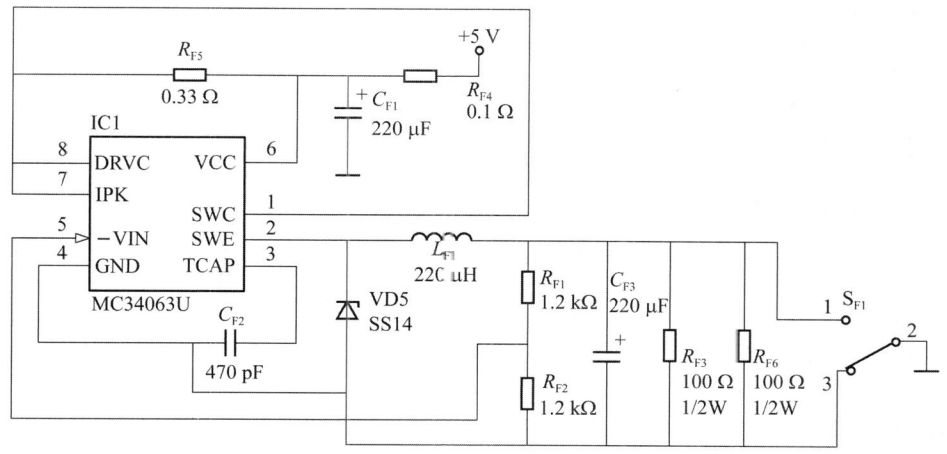

图 5.46 MC34063 集成电路应用测试电路

MC34063集成
路应用测试实践

5.10 习 题

1. LM7805 稳压电源如图 5.47 所示，加入 $V_I=+10\text{ V}$，则 V_O 为多少？此时的输入功率，输出功率，LM7805 上的功率分别是多少？如更改 $V_I=+12\text{ V}$ 和 $V_I=+6\text{ V}$，则 V_O 可能如何变化？

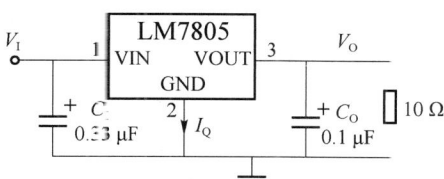

图 5.47 LM7805 稳压电源

2. LM317 电路如图 5.48 所示，如果输入电压降低到 10 V，输出电压应为多少？为什么？图中的二极管的作用是什么？电路正常工作时，二极管是什么偏置状态？

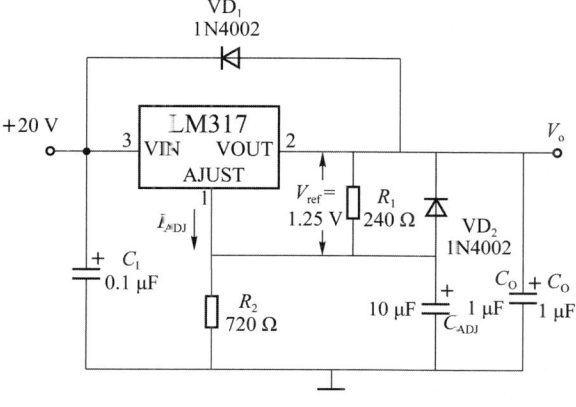

图 5.48 LM317 电路

3. LM2576 电路如图 5.49 所示，如果输入电压升高到 30 V，输出电压应为多少？为什么？图中的引脚 5 如果不接地而是与引脚 1 相连，是什么结果？

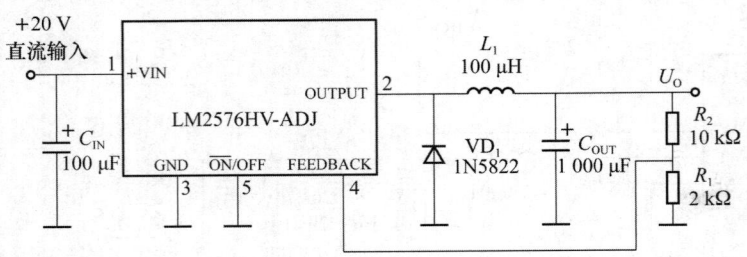

图 5.49　LM2576 电路

4. 某电路需要使用 +18 V 的电源供电，但是现在只有 +5 V 的电源，请使用 MC34063 或者 LM2577 搭建一个直流-直流变换电路，并画出完整的电路图。

5. 什么叫原边控制？什么叫副边控制？原边控制相比副边控制有什么好处？

6. 电源变换电路的软启动和延迟启动功能分别表示什么意思？它们有什么区别？

第 6 章　电池充电集成电路

6.1　CN3082 多种电池充电集成电路

CN3082 是上海如韵电子有限公司生产的多种电池充电器集成电路,可以对单节锂电池、单节磷酸铁锂电池、两节到四节镍氢电池等多种电池进行充电。该器件内部集成功率晶体管,使用时只需要极少的外围元件,并且符合 USB 总线技术规范,可以组装成 USB 供电的充电器,非常适用于便携式产品。CN3082 的热调制电路可以将芯片温度控制在安全范围内,芯片内部集成精度高达 1% 的电压比较器,可以精确设置终止电压。芯片内部集成 8 位 AD 转换电路,能够根据输入电压源的电流输出能力自动调整充电电流,可最大限度地利用输入电压源的电流输出能力达到较大的充电效率,非常适合应用于太阳能等电流输出能力有限的电压源供电的电池充电场合。CN3082 充电电流可以通过一个外部电阻来设置。CN3082 具备严格的单向充电性能,当输入电压掉电时,如太阳能电池遇到阴天和夜间,CN3082 将自动进入低功耗的睡眠模式,此时电池的电流消耗小于 3 μA。CN3082 在结温超过 115 ℃ 时会自动降低充电电流,不用担心因为过热而损坏芯片或者外部元器件。此外 CN3082 的功能还有输入电压过低锁存、电池低电压时涓流充电、自动再充电、电池温度监控以及状态指示等常规充电控制功能。CN3082 可以用于移动电话、数码相机、电子词典等便携式设备中需要对锂电池、镍氢电池、磷酸铁锂电池和铅酸电池充电的场合。

6.1.1　CN3082 充电集成电路的特性

CN3082 充电集成电路的主要特点如下。
（1）可以用 USB 接口或交流适配器对电池进行充电。
（2）片内集成功率晶体管。
（3）充电终止电压精度 1%。
（4）内部集成有 8 位 AD 变换电路,根据输入电压源的电流输出能力自动调整充电电流。
（5）可利用太阳能电池等输出电流能力有限的电压源为电池充电。
（6）在电池电压较低时采用小电流预充电模式以保护电池。
（7）用户可设置的持续充电电流可达 600 mA。
（8）采用恒流/恒温模式充电。
（9）电源掉电时自动进入低功耗的睡眠模式。
（10）状态指示输出可驱动 LED 指示和输入单片机。

（11）自动再充电功能。

（12）电池温度监测功能。

（13）封装形式为背面裸焊盘散热的 SOP8。

CN3082 的极限参数如表 6.1 所示。

表 6.1　CN3082 的极限参数

参数名	典型值	单位
引脚电压	$-0.3 \sim 6.5$	V
最高结温	150	℃
BAT 引脚短路持续时间	连续	
工作温度	$-40 \sim 85$	℃
储存温度	$-65 \sim 150$	℃
焊接温度(10 s)	260	℃

CN3082 的主要电气参数如表 6.2 所示。

表 6.2　CN3082 的主要电气参数

符号	参数名	条件	最小值	典型值	最大值	单位
V_{IN}	输入电压		4.45		6	V
I_{IN}	工作电流	BAT 端无负载	400	650	950	μA
V_{UVLO}	低电压锁存阈值	V_{IN} 上升		3.75	4	V
I_{BAT}	电池连接端电流	$R_{ISET}=3.9\ k\Omega$,恒流充电模式	400	500	600	mA
		$R_{ISET}=3.9\ k\Omega, V_{FB}=0\ V$	25	50	75	mA
		$V_{IN}=0\ V$,睡眠模式			3	μA
V_{PRE}	FB 脚电压预充电阈值	FB 引脚电压上升	1.08	1.54	1.6	V
V_{term}	恒流充电终止电压	FB 引脚电压上升	2.42	2.445	2.47	V
V_{RECH}	再充电阈值	FB 引脚电压下降	1.6	1.65	1.7	V
V_{SLP}	睡眠模式阈值	V_{IN} 下降 测量电压差($V_{IN}-V_{BAT}$)		40		mV
V_{SLPR}	睡眠模式解除阈值	V_{IN} 上升 测量电压差($V_{IN}-V_{BAT}$)		90		mV
V_{ISET}	ISET 引脚电压	$V_{FB}<1.54\ V$ 或 $V_{FB}>2.445\ V$		0.44		V
		$1.54\ V<V_{FB}<2.445\ V$		2.2		V
V_{HIGH}	TEMP 高端阈值(以 V_{IN} 为基准)	TEMP 引脚电压上升	77.5	80	82.5	%
V_{LOW}	TEMP 低端阈值(以 V_{IN} 为基准)	TEMP 引脚电压下降	42.5	45	47.5	%
I_{TEMP}	TEMP 输入电流	TEMP 到 V_{IN} 或到地端的电流			0.5	μA
I_{CHRG}	$\overline{CHRG}$ 下拉电流	$V_{CHRG}=0.3\ V$ 充电模式		10		mA
		$\overline{CHRG}$ 漏电流	$V_{IN}=0, V_{CHRG}=6\ V$			1	μA

注：$T_A=25$ ℃。

6.1.2 CN3082 的原理结构和引脚配置

CN3082 的原理结构如图 6.1 所示。

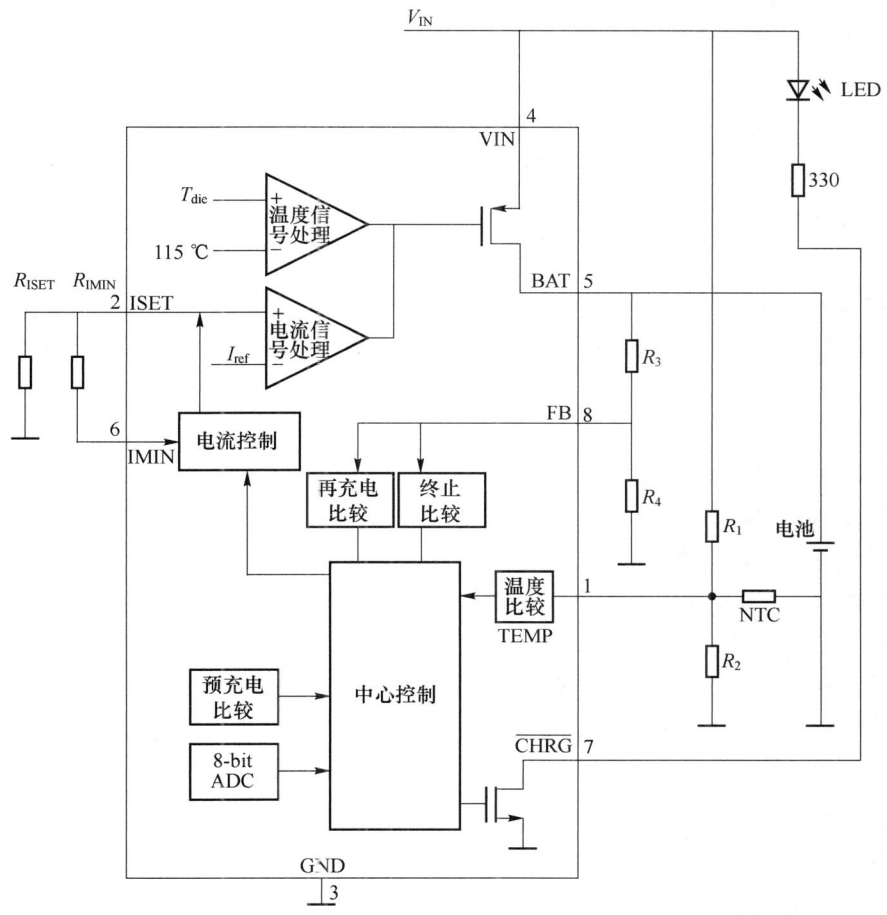

图 6.1 CN3082 的原理结构

CN3082 的引脚配置如图 6.2 所示。

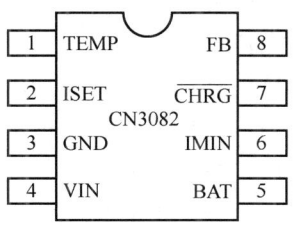

图 6.2 CN3082 的引脚配置(顶视)

引脚功能说明：

(1) 引脚 1、TEMP——电池温度检测输入端。将 TEMP 引脚接到电池的 NTC 传感器(负温度系数热敏电阻器,温度越高且阻越小)的输出端。如果 TEMP 引脚的电压小于输入电

压 V_{IN} 的 45% 或者大于 V_{IN} 的 80% 的时间超过 0.15 s,意味着电池温度过低或过高,充电将被暂停,进入电池温度故障状态。如果 TEMP 引脚的电压在输入电压的 45%～80% 的时间超过 0.15 s,则电池温度故障状态被清除,恢复充电。对于有些无 NTC 传感器的电池不需要温度监测功能,可以直接将 TEMP 引脚接地,如果芯片检测到 TEMP 引脚的电压为 0(引脚被接到地),会禁止电池温度监测功能。

(2) 引脚 4、VIN——电源正输入端。此引脚的电压为内部电路的工作电源。当 V_{IN} 比 BAT 引脚的电压低 40 mV 时,CN3082 将自动进入低功耗的睡眠模式,此时 BAT 引脚的电流小于 3 μA。此模式可以保护电池不被反向充电。只有当 V_{IN} 比 BAT 引脚电压大 90 mV 以上时,CN3082 才退出睡眠模式。

(3) 引脚 2、ISET——恒流充电的电流设置端。从 ISET 引脚连接一个外部电阻到地端,可以设置充电电流。在预充电状态和维持充电状态,此引脚的电压被内部电路控制在 0.44 V;在恒流充电状态,此引脚的电压被控制在 2.2 V。恒流充电电流由式(6.1)决定:

$$I_{CH} = 1\,950\ \text{V}/R_{ISET} \tag{6.1}$$

如 $R_{ISET}=10\ \text{k}\Omega$,则 $I_{CH}=195\ \text{mA}$。

(4) 引脚 3、GND——电源地。

(5) 引脚 5、BAT——电池连接端。将电池的正端连接到此引脚,BAT 引脚内部连接功率管向电池提供充电电流。在睡眠模式下,BAT 引脚的电流小于 3 μA。

(6) 引脚 6、IMIN——维持电流设置端。在恒流充电状态,电池电压会逐渐上升,当电池电压达到所设置的恒流充电终止电压时,恒流充电状态就会马上结束,以免引起电池过充。之后,CN3082 进入维持充电状态,并以较小的维持电流对电池充电,而且只要有输入电压,CN3082 就会一直以维持电流向电池充电。维持电流的大小由式(6.2)决定:

$$I_{MIN} = (0.44/R_{ISET} + 0.44/R_{IMIN} - V_{IN}/R_{IMIN}) \times 886 \tag{6.2}$$

如果式(6.2)为负值或者 0,则意味着维持电流为 0。所以维持电流可设置的范围为 0 到恒流充电电流的 20%。当不需要进行维持充电时,可以计算好 R_{IMIN} 的值,以使计算的 I_{MIN} 为负值即可。有些自放电比较高的电池,可以适当设置维持充电电流以平衡自放电。

(7) 引脚 7、$\overline{\text{CHRG}}$——漏极开路输出的充电状态指示端。如需要 LED 充电指示,可以串接 LED 和限流电阻到 V_{CC}。当 CN3082 处于预充电或者恒流充电状态时,引脚被内部开关管拉到低电平,指示充电正在进行;否则引脚处于高阻态,指示未进入充电状态。此引脚也可以接上拉电阻后给单片机指示充电状态信息。

(8) 引脚 8、FB——电池电压反馈输入端。电池电压经过分压后通过此引脚反馈到 CN3082。当 FB 引脚电压小于 1.54 V 时,CN3082 处于预充电状态(电流为恒流充电的 20%);当 FB 引脚电压在 1.54～2.445 V 时,CN3082 处于恒流充电状态;当 FB 引脚电压上升到 2.445 V 时,CN3082 结束恒流充电状态,进入小电流的维持充电状态。所以此时电池端对应的电压为:

$$V_{BAT} = 2.445 \times (1 + R_3/R_4) \tag{6.3}$$

从式(6.3)可见,R_3 和 R_4 的阻值决定了 CN3082 的 V_{BAT} 电压,通过设置 R_3 和 R_4 的阻值可以设置充电终止电压。如果电池种类为锂电池,一般要求充电终止电压为 4.2 V,这时可以设置 $R_3=7.18\ \text{k}\Omega$,$R_4=10\ \text{k}\Omega$。表 6.3 举例表示了几种常见电池类型的设置。

第 6 章 电池充电集成电路

表 6.3 CN3082 终止充电电压 V_{BAT} 设置参考

R_3/kΩ	R_4/kΩ	V_{BAT}/V	电池种类
7.18	10	4.2	单节锂电池
4.7	10	3.6	单节铁锂电池
1.8	10	2.88	两节镍氢电池

在维持充电阶段，若 FB 引脚电压下降到 1.65 V，CN3082 将开始新的充电周期。在实际应用中，也可以通过将输入电压断电，然后再重新连接以开始一个新的充电周期。

6.1.3 CN3082 的典型应用及制作要点

5 V 供电（可接 USB 接口）的 CN3082 典型铁锂电池充电电路如图 6.3 所示，由于铁锂电池要求的充电终止电压为 3.6 V，所以需要合理设置 R_3 和 R_4 的阻值。

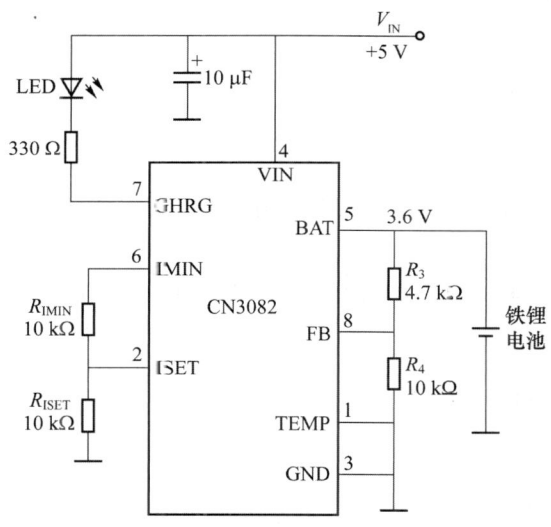

图 6.3 CN3082 的典型应用电路

1. 元件选择

R_{IMIN} 和 R_{ISET} 都选择 10 kΩ，恒流充电电流为 195 mA，维持充电电流为 0，R_3 选择 4.7 kΩ，R_4 选择 10 kΩ，充电终止电压为 3.6 V。电容选择普通电解电容。

2. 制作要点

充电电流设置电阻 R_{ISET} 要尽可能靠近 ISET 引脚，在布线上要使引脚 ISET（引脚 2）的寄生电容尽量小，以得到精确的恒流充电电流。

VIN 引脚的旁路电容的电容量为 10 μF，BAT 引脚的电阻分压网络要尽可能靠近 CN3082，连接 FB 引脚的导线要尽量短。

在充电时，电流达 200 mA，CN3082 的温度可能比较高，通过 PCB 散热是比较好的办法，对输出最大充电电流很关键。所以每个引脚（尤其是 GND 引脚）的铜层的面积应尽可能大，可以多放些通孔来提高散热能力，布局时也要给以充分考虑。CN3082 背面裸露焊盘，可以将其焊接到 PCB 的大面积地端铜线上，以达到最大的散热性能。如散热不良，芯片的温度超过

115 ℃,将引发 CN3082 的温度保护电路,自动减小充电电流。

6.2 BQ2000 可编程多种电池快速充电集成电路

BQ2000 是美国 TI 公司生产的可编程多种电池快速充电管理集成电路(1998 年 Unitrode 公司收购了电源管理方面比较有名 Benchmarq,不久,Unitrode 又被美国 TI 公司收购),采用双列 8 脚封装。BQ2000 将充电控制所需的各单元电路集成在一片 IC 内,芯片内包含的运算器可使整个电路控制更精确,操作更安全,功能更完善。BQ2000 芯片可对镉镍、镍氢、锂离子电池进行单独或者组合可编程快充电。它具有检测电池类型并进行相应的优化充电和中止充电功能,可避免欠充、过充对电池的损坏,从而实现安全可靠的快速充电控制。BQ2000 的高频开关充电电路效率很高,具有保护功能全,使用安全可靠的特点。

根据不同的电池类型,BQ2000 根据以下规则结束充电:
(1) 峰值电压检测(对镉镍、镍氢电池);
(2) 最小充电电流检测(对锂离子电池);
(3) 最高温度检测(对所有电池);
(4) 最大充电时间检测(对所有电池)。

出于安全考虑,当电池充电电压、温度到达用户定义值时(即可编程),BQ2000 可自动中止充电。如果电池电压低于电池电压下限值,BQ2000 采用涓流充电方式对电池充电,以便过放电的电池恢复正常。对镍氢电池,BQ2000 提供优化的上限电压充电中止功能来使电池充电充足。

6.2.1 BQ2000 充电集成电路的特性

BQ2000 充电集成电路的主要特点如下。
(1) 可用于镉镍、镍氢或锂电池的快速充电管理。
(2) 由于采用高频开关电路结构,所以该集成电路效率很高。
(3) 可实现对电池的充电短路、损坏或过热等的预检测。
(4) 通过峰值电压、最小充电电流(锂离子电池)、最高温度和最长充电时间检测实现中止快充电。
(5) 对镍氢电池充电充足后可选择中止充电模式。
(6) 对因深度放电而损坏的电池可采用可编程涓流充电模式来激活,也可以用于电池充电后的维护。
(7) 具有检测电池是否放入或者离开充电器的功能。
(8) 具备低功耗的休眠工作模式。

6.2.2 BQ2000 的原理结构和引脚配置

BQ2000 的原理结构如图 6.4 所示。
BQ2000 的引脚配置如图 6.5 所示。
BQ2000 的引脚功能如表 6.4 所示。

第6章 电池充电集成电路

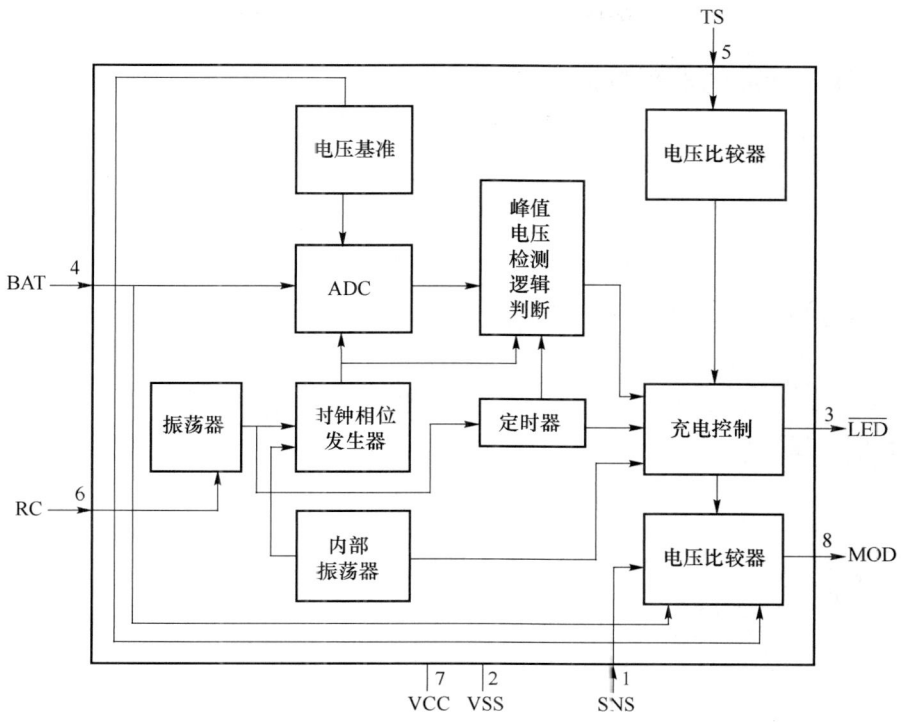

图 6.4 BQ2000 的原理结构

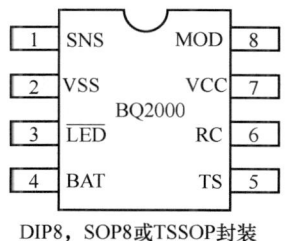

DIP8,SOP8或TSSOP封装

图 6.5 BQ2000 的引脚配置(顶视)

表 6.4 BQ2000 的引脚功能

编号	名称	功能描述
1	SNS	电流检测输入,通过外部电阻检测电池的充电电流
2	VSS	芯片地
3	$\overline{\text{LED}}$	充电状态指示,开漏输出(通/断/闪烁显示充电状态)
4	BAT	电池电压输入,通过外部电阻分压电路来检测电池电压
5	TS	电池温度检测输入,通过外部电阻分压和电池上的负温度系数的热敏电阻来设定温度的上、下限值
6	RC	充电定时编程输入。用以编程最大充电时间,保持时间、充电脉冲占空比、开启/关闭 top-off 功能(仅对镉镍/镍氢电池)
7	VCC	芯片电源(4~6 V,静态电流 0.5 mA 典型值)
8	MOD	调制控制输出,为推挽输出,用以控制电池充电电流。该引脚为高电位时对电池充电,低电位时中止充电

137

6.2.3 BQ2000 的典型应用电路

BQ2000 的典型应用电路如图 6.6 所示。

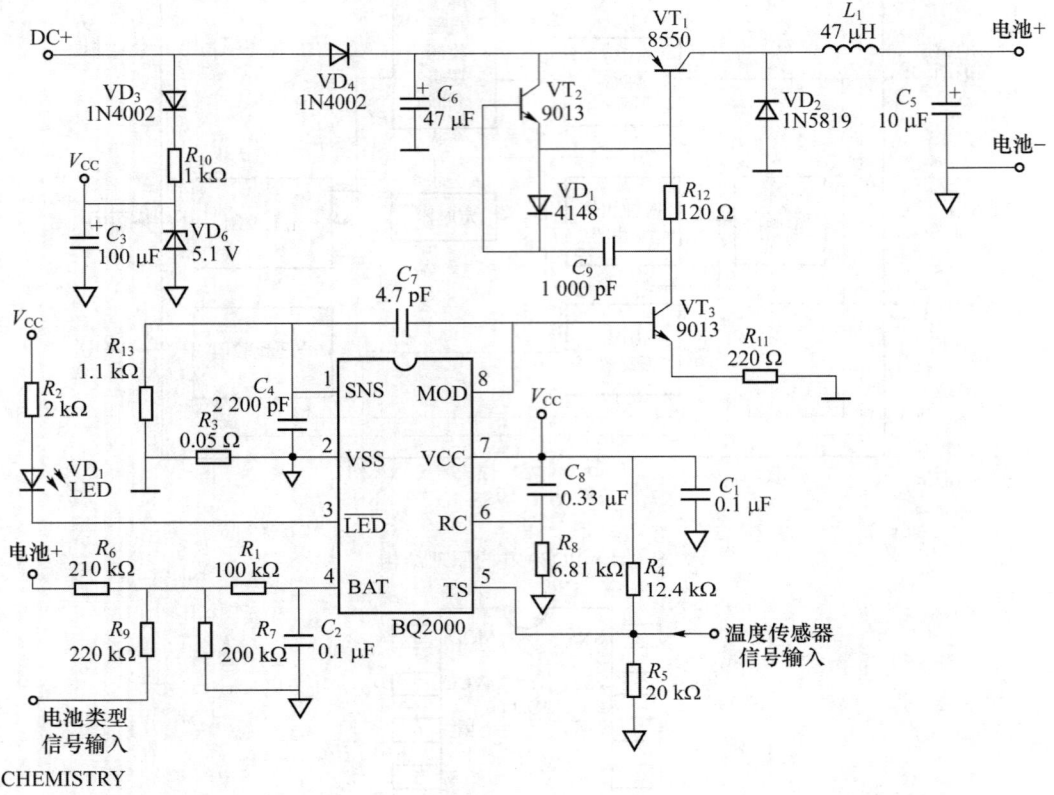

图 6.6 BQ2000 的典型应用电路

其中:

(1) 对锂电池 CHEMISTRY 端悬空,对镍氢或镍镉电池 CHEMISTRY 端连到电池。

(2) DC 输入:9～16 V。

(3) 可接单节锂电池或者三节镍氢/镍镉电池充电,充电电流为 1 A。

(4) 如果追求更大的功率或者效率,可以将 VT_1 更换成为 P 沟道 MOS 管。

BQ2000 外接 MOS 管的应用电路如图 6.7 所示。

BQ2000 能自动判别电池种类,而且针对不同类型电池有着严格的充电算法和终止控制。具体可以参考 TI 公司的规范书。

另外,TI 公司的 BQ 系列充电 IC 中还有包含内部功率管的 BQ24030 等型号,应用电路更加简洁,采用了智能功率路径管理等先进技术。

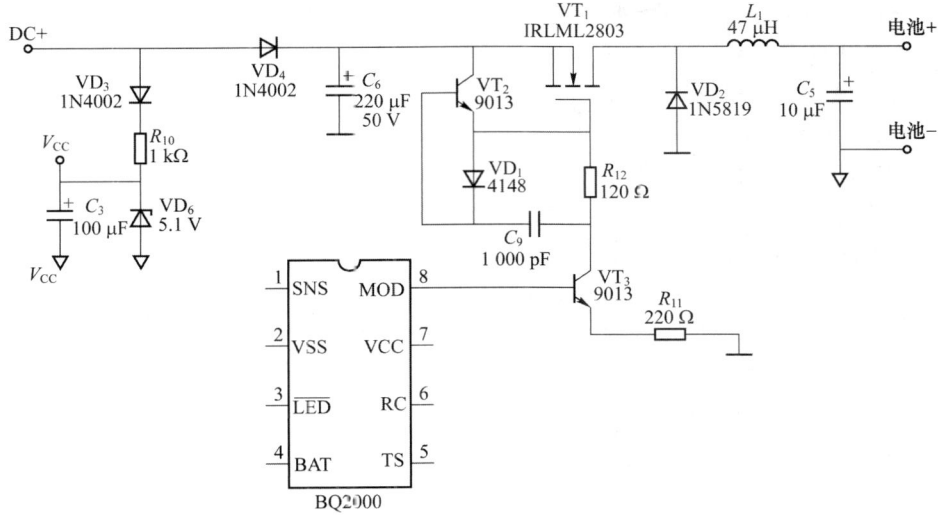

图 6.7　BQ2000 外接 MOS 管的应用电路

6.3　TP4057 单节锂电充电集成电路

TP4057 是南京拓微集成电路有限公司生产的 500 mA 线性单节锂离子电池充电器集成电路,带电池正负极反接保护,非常适合万能充电,采用恒定电流/恒定电压的线性控制方式。TP4057 采用小巧的 SOT23 封装,较少的外部元件数使该电路使用起来相当简单。TP4057 适合 USB 和交流适配器等电源工作。

TP4057 内部集成了 PMOSFET,有防倒充电路,不需要外部检测电阻和外部隔离二极管。热反馈电路可对充电电流进行自动调节,当温度过高时,通过限制充电电流来自动调节芯片。充满电压固定于 4.2 V,充电电流可通过外部电阻进行设置。当电池电压达到 4.2 V 之后,若充电电流降至设定值的 1/10,TP4057 将自动终止充电。

当输入电压被去掉时,TP4057 自动进入一个低电流状态,电池漏电流在 2 μA 以下,很好地防止了电池对充电器反放电。TP4057 还有充电电流监控、欠压闭锁、自动再充电和两个可用于指示充电结束和输入电压接入的状态引脚。

6.3.1　TP4057 充电集成电路的特性

TP4057 充电集成电路的主要特点如下。
(1) 锂离子电池正负极反接保护。
(2) 最高可达 500 mA 的可编程充电电流。
(3) 无须 MOSFET、检测电阻或隔离二极管。
(4) 适用于单节锂离子电池。
(5) 恒定电流/恒定电压充电方式,安全实现充电速率最大化的热调节功能。
(6) 可直接使用 USB 端口。
(7) 4.2 V 预设充电电压(精度达到±1%)。
(8) 最高输入可达 9 V。
(9) 自动再充电。

(10) 开漏的两个输出引脚用于指示充电状态。
(11) 充电电流降低到 1/10 时充电终止。
(12) 待机模式下的供电电流为 40 μA。
(13) 2.9 V 涓流充电器件版本。
(14) 软启动限制了浪涌电流。
(15) 采用小巧的 6 引脚 SOT-23 封装。

TP4057 的极限参数如表 6.5 所示。

表 6.5 TP4057 的极限参数

参数名	典型值	单位
输入电源电压	−0.3～9	V
PROG 引脚电压	−0.3 V～V_{CC}+0.3 V	V
BAT 引脚电压	−4.2～7	V
$\overline{CHRG}$ 引脚电压	−0.3～10	V
BAT 短路持续时间	连续	
BAT 引脚电流	500	mA
PROG 引脚电流	800	μA
最高结温	145	℃
工作温度	−40～85	℃
储存温度	−65～125	℃
焊接温度(10 s)	260	℃

TP4057 的主要电气参数如表 6.6 所示。

表 6.6 TP4057 的主要电气参数

符号	参数名	条件	最小值	典型值	最大值	单位
V_{CC}	输入电源电压		4	5	9	V
I_{CC}	输入电源电流	充电模式,R_{PROG}=10 kΩ		150	500	μA
		待机模式,充电终止		40	100	μA
V_{FLOAL}	稳定电压(浮充)	I_{BAT}=40 mA	4.158	4.2	4.242	V
I_{BAT}	BAT 引脚电流	R_{PROG}=10 kΩ,电流模式	90	100	110	mA
		R_{PROG}=2 kΩ,电流模式	380	400	420	mA
		R_{PROG}=1.6 kΩ,电流模式	480	500	520	mA
		待机模式,V_{BAT}=4.2 V		−2.5	−6	μA
		停机模式,R_{PROG}未接		±1	±2	μA
		睡眠模式,V_{CC}=0 V		−1	−2	μA
I_{TRIKL}	涓流充电电流	V_{BAT}<V_{TRIKL},R_{PROG}=10 kΩ	10	15	20	mA
V_{TRIKL}	涓流充电门限电压	R_{PROG}=10 kΩ,V_{BAT} 上升	2.8	2.9	3.0	V
	涓流充电迟滞电压	R_{PROG}=10 kΩ	60	80	100	mV
	V_{CC} 欠压闭锁门限	V_{CC} 由低到高	3.4	3.6	3.8	V
	V_{CC} 欠压闭锁迟滞		150	200	300	mV

续表

符号	参数名	条件	最小值	典型值	最大值	单位
V_{PROG}	P_{ROG}引脚电压	$R_{PROG}=10\ \text{k}\Omega$	0.9	1.0	1.1	V
V_{CHRG}	$\overline{CHRG}$输出低电压			0.3	0.6	V
	再充电门限(降低量)		100	150	200	mV
R_{ON}	功率管导通电阻			650		mΩ

注:$T_A=25\ ℃$。

6.3.2 TP4057的原理结构和引脚配置

TP4057的原理结构如图6.8所示。

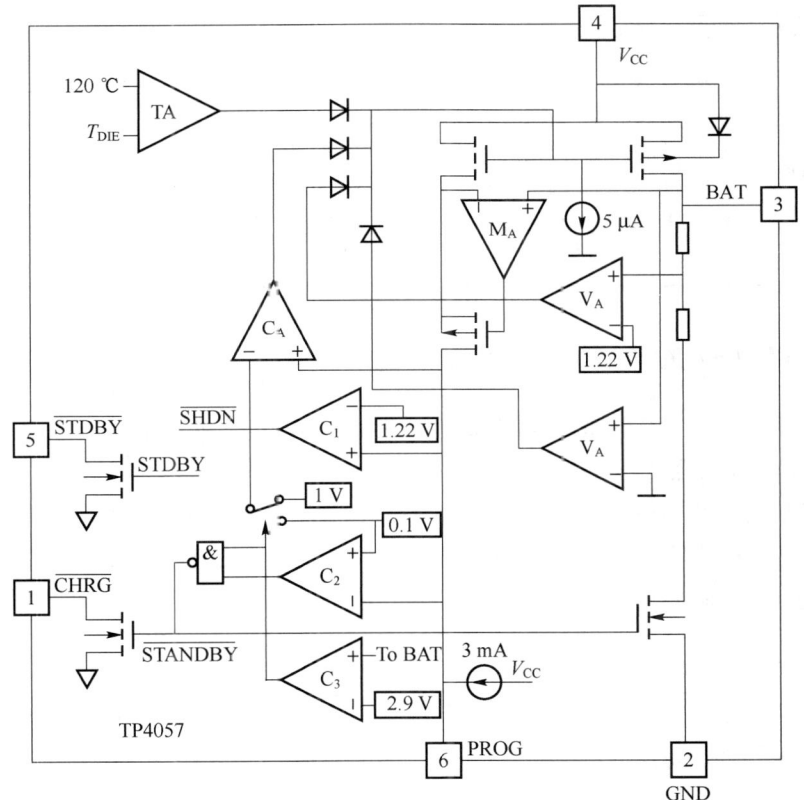

图 6.8 TP4057 的原理结构

TP4057只有6个引脚,其引脚配置如图6.9所示。

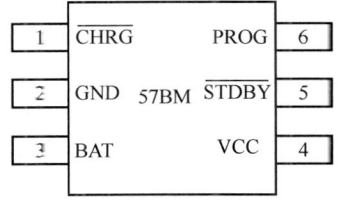

图 6.9 TP4057 的引脚配置(顶视)

TP4057 的引脚功能如表 6.7 所示。

表 6.7　TP4057 的引脚功能

引脚	名称	功能
1	$\overline{\text{CHRG}}$	充电状态指示端。漏极开路输出,充电时,$\overline{\text{CHRG}}$脚在内部被拉到低电平,表示充电正在进行,否则为高阻态
2	GND	地
3	BAT	充电电流输出。该引脚向电池提供充电电流并将最终浮充电压调节至 4.2 V。该引脚内接一个精准电阻分压器设定 4.2 V 的浮充电压,在停机模式中,该内部电阻分压器被断开
4	VCC	电源电压正输入。该引脚向充电器供电。VCC 应通过一个至少 1 μF 电容器进行旁路。当 VCC 降到低于 BAT 引脚电压 30 mV 以内,TP4057 将进入停机模式,从而使 IBAT 降至 2 μA 以下
5	$\overline{\text{STDBY}}$	充电完成指示端。当充电完成时$\overline{\text{STDBY}}$被内部开关拉到低电平,表示充电完成;否则为高阻态
6	PROG	充电电流设定、监控端。在该引脚与地之间连接一个精度为 1% 的电阻 R_{PROG} 可设定充电电流。当在恒流模式下进行充电时,该引脚电压被维持在 1 V。利用 PROG 引脚还可用来关断充电器,当该引脚的电压达到 2.7 V 的停机门限电压时,充电器将自动进入停机模式,充电停止且输入电源电流降至 40 μA。如将电阻 R_{PROG} 与地断开,内部的 2.5 μA 电流将 PROG 引脚拉至高电平而停机,重新将 R_{PROG} 与地相连将恢复正常操作状态。 $R_{\text{PROG}}=1\,000/I_{\text{BAT}}$　($I_{\text{BAT}} \leqslant 0.3$ A),如当需要设置 $I_{\text{BAT}}=0.2$ A 时,$R_{\text{PROG}}=5$ kΩ

6.3.3　TP4057 的典型应用

TP4057 的引脚和应用电路都相当简单,具体的充电过程和功能描述详见厂家的规范文件。下面是 TP4057 几种常用的应用电路。

接耗散电阻的单节锂电池充电器电路如图 6.10 所示,无电池状态为绿灯亮红灯闪,充电时红灯亮绿灯灭,充满后红灯灭绿灯亮。接耗散电阻可以使 TP4057 上的功耗降低,因为 TP4057 有限温电流调节功能,所以能得到更大的输出充电电流。

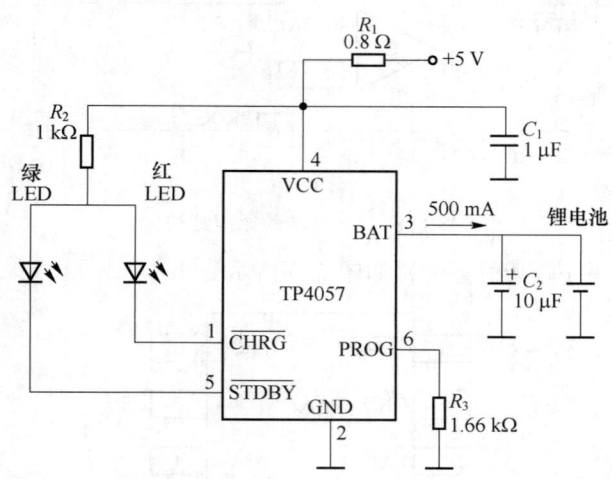

图 6.10　接耗散电阻应用电路

在有些应用中,需要在输入电源端进行极性反向电压保护,防止电压反接而损坏电路。如果电源电压足够高时,可单独采用一个串联隔离二极管,例如 1N4002。这时候如电源正接,二极管上会分得 0.7 V 左右的压降;如反接,电路将得不到电压而不能工作。在其他必须保持低降压的场合,可以采用一个 P 沟道 MOSFET,如图 6.11 所示。

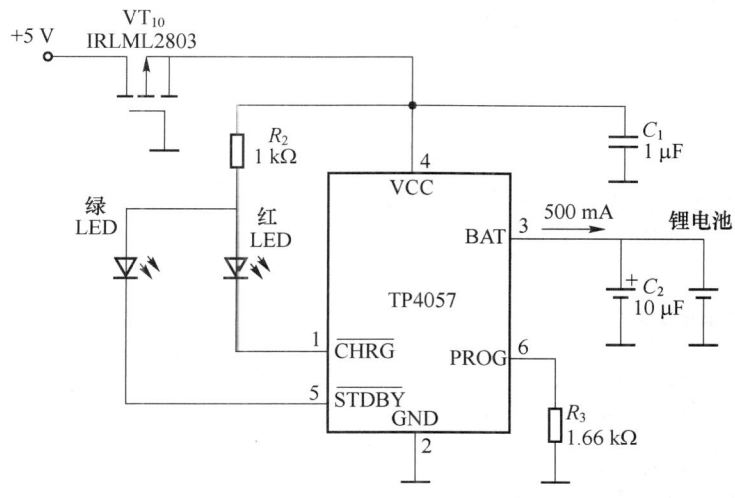

图 6.11 输入反向极性保护应用电路

输入反向极性保护应用电路如图 6.12 所示,电路在 BAT 端和 VCC 端接了一个 100 kΩ 的电阻,无电池不闪灯,其他状态同图 6.10。

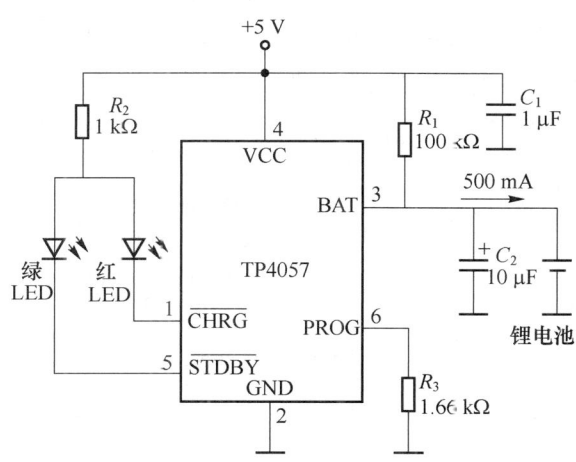

图 6.12 无电池不闪灯应用电路

无电池双灯全灭应用电路如图 6.13 所示,电路在 BAT 端和 VCC 端接了一个 5 kΩ 的电阻,无电池双灯全灭,其他状态同图 6.10。但是由于 5 kΩ 电阻的作用,当电池充满停止时,仍然将有 0.15 mA 左右的充电电流。

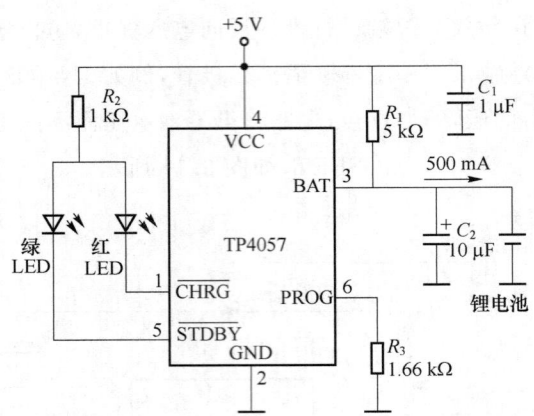

图 6.13 无电池双灯全灭应用电路

6.3.4 TP4057 使用注意事项

TP4057 使用注意事项如下。

(1) TP4057 测试中，芯片 BAT 端(引脚 3)应直接连接电池正极，不可串联线圈式电流表，测试电流可接在芯片 VCC 端。

(2) TP4057 应用中，VIN 端和 BAT 端分别接 1 μF 和 10 μF 的电解电容，主要是为了防止尖峰和毛刺电压，保证在各种情况下 TP4057 仍可以可靠使用。在 PCB 设计时，所有电容位置尽可能靠近芯片，不宜过远。

(3) 采用 SOT23 封装的散热能力有限，大电流应用时(400 mA 以上)，如散热效果不佳可能引起充电电流受温度保护而减小。若 TP4057 温度过高，电流不能满足要求，可根据实际电源电压设计热耗散电阻，从而得到较大充电电流。一般热耗散电阻为 0.5~1 Ω，调试时，将芯片 VCC 端的输入电压调整到 4.6 V 为最佳。同样，良好的 PCB 板布局可以有效减小在大电流充电应用中温度对电流的影响，如 TP4057 附近 PCB 板放置大面积铜，甚至多设置通孔来散热、增加散热片等。

(4) 由于芯片工艺限制，实际测量时停止充电电压可能低于 4.2 V，如 4.18 V 甚至 4.15 V 等，可以采取增加一个电阻的方法来提高截止充电电压，如图 6.14 所示。

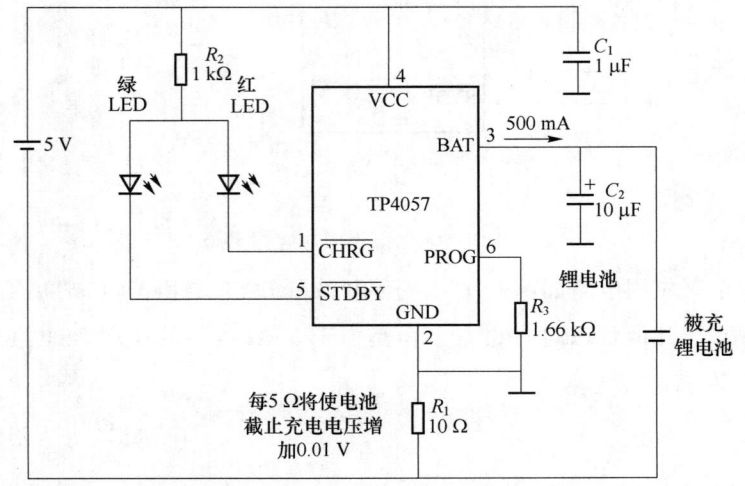

图 6.14 TP4057 增加截止充电电压的方法

6.4　电池充电集成电路应用测试实践

图 6.15 为 TP4057 的应用测试电路,图中 R_{Z2} 为 10 kΩ,定义的充电电流为 0.1 A。

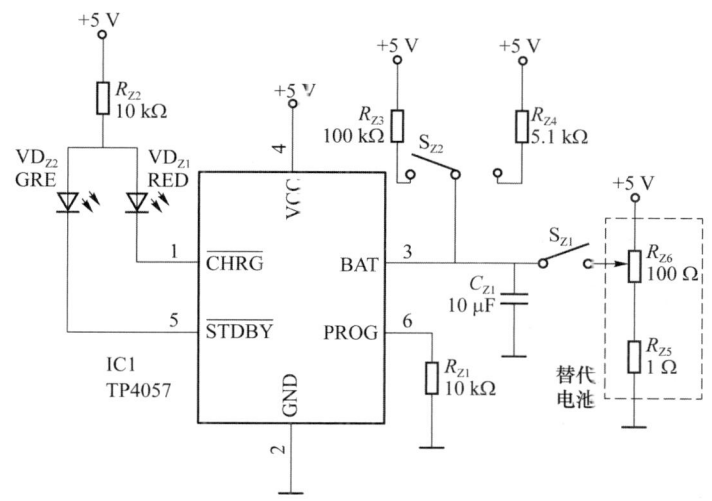

图 6.15　TP4057 应用测试电路

电池充电集成电路
应用测试实践

对图 6.15 所示的电路可以进行如下测试。

(1) 无电池的三种指示模式测试。S_{Z2} 定义了无电池的三种情况,引脚 3 悬空时绿灯亮红灯闪,引脚 3 接 100 kΩ 上拉电阻时绿灯亮红灯灭,引脚 3 接 5.1 kΩ 上拉电阻时绿灯和红灯全灭。在 S_{Z1} 断开的情况下,调整 S_{Z2} 可以观察到上述三种指示情况。

(2) 充电、充满自停功能测试和阈值电压的测量。闭合 S_{Z1},模拟接入电池的情况。监视 R_{Z6} 的输出电压,调节 R_{Z6},使得输出电压从 3 V 开始上升,直至 4.2 V 左右,电路从红灯亮绿灯灭(充电状态)转变成红灯灭绿灯亮,表示充满自停。此时的 R_{Z6} 的输出电压可以被认为是电池充满自停的阈值电压。

(3) 引脚 6 的基准电压的测量。引脚 6 的功能是设定充电电流,当所接电阻为 10 kΩ 时,充电电流不超过 100 mA,由内部基准电压控制。在步骤 2 的基础上(R_{Z6} 的输出电压为 4.2 V 左右),监视 PROG(引脚 6)的电压,逐渐调低 R_{Z6} 的输出电压。此时,随着 R_{Z6} 输出电压降低,充电电流会增加,引脚 6 的电压逐渐增加,直到达到最大值 1 V 左右后停止,此值即为引脚 6 内部的基准电压。

6.5　习　　题

1. 可充电池充满后如果继续充电可能导致电池损坏,通过本章的学习,你认为终止充电可能会依据哪些条件?

2. 对可充电池进行安全充电,往往需要限制其哪些物理量的大小?

3. 三节镍氢电池充电电路如图 6.16 所示,已知一节镍氢电池的充电终止电压为 1.44 V,应该将 R_4 设置为多大?图中电路所设定的充电电流为多大?维持充电电流为多大?

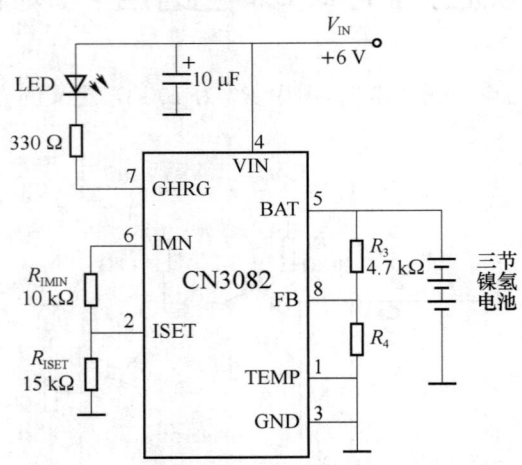

图 6.16 三节镍氢电池充电电路

4. 利用两只 LM317T 设计一个对锂电池充电的电路,要求充电终止电压为 4.2 V,充电电流最高为 300 mA,画出详细电路图并说明工作原理。(参考 LM317 相关章节内容)

5. 充电电池充满后的额定容量为 2 000 mAh,如果以 1 A 电流放电,可持续多久?如果电池完全放电后按 10 h 充满,则充电电流应为多少?(忽略充电损耗)

6. 手机锂电池为了防止过充电、过放电以及极性反接,往往在电池两端会连接一块保护小板,查阅相关书籍和资料,试画出这种保护板的电路图。

第 7 章　LED 显示控制集成电路

7.1　LM3914 点/线图形 LED 显示驱动器及其应用

LM3914 是前美国国家半导体公司生产的,可以实现单片模拟电压检测,并且驱动 10 个 LED 线性显示电压的大小。因为 LM3914 可以通过一个引脚配置点/线方式的显示,驱动电流在 IC 内部稳流而且可编程,所以不需要增加外部限流电阻。LM3914 的电源电压可以低至 3 V。

7.1.1　LM3914 的特性

LM3914 的主要特点如下。
(1) 驱动 LED,通过增加其他元件可以驱动 LCD、真空荧光管等。
(2) 用户设置点/线模式。
(3) 可扩展级联到 100 级。
(4) 内部参考电压为 1.2~12 V。
(5) 电源电压可低至 3 V。
(6) 输出电流为 2~30 mA。
(7) LED 驱动输出为集电极开路模式,稳流输出。
(8) 输出可以与 TTL 或者 CMOS 电平接口。
LM3914 的极限参数如表 7.1 所示。

表 7.1　LM3914 的极限参数

参数名	典型值	单位
电源电压	25	V
输入信号过压	±35	V
分压	$-100\ mV \sim V_+$	V
参考负载电流	10	mA
储存温度	$-55 \sim 150$	℃
耗散功率	1 365	mW
焊接温度(10 s)	260	℃

7.1.2 LM3914 的原理结构和引脚配置

LM3914 的内部原理结构如图 7.1 所示。

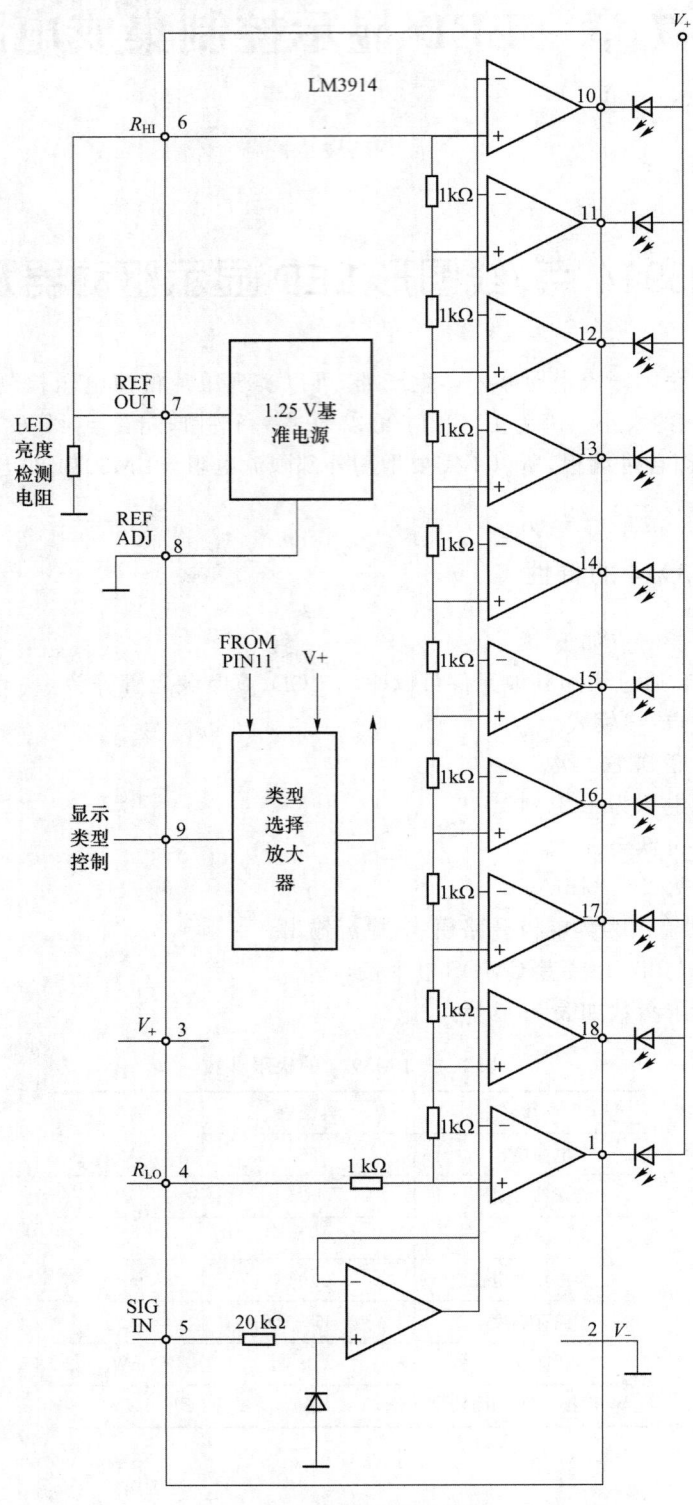

图 7.1 LM3914 的内部原理结构

LM3914 的引脚配置如图 7.2 所示。

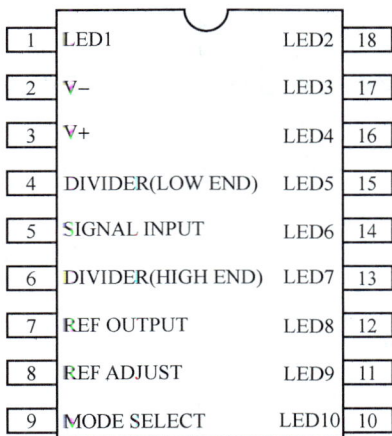

图 7.2 LM3914 的引脚配置(顶视)

LM3914 的引脚功能如表 7.2 所示。

表 7.2 LM3914 的引脚功能

引脚	功能	引脚	功能
1	LED1 阴极	18	LED2 阴极
2	负电源	17	LED3 阴极
3	正电源	16	LED4 阴极
4	低端电压输入	15	LED5 阴极
5	信号输入	14	LED6 阴极
6	高端电压输入	13	LED7 阴极
7	基准电压输出	12	LED8 阴极
8	基准电压设定	11	LED9 阴极
9	模式设定(接 V_+ 为线模式)	10	LED10 阴极

7.1.3 LM3914 的典型应用电路

LM3914 的典型应用电路如图 7.3 所示,引脚 9 接 V_+,所以输出线状光柱,参考输出电压公式为 $V_{ROUT}=1.25(1+R_2/R_1)$,按上述阻值,计算可得 $V_{ROUT}=5\,V$,也就是说将输入信号和 5 V 电压进行比较,如果输入电压在 5 V 以上,光柱全亮,线性指示了信号电压值。LED 电流:

$$I_{LED}=12.5/R_1=10.42\ mA$$

7.1.4 LM3914 组成的酒精探测仪

1. 电路组成

LM3914 组成的酒精探测仪电路如图 7.4 所示。

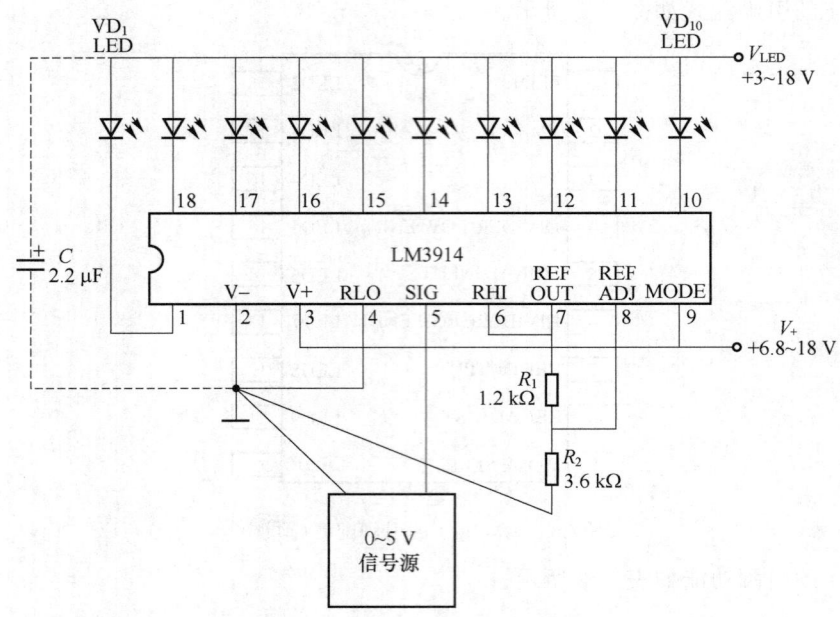

图 7.3　LM3914 的典型应用电路

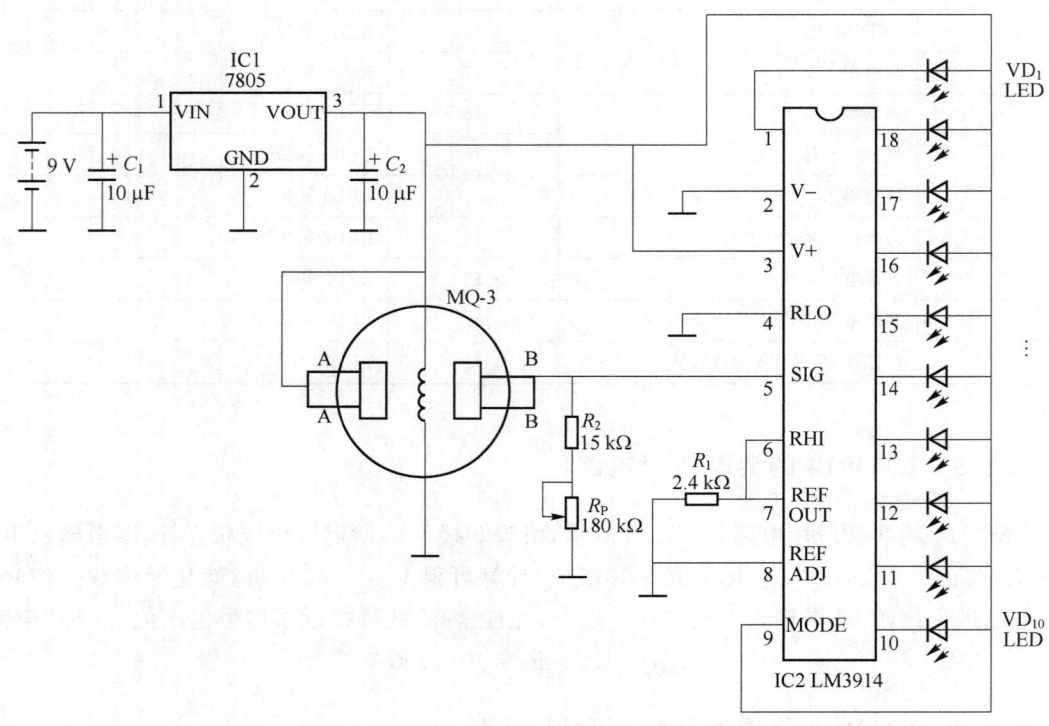

图 7.4　LM3914 组成的酒精探测仪电路

本电路采用酒精气体敏感元件作为传感器，由 LM3914 对信号进行处理，并驱动一排发光二极管按信号电压高低依次显示。只要向探头吹一口气，探测仪就能显示出气体的酒精浓度的高低。

电源部分使用三端固定输出集成稳压器7805稳压,输出稳定的5 V电压给气敏传感器MQ-3和LM3914供电,同时也作为10个共阳极发光二极管(或者LED光柱)的电源。因此,外部电路就相当简单。

2. 工作原理

酒精浓度不同,气敏传感器A、B两端的电阻也不同,将经过与R_2和R_P串联后形成的电压送至LM3914的输入端(引脚5),通过10级比较放大,驱动发光二极管依次发光。参考输出电压为1.25 V,所以当B端电压为1.25 V时,LED光柱全亮。电位器R_P用于调节输入灵敏度,对"地"电阻调小时灵敏度下降;反之,灵敏度增加。LM3914的6脚与7脚互为短接,且串联电阻R_1接地。改变R_1的阻值可以调整发光二极管的显示亮度,当阻值增大时亮度减弱;反之更亮。LM3914的2脚、4脚、8脚均接地。3脚、9脚接电源+5V(集成稳压器IC1的输出端),并联在IC1输入与输出端的电容C_1和C_2用来防止杂波干扰,使IC1输出的直流电压保持平稳。

3. 元件选择

电源可以选择直流9 V 500 mA规格的,IC1选择78M05或者7805,MQ-3为气敏传感器,中部为其加热电阻丝,电阻要选用1%精度,IC2使用LM3914,LED可以使用普通LED或者LED光柱。为了达到最好的显示效果,可以将LED分成红、绿、黄三色,分别指示酒精浓度高、中、低。

4. 制作要点

气敏传感器的加热必须使用稳定电源,如电源不稳定将影响测试结果的一致性。

7.1.5 LM3914组成的速度显示器

1. 电路组成

速度显示器电路如图7.5所示,由LM2917频率电压转换电路和2片LM3914 LED电压线状显示电路组成。

2. 工作原理

汽车转速传感器,输出为脉冲信号,频率与转速呈线性关系,信号进入LM2917进行频率电压的转换,R_{P1}调整量程范围。2片LM3914按图7.5接线可以形成级联应用,将只能进行10级LED显示的LM3914扩展成可以进行20级显示。调节好后可以做到用20只LED表示200 km/h的量程。

3. 制作要点

很多LED显示、数码管显示、LCD显示的电路因为单片容量的限制,往往在设计集成电路时就确定使用级联应用的方法来扩充显示的位数。本电路为线状级联应用,也可以稍加修改,改成点状级联。

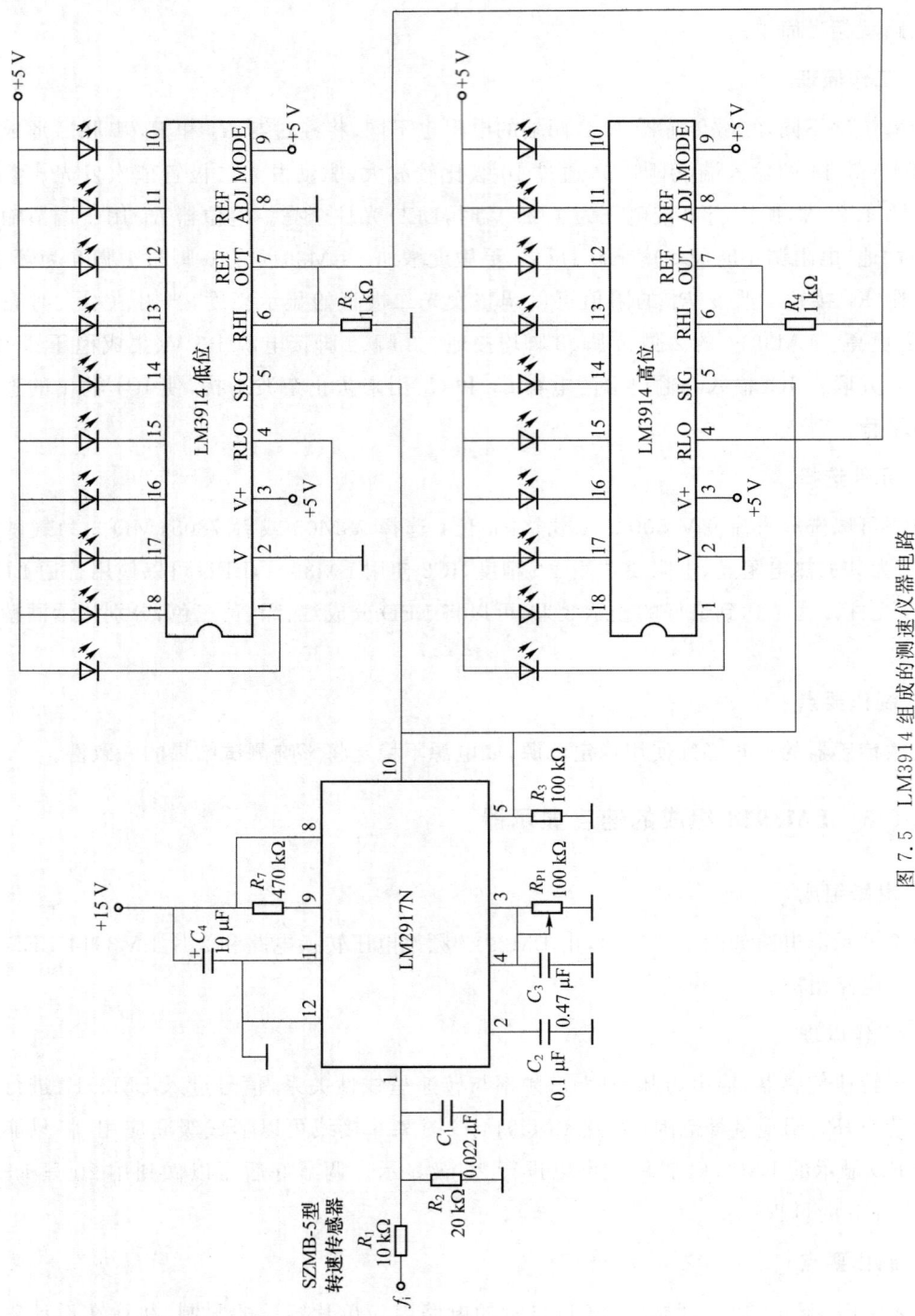

图 7.5 LM3914 组成的测速仪器电路

7.1.6　LM3914制作汽车蓄电池电压检测器

1. 电路组成

汽车蓄电池电压检测器电路如图7.6所示,该电路相当于展宽刻度的动点式电压表,可用于测量汽车或者摩托车中12 V蓄电池的电压状态,为1片LM3914组成的LED电压点状显示电路,直接使用蓄电池供电。

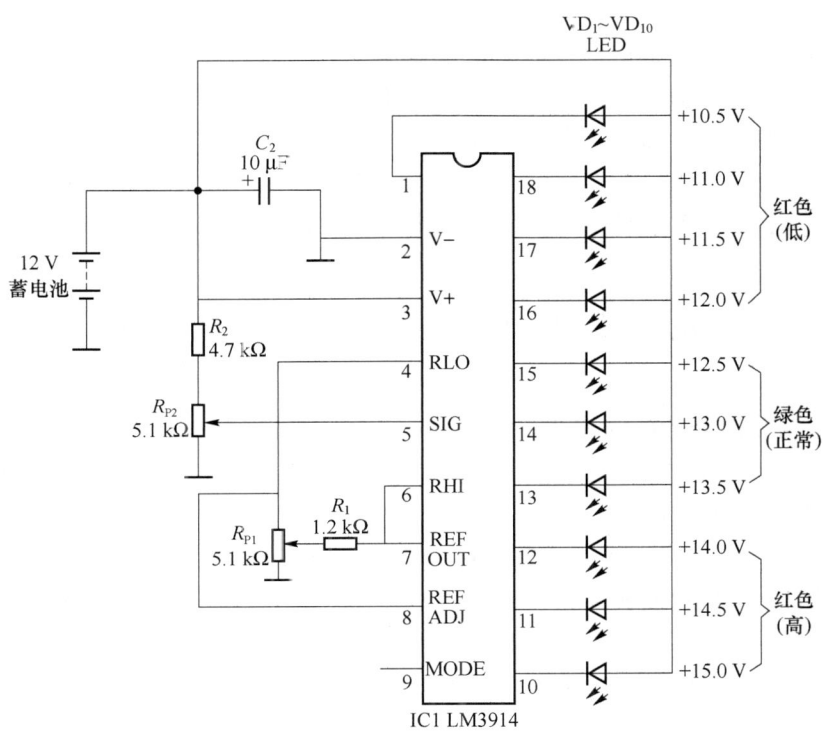

图7.6　LM3914汽车蓄电池检测器电路

2. 工作原理

LM3914的引脚4、引脚6分别为10级电阻分压器的低端和高端,R_1和R_{P1}用来预置各电压比较器的输出电流,即通过$LED_1 \sim LED_{10}$的电流。引脚7、引脚8在芯片内部为1.25 V基准电压,调整经过R_{P1}的值,R_1和R_{P1}提供2.50~3.75 V的直流基本测量范围,而引脚5上的输入信号则由电池电压经R_2和R_{P2}分压获取。LED显示器采用红、绿两种LED,当V_{CC}在12~14 V正常范围时,绿色LED发光;若V_{CC}在10~12 V或14~15 V时,红色LED发光表示低压或者高压告警。

LM3914内部设有迟滞电路,显示不是从一个LED立刻跳到另一个LED,而是平缓过渡,这样有利于消除噪声干扰,可以改善输入信号快速变化时引起的闪烁现象。由于内部电阻分压器的顶端和低端是浮接的,所以电压测量范围可以灵活设置,经过修改电阻参数可以将本电路应用于其他范围的电压指示。

3. 元件选择

固定电阻可以选择金属膜电阻,可调电阻可以选择 3296 精密可调电阻。

4. 制作要点

LM3914 内部有一个逻辑控制电路,通过引脚接不同信号来选择点显示或条显示。当需要显示高度变化时,可以选择条状显示状态,此时将引脚 9 和引脚 3 相连即可。

待全部元件焊接完毕并对照电路图检查无误后,就可对此检测器实行标定。可采取如下方法:

(1) 将 V_{CC} 接 15 V 直流电压。调节 R_{P2} 使最高端的 LED(引脚 10 上的)刚好发光。

(2) 将 V_{CC} 接 10 V 直流电压。调节 R_{P1} 使最低端的 LED(引脚 1 上的)刚好发光。

(3) 反复调整数次后,将此表接于汽车电池对应的正负两端即可。

(4) 使用万用表监视引脚 4 和引脚 6 的电压,通过调节 R_{P1} 使得它们分别为 2.50 V 和 3.75 V,再将 V_{CC} 接 10 V 直流电压,调节 R_{P1} 使 LED(引脚 1 上的)刚好发光。

7.2　ICM7216 八位频率计集成电路及其应用

ICM7216 为美国 INTERSIL 公司生产的单片多功能频率计集成电路,包含 A、B、D 三个版本,可以直接驱动八位 LED 数码管实现频率或者计数显示。它包含高频振荡器、十进制计数器、八位十进制计数锁存器、七段译码器和 LED 驱动器等电路,在单元计数模式下,计数频率可达 10 MHz。它的输入端是两个数字输入口,在一些应用中可能需要放大器、电平转换缓冲等对信号进行合适的预处理。

ICM7216A 和 ICM7216B 可以用于频率计数器、周期计数器/频率比计数器、时间间隔计数器/累加计数器。对于周期和时间间隔测量,电路的 10 MHz 时钟基准给出了一个 0.1 μs 的分辨率。在频率模式下,用户可以选择 0.01 s、0.1 s、1 s 和 10 s 的累积时间。如果选择累积时间为 10 s,频率可显示到 0.1 Hz 的分辨率。在所有量程中,测试间隔时间均为 0.2 s。ICM7216D 只有上面所述的频率计数器的功能。

ICM7216 各版本的频率显示单位均为 kHz,ICM7216A 和 ICM7216B 的时间显示单位为 μs,ICM7216A 的输出电流为 25 mA,应接共阳极数码管,ICM7216B 和 ICM7216D 的输出电流为 12 mA,应接共阴极数码管。在显示关闭模式下,ICM7216 的数字和笔段驱动均被关闭,这样数码管显示器可以用于其他功能。

宁波甬晶微电子有限公司也生产了兼容产品 NB7216D,在频率范围、工作电压范围、功耗及显示驱动能力等方面有更加优越的表现,可以直接代换。如频率可达 40 MHz,电压可低至 2 V。

7.2.1　ICM7216 的特性

ICM7216 所有版本的特点如下。

(1) 频率范围为直流到 10 MHz。

(2) 四个内部用于频率测量的闸门,时间分别为 0.01 s、0.1 s、1 s、10 s。

(3) 直接驱动 8 位数码管。
(4) 5 V 单电源工作。
(5) 采用 1 MHz 或 10 MHz 的高稳定度振荡器。
(6) 内部产生小数点、数字间消隐、前导零消隐和溢出指示等。
(7) 显示关闭模式可以关闭显示并将芯片降低到低功耗。
(8) 保持和复位输入端使得产品具有更多的灵活性。
(9) 小数点可以外部设置(仅 ICM7216D)。

ICM7216 的极限参数如表 7.3 所示。

表 7.3 ICM7216 的极限参数

参数名	典型值	单位
最大电源电压	6.5	V
最大位输出电流	400	mA
最大段输出电流	60	mA
工作温度范围	−20～85	℃
储存温度范围	−65～150	℃
焊接温度(10 s)	260	℃

7.2.2 ICM7216 的原理结构和引脚配置

ICM7216 的原理结构如图 7.7 所示。

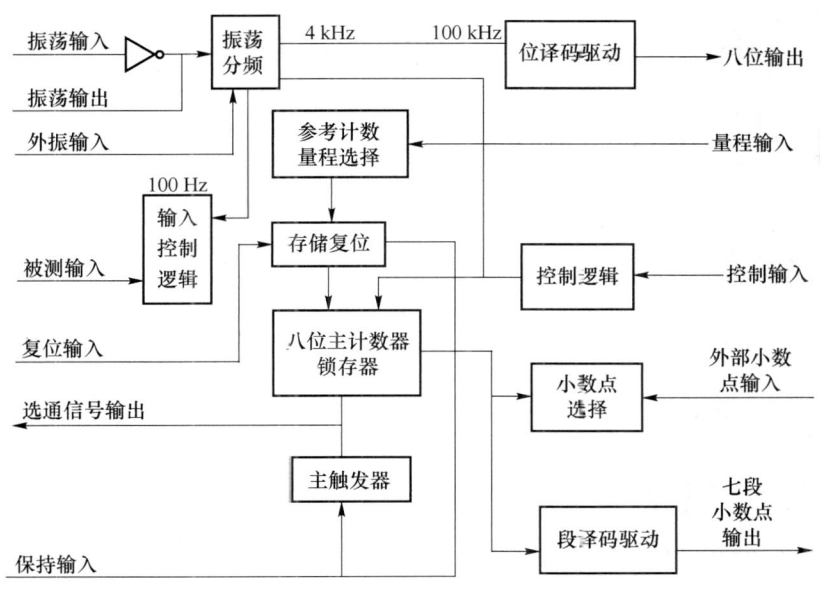

图 7.7 ICM7216 的原理结构

ICM7216D 的引脚配置如图 7.8 所示。
ICM7216D 的引脚功能如表 7.4 所示。

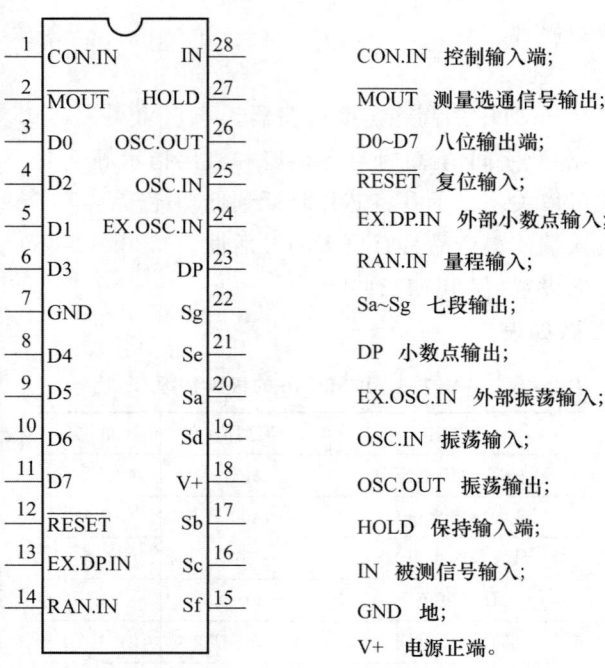

CON.IN 控制输入端；
$\overline{\text{MOUT}}$ 测量选通信号输出；
D0~D7 八位输出端；
$\overline{\text{RESET}}$ 复位输入；
EX.DP.IN 外部小数点输入；
RAN.IN 量程输入；
Sa~Sg 七段输出；
DP 小数点输出；
EX.OSC.IN 外部振荡输入；
OSC.IN 振荡输入；
OSC.OUT 振荡输出；
HOLD 保持输入端；
IN 被测信号输入；
GND 地；
V+ 电源正端。

图 7.8 ICM7216D 的引脚配置（顶视）

表 7.4 ICM7216D 的引脚功能

引脚	功能	引脚	功能
1	控制输入端，该引脚与位线 D1、D2、D3、D4 中的某一位相连，分别用于选择不同的测试功能	28	被测信号入端
2	采样时间输出端	27	显示保持输入端，高电平有效
3~6	分别为 D0、D2、D1、D3 位输出端，接数码管公共端（数码管按 D7~D0 排列）	26	内部振荡器外接晶振的输出端
7	GND 电源的地端	25	内部振荡器外接晶振的输入端
8~11	分别为 D4、D5、D6、D7 位输出端，接数码管公共端	24	外部振荡器输入端
12	复位端，低电平有效	23	内部十进制小数点输出端，内部小数点逻辑控制单元根据当前量程作出判断，与位线一起选择并点亮相应的小数点
13	外部小数点输入端	19~22	daeg 笔段
14	量程选择输入端，用位驱动线 D1、D2、D3、D4 选择不同的量程	18	VDD，电源的正端
		15~17	fcb 笔段

7.2.3 ICM7216D 组装的频率计电路

1. 电路组成

ICM7216D 组装的频率计电路如图 7.9 所示，由被测信号前置处理电路、自检信号电路以及ICM7216D和外围电路组成。

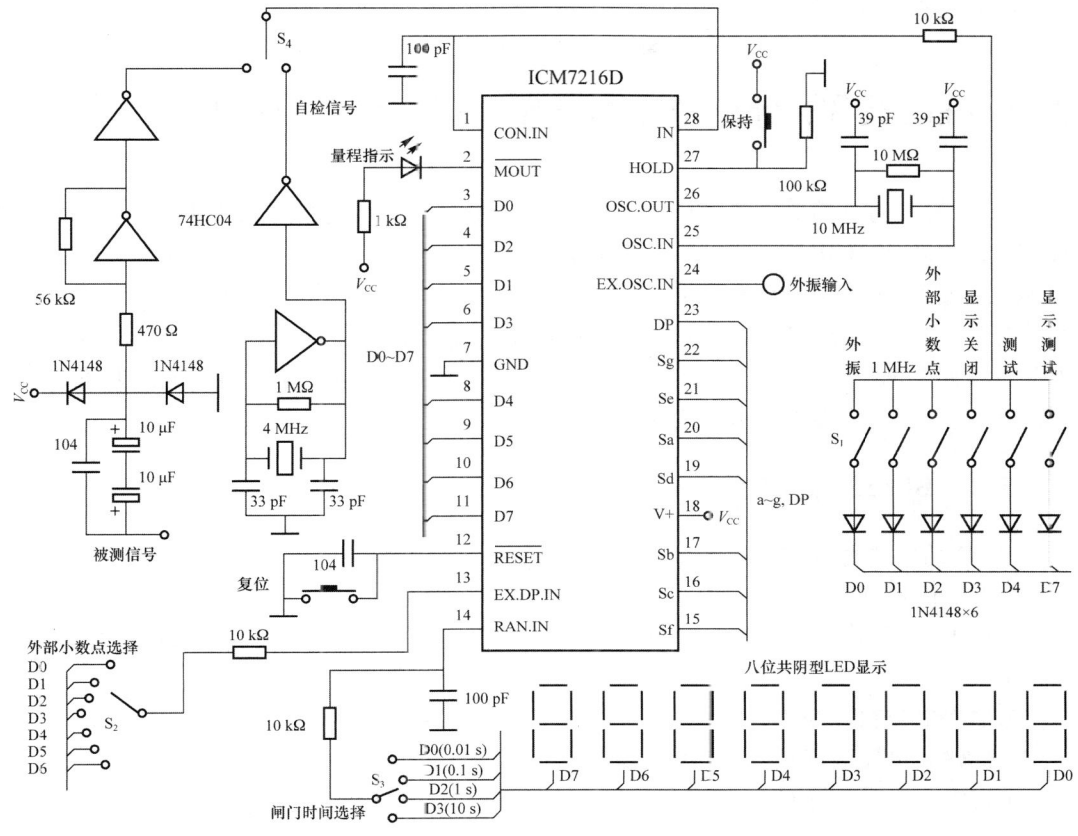

图7.9　ICM7216D组装的频率计电路

2．工作原理

被测信号通过3个电容后被滤去直流分量,然后被两级74HC04反相器处理成标准的CMOS信号连接到ICM7216D的信号输入引脚28,通过ICM7216D的脉冲计数处理后得到的计数值即为被测信号的频率,直接通过八位共阴LED数码管显示出来。引脚1分别通过开关和二极管接到D0、D1、D2、D3、D4和D7上,可单独选择六种不同功能(允许使用外部振荡器、1 MHz选择、允许使用外部小数点设置、显示关闭、测试、显示测试)中的一种。引脚2通过LED和电阻接到V_{CC},指示测量过程,只有当电路正在测量时,LED才亮。引脚12接复位按钮可以人工复位,同时接电容到地,起到开机自动复位作用。引脚13为外部小数点选择功能,用于人工设置小数点位置。引脚14接D0、D1、D2、D3可分别得到0.01 s、0.1 s、1 s和10 s等不同的闸门时间。引脚24为外部振荡输入端,只有当引脚1接到D0时才启用,这时引脚25和引脚26的晶振不起作用。

3．元件选择

频率计IC选用ICM7216D型,不能用后缀为A或B型的,也可以使用国产的NB7216D,反相器选一片74HC04,作为频率测试仪器的10 MHz主晶振要选择精确度高的。

4．制作要点

如果使用国产的NB7216D,因真频率响应为40 MHz,较国外芯片高很多,且工作电压范围较宽。如芯片总电流过大可能导致温度较高,将芯片的工作电压降为4.3 V更为可靠,将一只1N4004二极管串入电压端即可实现。

7.3　BL8532升压恒流白光LED集成电路及其应用

BL8532是上海贝岭股份有限公司生产的,它是针对低电源电压下白光LED应用的直流-直流升压恒流芯片,采用开关型PFM控制模式。BL8532可以给一个、多个并联或多并两串LED提供恒流供电。由于内部集成了限压保护,故BL8532在负载短路或开路的情况下均不会烧毁芯片和外围电路。BL8532可通过外接电阻使输出电流值恒定在0~500 mA,也可以通过外部电阻调节输出2.5~6 V的可调稳定电压。BL8532电路集成了高性能的基准电压模块,保证输出电压的高精度及低温度漂移。

7.3.1　BL8532的特性

BL8532的主要特点如下。
(1) 极低的启动电压,$I_{OUT}=1$ mA时启动电压为0.8 V。
(2) 输出电流可调(由外接电阻调节,0~500 mA),或由外部电阻调节输出可调稳定电压(2.5~6 V)。
(3) 输出电流精度为±10%。
(4) 低输出电流温度漂移:±100 ppm/℃。
(5) 仅需4个外部元件。
(6) 效率高达80%。
(7) 根据反馈电压不同有6个版本。

BL8532的极限参数如表7.5所示。

表7.5　BL8532的极限参数

参数名	典型值	单位
电源电压	−0.3~10	V
LX脚开关电压	−0.3 V~V_{OUT}+0.3 V	V
CE脚电压	−0.3 V~V_{OUT}+0.3 V	V
IFB脚输入电压	−0.3 V~V_{OUT}+0.3 V	V
LX脚输出电流	1.5	A
允许最大功耗(SOT89-5)	0.5	W
储存温度	−40~125	℃
工作温度	−20~85	℃
焊接温度(10 s)	260	℃

BL8532的主要电气参数如表7.6所示。

第7章 LED显示控制集成电路

表7.6 BL8532的主要电气参数

符号	参数名	条件	最小值	典型值	最大值	单位
V_{START}	启动电压	$I_{OUT}=1$ mA,V_{IN}:0→2 V		0.8	0.9	V
V_{HOLD}	保持电压	$I_{OUT}=1$ mA,V_{IN}:2→0 V	0.6	0.7		V
I_{DD}	静态电流	LX悬空,$V_{CE}=V_{IFB}$,$V_{OUT}=3.3$ V,$V_{IN}=2.5$ V		20	30	μA
I_{NOLOAD}	不带载电流	OUT和IFB端不接负载,$V_{IFB}=0$		100	150	mA
I_{LX}	开关管合闸电流	$V_{LX}=0.4$ V,$V_{IFB}=0$	700			mA
I_{LXLEAK}	开关管漏电流	$V_{OUT}=V_{LX}=V_{IFB}=6$ V			1	μA
I_{LEAK}	CE为"L"时的芯片漏电流(OUT端)	$V_{OUT}=3.3$ V,$V_{CE}=0$,X和IFB悬空	<0.1		0.5	μA
f_{OSC}	振荡频率	$V_{IFB}=0$	300	350	400	kHz
M_{AXDTY}	占空比		70	75	80	%
η	效率	$I_{OUT}=300$ mA		80		%
V_{CEH}	CE为"H"时的输入电压	V_{CE}:0→2 V(逐渐缓慢升高至芯片工作)	0.6	0.9		V
V_{CEL}	CE为"L"时的输入电压	V_{CE}:2→0 V(逐渐下降至不工作)	0.3	0.6		V
V_{OM}	最大输出电压(无负载)	OUT和IFB端不接负载,$V_{IN}<V_{OUT}$	7.0	7.2	7.4	V
I_{OM}	最大输出驱动能力	$V_{IFB}=0$,$V_{OUT}=3.3$ V		500		mA

注:默认测试条件为$V_{IN}=2.5$ V,$V_{CE}=V_{OUT}=3.3$ V,$R=33$ Ω,$T_A=25$ ℃,有特殊说明除外。

7.3.2 BL8532的原理结构和引脚配置

BL8532的原理结构如图7.10所示。

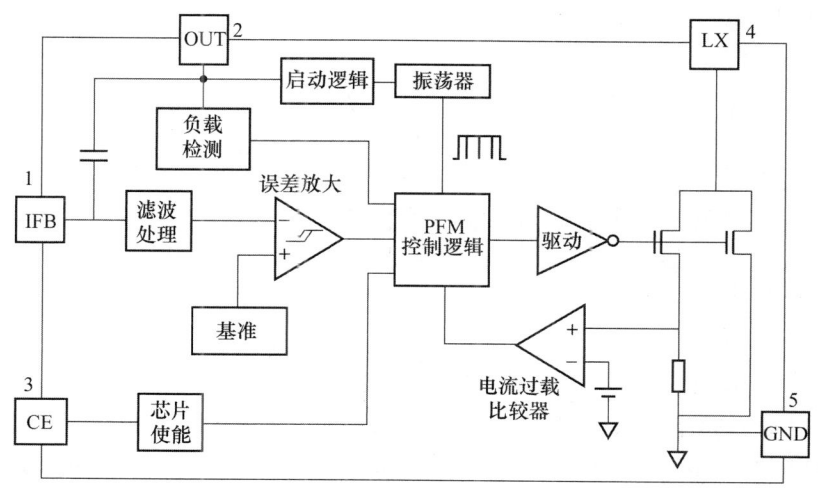

图7.10 BL8532的原理结构

BL8532 的引脚配置如图 7.11 所示。

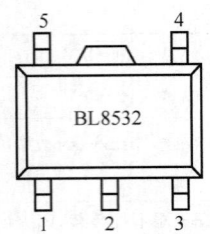

图 7.11　BL8532 的引脚配置（顶视）

BL8532 的引脚功能如表 7.7 所示。

表 7.7　BL8532 的引脚功能

引脚	符号	功能
1	IFB	电流反馈端
2	OUT	输出电压监测,内部电路,供电引脚
3	CE	使能端
4	LX	开关引脚
5	GND	接地引脚

7.3.3　BL8532 的典型应用

由 1.5 V 电池供电的 BL8532 驱动一颗 1 W 白光 LED 的电路如图 7.12 所示。二极管应选用肖特基二极管（正向压降 0.3 V 左右，电流 0.3 A），如 1N5817、1N5819、1N5822。电感选用 27 μH（$R<0.5\ \Omega$），输出电容选用 100 μF 钽电容，补偿电容选用 22 μF 钽电容。BL8532 根据反馈电压不同有 6 个版本，如 BL8532-40 的反馈电压为 400 mV。这里 R_0 要选择 1.33 Ω，电路才可以得到 300 mA 的 LED 驱动电流。

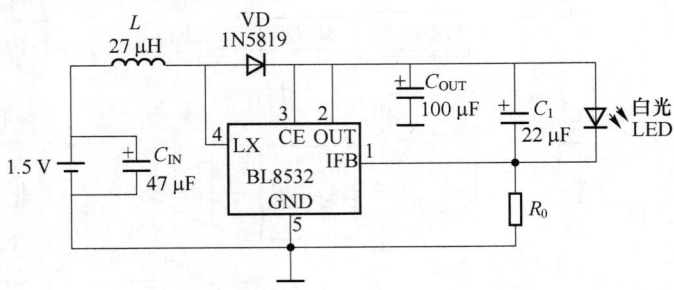

图 7.12　BL8532 驱动一颗 1 W 白光 LED 电路

BL8532 驱动多颗小功率白光 LED 的电路如图 7.13 所示。BL8532 可使用 BL8532-10 型，其反馈电压为 100 mV。这里 R_0 要选择 10 Ω，电路才可以得到 10 mA 的 LED 驱动电流。

BL8532 组成的恒定电压电路如图 7.14 所示。该电路可以和其他直流-直流变换器一样作为电压源使用，BL8532 可使用 BL8530-40 型，其反馈电压为 400 mV。根据计算 $V_{OUT}=$

$0.4(1+R_1/R_2)=3.3\text{ V}$。这里 R_1 选择 290 kΩ, R_2 选择 40 kΩ。

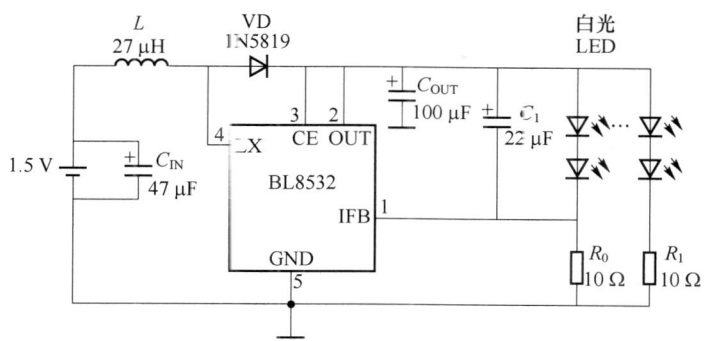

图 7.13 BL8532 驱动多颗小功率白光 LED 电路

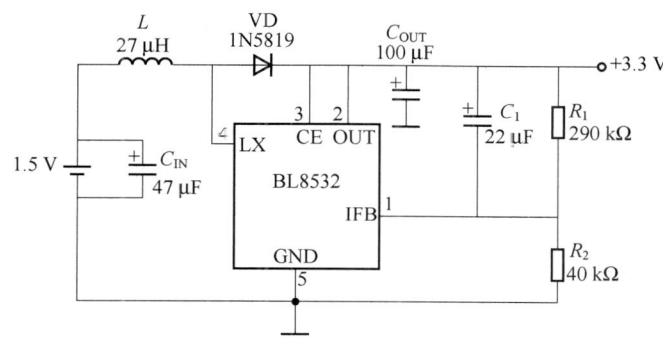

图 7.14 BL8532 恒定电压应用电路

7.4 NB9560 高精度 LED 数字闹钟电路及其应用

NB9560 是宁波甬晶微电子有限公司全新设计的高精度 LED 数字闹钟电路,为传统数字钟集成电路 LM8560 的升级产品。其功能与 LM8560 相同但性能大幅提升。NB9560 采用先进的低压、低功耗半导体生产工艺,可直接驱动双阳极 LED 显示屏显示时间,并带有闹钟功能。

7.4.1 NB9560 的特性

NB9560 的主要特点如下。

(1) 采用先进的低压、低功耗半导体生产工艺,工作电压为 5 V 时工作电流小于等于 50 μA。

(2) 采用标准的 32768 晶振作为频率基准,走时精度高。

(3) 备用电池为 3 V 时的浮充电流小于等于 3 mA,工作电流小于等于 10 μA。

(4) 工作电压范围宽,为 2~5 V,可使用 CR2032 等微型电池作为后备电池。

(5) 采用时分复用方式直接驱动双阳极 LED,电网掉电时可关闭 LED 显示。

(6) 内置快速时、分设置功能,具备 12 h AM/PM 和 24 h 两种显示方式。

(7) 可预置 24 h 内的闹钟,900/2 000 Hz 闹铃输出,可重复使用打盹和睡眠定时功能(59 min 或 1 h 59 min)。

NB9560 的极限参数如表 7.8 所示。

表 7.8 NB9560 的极限参数

参数名	典型值	单位	备注
电源电压	−0.5~6	V	
功耗	350/700	mW	SOP28/SDIP28
储存温度	−55~125	℃	
工作温度	−20~85	℃	

NB9560 的主要电气参数如表 7.9 所示。

表 7.9 NB9560 的主要电气参数

符号	参数名	条件	最小值	典型值	最大值	单位
V_{DD}	芯片电压		3.0	5.0	6.0	V
V_{AC}	交流电压		3.0	5.0	6.0	V
V_F	失电检测				3.0	V
V_B	后备电源		3.0	4.5	6.0	V
I_W	工作电流	$V_{DD}=5.0$ V		50		μA
I_S	后备电流	$V_{DD}=3.0$ V		10		μA
I_{O1}	驱动电流 1	$V_{OL}=1$ V	80			mA
I_{O2}	驱动电流 2	$V_{OL}=1$ V	40			mA
I_{O3}	驱动电流 3	ALO,SLPO	5			mA
f_{OSC}	振荡频率	$V_{DD}=4.0~6.0$ V		32 768		Hz
$\Delta F/F$	频率稳定	$V_{DD}=4.0~6.0$ V			3.0	ppm

注:除非特殊说明,$T_A=25$ ℃,$V_{DD}=5$ V,$V_{SS}=0$ V。

7.4.2 NB9560 的引脚配置

NB9560 的引脚配置如表 7.10 所示。

表 7.10 NB9560 的引脚配置

序号	功能	序号	功能
1	上午或者十位小时 AG 或 DE	15	电源地
2	下午或十位小时 B	16	报警输出
3	十位小时 C 或小时 E	17	睡眠输出
4	小时 B 或 G	18	报警消除
5	小时 C 或 D	19	报警显示
6	小时 A 或 F	20	电源正
7	十位分 A 或 F	21	分设置

续表

序号	功能	序号	功能
8	十位分 B 或 G	22	小时设置
9	十位分 C 或 D	23	睡眠输入
10	十位分 E 或分 E	24	贪睡输入
11	分 B 或 G	25	交流输入
12	分 C 或 D	26	振荡器(输出端)
13	分 A 或 F	27	振荡器(输入端)
14	冒号输出	28	12/24 小时选择

7.4.3 NB9560 制作的 LED 数字钟电路

1. 电路组成

LED 数字钟电路如图 7.15 所示，由 NB9560 和若干电阻、电容、双阳极动态 LED 显示屏或者数码管及供电电源等组成。

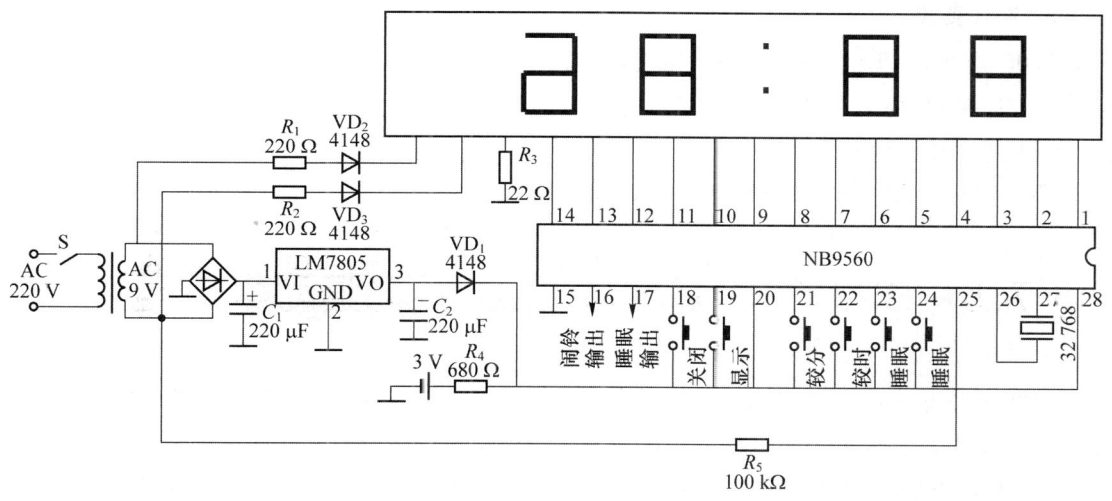

图 7.15 NB9560 应用电路

2. 工作原理

当市电接通时，铁芯电源变压器将 220 V 交流电压变换成 9 V 交流电压，经过桥堆的整流和 C_1 的滤波变成有一定纹波的直流电压，LM7805 三端稳压集成电路再将其变换成稳定的 5 V 电压，通过 VD_1 进入 NB9560 的电源引脚。

当市电断电时，LED 显示屏将不显示，但 3 V 纽扣电池将继续供电以提供延续的时钟，市电断电信号被 NB9560 的引脚 25 监视，自动切断 LED 的驱动电流，使得 3 V 纽扣电池供电的电流最低，VD_2 的单向导电作用可以防止电池电流流入 LM7805。

3. 元件选择

变压器可选用单 9 V 输出的 5 W 铁芯变压器，所有的电阻均可以使用碳膜电阻，电容均可以选用普通电解电容,32 768 Hz晶振的选择决定走时是否准确,应尽量选用频率准确度和温度稳定性都比较好的产品。LED时钟屏必须选用双阳极针对NB9560等设计的时钟屏,如没有对应时钟屏,可以使用通用的数码管自行根据NB9560的引脚定义来连接,连接方式及公共端的处理如图7.16所示。

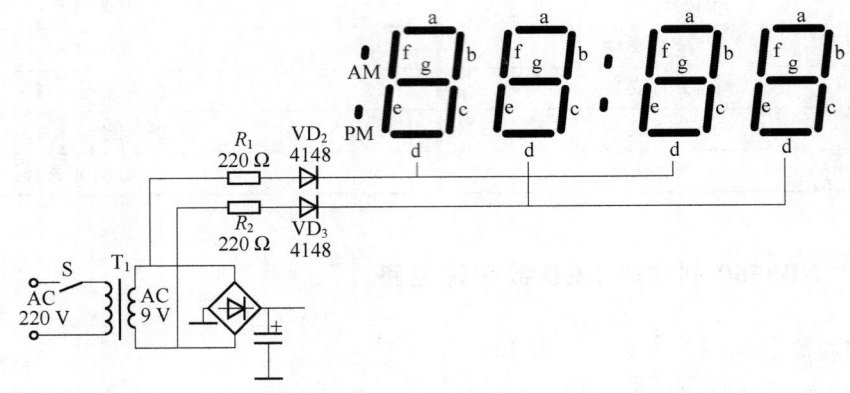

图7.16　NB9560使用数码管的连接方式

4. 制作要点

根据NB9560集成电路的特点,主要注意以下几点:
(1) 焊接时,焊接工具外壳必须接地;
(2) 焊接和调试时要通过防静电手腕带接地;
(3) 在装配过程中,使用的工具必须接地。

7.5　BP3136D 高精度 LED 恒流驱动集成电路

BP3136D是上海晶丰明源半导体有限公司生产的一款高精度LED恒流驱动芯片,采用原边反馈模式。芯片工作在电感电流断续模式,适用于85～265 V全范围交流输入电压、功率在18 W以下的反激式隔离LED恒流电源。BP3136D芯片内部集成了650 V功率开关,采用原边反馈模式,不需要光耦及TL431等复杂的次级反馈电路,也无须补偿电路,只需极少的外围元件即可实现优异的恒流特性。晶丰明源采用专利驱动和电流检测方式,由于芯片的工作电流极低,所以无须变压器辅助绕组检测和供电,进一步减少了外围元器件数量,极大地节约了总体成本和体积。BP3136D内有高精度的电流采样电路,同时采用专利的恒流控制技术,可以实现高精度的LED恒流输出和优异的输入交流电压调整率。BP3136D具有多重保护功能,包括LED开路/短路保护、电流采样电阻短路保护、输入欠压保护、芯片温度过高调节等。BP3136D采用DIP-8封装。

7.5.1　BP3136D 恒流 LED 驱动器的特性

BP3136D恒流LED驱动器的主要特点如下。
(1) 内部集成650 V高压功率管。

(2) 原边反馈恒流控制,无须次级反馈电路。

(3) 无须辅助绕组检测和供电。

(4) LED 开路电压可由外部电阻调整。

(5) 超低的芯片工作电流。

(6) 宽输入电压范围。

(7) ±5% LED 输出电流精度。

(8) LED 短路/开路保护。

(9) 电流采样电阻短路保护。

(10) 芯片供电欠压保护。

(11) 过热调整功能。

BP3136D 的主要电气参数如表 7.11 所示。

表 7.11 BP3136D 的主要电气参数

符号	参数名	条件	最小值	典型值	最大值	单位
电源参数						
V_{CC_CL}	V_{CC} 钳位电压	1 mA		17		V
V_{CC_ON}	V_{CC} 启动电压	V_{CC} 上升		14		V
V_{CC_UVLO}	V_{CC} 欠压保护阈值	V_{CC} 下降		9		V
I_{ST}	V_{CC} 启动电流	$V_{CC}=V_{CC\_ON}-1$ V		50	100	μA
I_{OP}	V_{CC} 工作电流	$f_{OP}=70$ kHz		100	150	μA
电流采样参数						
V_{CS_TH}	电流检测阈值		388	400	412	mV
T_{LEB}	前沿消隐时间			500		ns
T_{DELAY}	芯片关断延迟			200		ns
频率和占空比						
f_{MIN}	最小工作频率			3		kHz
f_{MAX}	最大工作频率			120		kHz
V_{ROVP}	ROVP 引脚电压			0.5		V
D_{MAX}	最大占空比			42		%
功率管参数						
R_{DS_ON}	导通阻抗	$V_{GS}=15$ V, $I_{DS}=0.6$ A		4		Ω
BV_{DSS}	击穿电压	$V_{GS}=0$ V, $I_{DS}=250$ μA	650			V
I_{DSS}	漏电流	$V_{GS}=0$ V, $V_{DS}=650$ V			1	μA
过热调节温度						
T_{REG}	过热调节温度			150		℃

注:$V_{CC}=15$ V, $T_A=25$ ℃,除非特指。

7.5.2 BP3136D 的原理结构和引脚配置

BP3136D 的原理结构如图 7.17 所示,引脚配置如图 7.18 所示。

BP3136D 的引脚功能如表 7.12 所示。

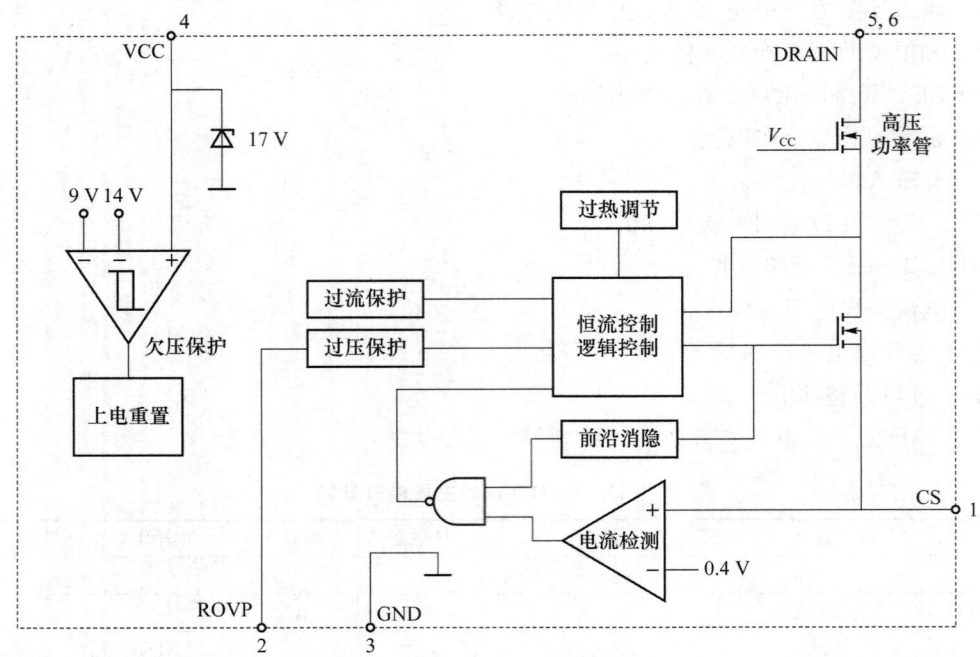

图 7.17　BP3136D 的原理结构

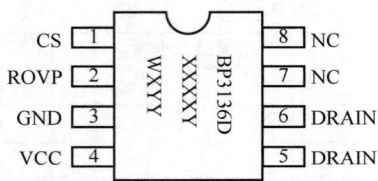

图 7.18　BP3136D 的引脚配置(顶视)

表 7.12　BP3136D 的引脚功能

引脚号	符号	说明
1	CS	电流采样端,在 CS 和 GND 端之间外接采样电阻
2	ROVP	开路保护电压调节端,接电阻到地
3	GND	芯片地
4	VCC	芯片正电源
5,6	DRAIN	内部高压功率管的漏极
7,8	NC	无连接,必须悬空

7.5.3　BP3136D 的应用电路

BP3136D 是一款专用于 LED 照明的恒流驱动芯片,其典型应用电路如图 7.19 所示。下面以图 7.19 为例介绍 BP3136D 的应用信息。

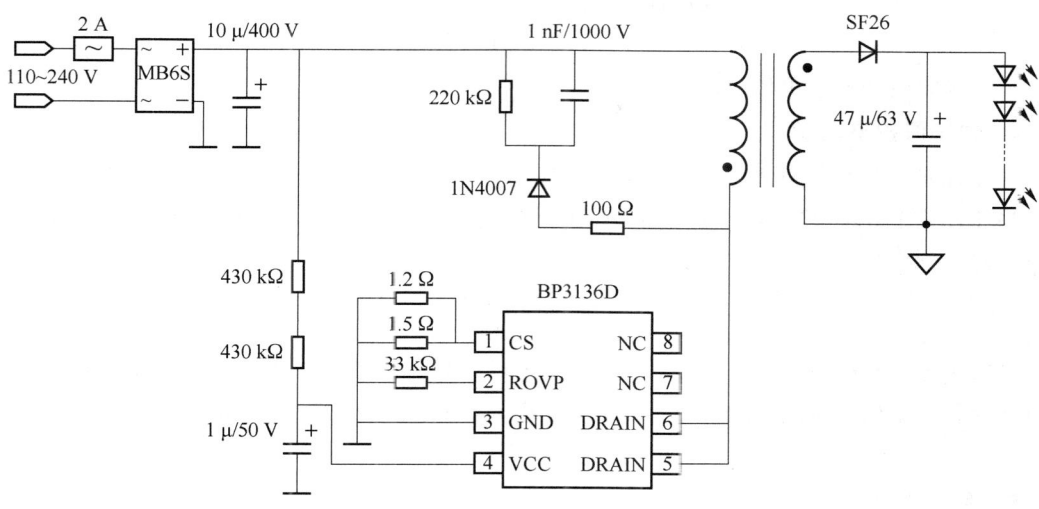

图 7.19 BP3136D 典型应用电路

1. 启动

当 220 V 交流电压接通后,通过 MB6S 桥堆整流和电容滤波后得到母线电压,通过两个 430 kΩ 的串联启动电阻对 V_{CC} 所接的电容进行充电,当 V_{CC} 电压达到芯片开启阈值(约 14 V)时,芯片内部控制电路开始工作。BP3136D 内置一个 17 V 的稳压管,用于钳位 V_{CC} 电压,防止电压过高。芯片正常工作时,需要的 V_{CC} 电流极低(约 0.1 mA),可以完全从启动电阻引入的电流得到,所以无须辅助绕组供电。

2. 恒流控制及输出电流设置

芯片逐周期检测变压器原边线圈的峰值电流,CS 端连接到内部峰值电流比较器的输入端,与内部的 400 mV 阈值电压进行比较,当 CS 电压达到内部检测阈值时,表明这时电流过大,功率管随即关断。

变压器原边峰值电流 I_{P_PK}(单位为 mA)的计算公式为:

$$I_{P\_PK} = \frac{400}{R_{CS}}$$

其中,R_{CS} 为电流采样电阻的阻值。

由于开关导通瞬间会有脉冲峰值电流,如果芯片采样此时的电流值并进行控制,会因脉冲前沿的尖峰产生误触发,所以需要忽略此时的电流,前沿消隐就是用于消除这种误触发隐患的,CS 比较器的输出还包括 500 ns 的前沿消隐时间。

LED 输出电流计算公式为:

$$I_{LED} = \frac{I_{P\_PK}}{4} \times \frac{N_P}{N_S}$$

其中,N_P 和 N_S 分别为变压器初级和次级绕组的匝数。

3. 工作频率

系统工作在电感电流断续模式,无须环路补偿,其最大占空比为 42%。推荐芯片最大工作频率为 120 kHz。为保证系统的稳定性,芯片将系统的极限最小工作频率限制为 3 kHz。

工作频率的计算公式为:

$$f = \frac{N_P^2 \times V_{LED}}{8 \times N_S^2 \times L_P \times I_{LED}}$$

其中，L_P 为变压器初级电感。

4. 过压保护电阻设置

开路保护电压可以通过 ROVP 引脚电阻 R_{OVP} 来设置，ROVP 引脚电压为 0.5 V。

当 LED 开路时，输出电压逐渐上升，退磁时间变短。因此可以根据需要设定开路保护电压来计算退磁时间 T_{OVP}，公式为：

$$T_{OVP} = \frac{L_P \times V_{CS}}{N_{PS} \times R_{CS} \times V_{OVP}}$$

其中，V_{CS} 为 CS 关断阈值 400 mV；N_{PS} 为变压器的初级和次级的匝数比；V_{OVP} 为用户需要设定的过压保护点。然后根据退磁时间 T_{OVP} 来计算 R_{OVP}（单位为 kΩ）的电阻值，公式为：

$$R_{OVP} = 5 \times T_{OVP} \times 10^6$$

5. 保护功能

BP3136D 内置多种保护和调节功能，包括 LED 开路和短路保护、CS 电阻短路保护、VC 欠压保护、芯片温度过高调节等。

当输出 LED 开路时，系统会触发过压保护逻辑并断开开关停止工作。

当 LED 短路时，系统工作在 3 kHz 的最低频率，所以功耗很低。对于有些异常的情况，比如 CS 采样电阻被短路或者变压器饱和，芯片内部的探测电路会触发保护逻辑，系统马上停止开关管工作。系统进入保护状态后，V_{CC} 电压开始下降；当下降达到欠压保护阈值时，系统将重启。同时系统不断地检测负载状态，如果异常情况解除，系统会重新开始正常工作。

6. 过温调节功能

BP3136D 具有过热调节功能，在芯片过热时会逐渐减小输出电流，从而控制输出功率和芯片温度，使芯片温度保持在设定值，以提高芯片和系统的可靠性。芯片内部设定过热调节温度点为 150 ℃。

7. PCB 设计

在设计 BP3136D PCB 板时，需要遵循以下原则。

（1）旁路电容

V_{CC} 的旁路电容需要尽可能紧靠芯片 VCC 和 GND 引脚。

（2）R_{OVP} 电阻

开路保护电压设置电阻需要尽可能靠近芯片 ROVP 引脚。

（3）地线

由于电流采样电阻的地线有比较大的电流通过，所以要尽可能短，且要和芯片的地线及其他小信号的地线分别接到母线电容的地端。

（4）功率环路的面积

减小功率环路的面积，如变压器初级、芯片的功率管及吸收网络的环路面积，以及变压器次级、次级整流二极管、输出电容的环路面积，以减小 EMI 辐射。

（5）NC 引脚

NC 引脚必须悬空以保证芯片引脚间距离满足爬电距离要求。

（6）DRAIN 引脚

增加 DRAIN 引脚的铺铜面积以提高散热能力，降低芯片温度。

7.5.4 相关 LED 驱动电路介绍

BP9912A 是一款 TO-92 封装的恒流驱动芯片,它应用于非隔离降压型 LED 驱动电源。BP9912A 采用专利的恒流架构和控制方法,其内部集成了 500 V 功率开关,只需要极少的外围组件就可以达到优异的恒流特性,系统成本极低。但由于使用了非隔离结构,电路任何部分都不能与人体接触。相比 BP3136D,BP9912A 的引脚更少,外围元件更简单明了。

BP9912A 的典型应用电路如图 7.20 所示,图中电感的峰值电流 I_{PK}(单位为 mA)的计算公式为:

$$I_{PK} = \frac{600}{R_{CS}}$$

其中,R_{CS} 为电流采样电阻的阻值。

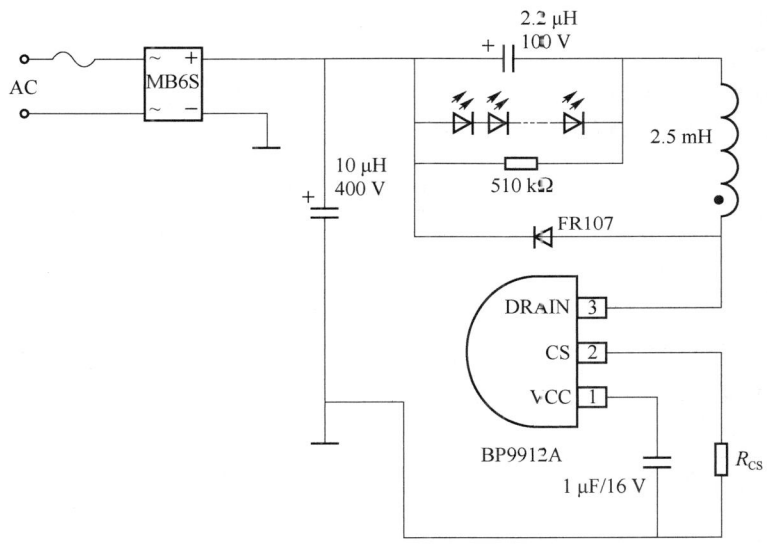

图 7.20　BP9912A 的典型应用电路

CS 比较器的输出还包括 500 ns 的前沿消隐时间。LED 输出电流 I_{LED}(单位为 mA)的计算公式为:

$$I_{LED} = \frac{I_{PK}}{2} = \frac{300}{R_{CS}}$$

如设置 $R_{CS} = 1\ \Omega$,则 $I_{LED} = 300$ mA,此时电阻 R_{CS} 上的功率为 0.36 W,可使用两个 1206 封装的 2 Ω 电阻并联替代。

7.6　PT4115 高调光比 LED 恒流驱动器及其应用

PT4115 是华润矽威科技(上海)有限公司生产的一款连续电感电流导通模式的降压恒流源芯片,用于驱动一颗或多颗串联的 LED。PT4115 的输入电压为 6～30 V,输出电流可由外部电阻调节,最大可达 1.2 A。在不同的输入电压和外接元器件情况下,PT4115 可以驱动高达几十瓦的 LED。PT4115 内置功率开关,采用高端电流采样来设置 LED 的平均电流,通过 DIM 引脚可以实现模拟调光或者很宽范围的 PWM(脉冲宽度调制)调光。当 DIM 引脚电压低于 0.3 V 时,功率开关关断,PT4115 进入待机状态,待机电流极低。PT4115 采用 SOT89-5 封装或者 ESOP8 封装。

7.6.1 PT4115 LED 恒流驱动器的特性

PT4115 LED 恒流驱动器的主要特点如下。
(1) 极少的外部元器件,可少至 4 个(包含 LED)。
(2) 很宽的输入电压范围(6～30 V)。
(3) 最大输出电流可达 1.2 A。
(4) LED 开关、模拟调光和 PWM 调光。
(5) 输出电流精度可达 5%。
(6) LED 开路自动保护。
(7) 效率可高达 97%。
(8) 可调的恒流输出控制。
(9) ESOP8 封装可增强散热能力,方便用于大功率驱动。
PT4115 的主要电气参数如表 7.13 所示。

表 7.13 PT4115 的主要电气参数

符号	参数名	条件	最小值	典型值	最大值	单位
电源和频率参数						
V_{IN}	输入电压		6		30	V
V_{UVLO}	VIN 欠压保护	V_{IN} 下降		5.1		V
$V_{UVLO\text{-}HYS}$	VIN 欠压保护迟滞	V_{IN} 上升		0.5		V
f_{SW}	最大工作频率			1		MHz
I_{OFF}	关断电流	$V_{DIM} < 0.3$ V		95		μA
电流采样参数						
V_{CSN}	平均采样电压	$V_{IN} - V_{CSN}$(A 档)	95	98	101	mV
V_{CSN}	平均采样电压	$V_{IN} - V_{CSN}$(A 档)	95	98	101	mV
$V_{CSN\text{-}HYS}$	采样电压迟滞			±15		%
I_{CSN}	CSN 引脚输入电流	$V_{IN} - V_{CSN} = 50$ mV		8		μA
DIM 输入参数						
V_{DIM}	内部电路工作电压	DIM 悬空		5		V
$V_{DIM\text{-}H}$	DIM 输入高电平		2.5			V
$V_{DIM\text{-}L}$	DIM 输入低电平				0.3	V
$V_{DIM\text{-}DC}$	模拟调光电压范围		0.5		2.5	V
f_{DIM}	最大 PWM 调光频率	$F_{OSC} = 500$ kHz			50	kHz
$D_{PWM\text{-}LF}$	低频 PWM 调光占空比范围	$F_{DIM} = 100$ Hz	0.02		100	%
	低频调光比	$F_{DIM} = 100$ Hz		5 000:1		
$D_{PWM\text{-}HF}$	高频 PWM 调光占空比范围	$F_{DIM} = 20$ kHz	4		100	%
	高频调光比	$F_{DIM} = 20$ kHz		25:1		
R_{DIM}	DIM 内部工作电压上拉电阻			200		kΩ

续表

符号	参数名	条件	最小值	典型值	最大值	单位
I_{DIM-L}	DIM 接地漏电流	$V_{DIM}=0$ V		25		μA
功率开关参数						
R_{SW}	SW 导通阻抗	$V_{IN}=24$ V		0.4		Ω
R_{SW}	SW 导通阻抗	$V_{IN}=12$ V		0.6		Ω
I_{SWMEAN}	SW 连续电流				1.2	A
I_{LEAK}	SW 漏电流			0.5	5	μA
过热保护参数						
T_{SD}	过热保护温度			160		℃
T_{SD-HYS}	过热保护迟滞			20		℃

注：$V_{IN}=12$ V，$T_A=25$ ℃，除非特指。

7.6.2 PT4115 的原理结构和引脚配置

PT4115 的原理结构如图 7.21 所示，引脚配置如图 7.22 所示。

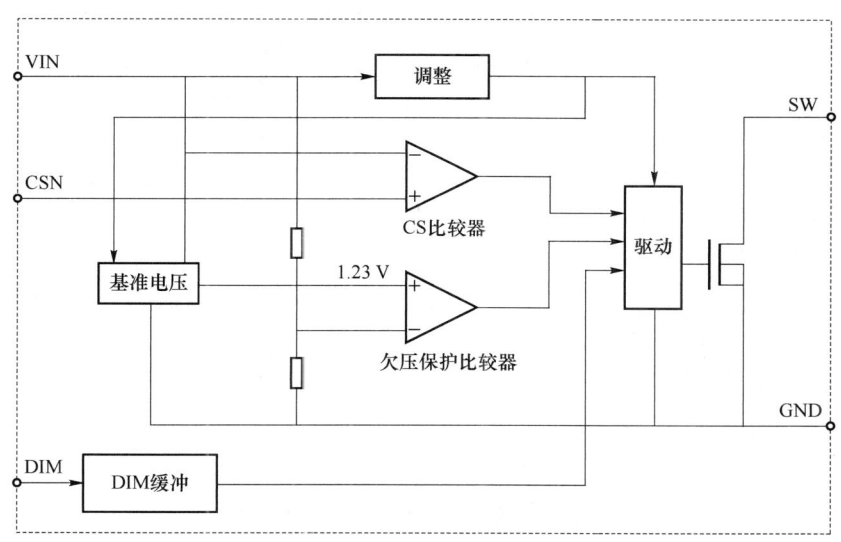

图 7.21 PT4115 的原理结构

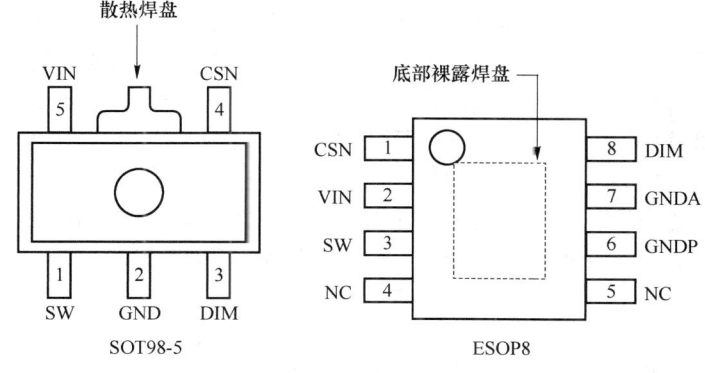

图 7.22 PT4115 的引脚配置（顶视）

PT4115 的引脚功能如表 7.14 所示。

表 7.14　PT4115 的引脚功能

符号	说明
SW	功率开关的漏极
GND	信号和功率地
DIM	开关使能、模拟调光和 PWM 调光端
CSN	电流采样端,采样电阻接在 CSN 和 VIN 端之间
VIN	电源输入端,必须就近接旁路电容到 GND
	散热焊盘和底部裸露焊盘为散热用,内部接地,通常应贴在 PCB 板上减小热阻

7.6.3　PT4115 的直流调光应用电路

PT4115 是一款专用于 LED 照明的恒流驱动芯片,其典型直流调光应用电路如图 7.23 所示。

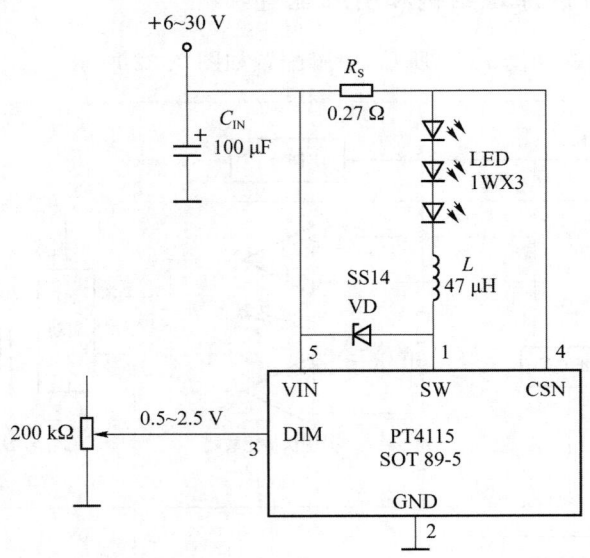

图 7.23　PT4115 电位器调光应用电路

图 7.23 中 PT4115、电感 L 和电流采样电阻 R_S 形成一个自振荡的连续电感电流模式的降压型恒流 LED 控制器,使用了 3 个 1 W 的白光 LED。

在 V_{IN} 上电瞬间,电感 L 和电流采样电阻 R_S 的初始电流为零,LED 输出电流也为零。这时,V_{CSN} 等于 V_{IN},CS 比较器的输出为高电平,内部功率开关管导通,SW 的电位为低电平。电流从 V_{IN} 通过电感 L、电流采样电阻 R_S、LED 和内部功率开关管流到地,由于电感的作用,电流逐渐上升,上升的斜率由 V_{IN}、电感 L 和 LED 压降共同决定,同时在 R_S 上产生一个压差 $V_{IN} - V_{CSN}$。当 $(V_{IN} - V_{CSN}) > 115$ mV 时,CS 比较器的输出变低,内部功率开关关断,电流逐渐减小,并以另一个斜率流过电感 L、电流采样电阻 R_S、LED 和肖特基二极管 VD;当 $(V_{IN} - V_{CSN}) < 85$ mV 时,功率开关将重新打开,电流又会逐渐上升,使得在 LED 上的平均电流为:

$$I_{OUT} = \frac{0.085 + 0.115}{2R_S} = 0.1/R_S$$

这样的高电位端电流采样结构使得外部元器件数量很少,采用 1% 精度的采样电阻,LED

输出电流可以控制在±5%的精度范围内。PT4115 可以在 DIM 管脚加 PWM 信号进行调光,如 DIM 管脚电压低于 0.3 V 关断 LED 电流,高于 2.5 V 则全部打开 LED 电流,起到调光或者开关灯的作用,PWM 调光的频率范围很宽,100 Hz~20 kHz 以上。

在 DIM 管脚外加 0.5~2.5 V 的直流电压(V_{DIM})也可以调小 LED 电流(模拟调光),最大 LED 电流由采样电阻 R_S 决定。当直流电压(V_{DIM})高于 2.5V 时,输出 LED 电流保持恒定的最大值,并由($0.1/R_S$)设定。因为芯片内部有一个 200 kΩ 的上拉电阻接到内部稳定电压 5 V 上,所以 LED 电流还可以通过 DIM 端接一个电阻到地进行调光。图 7.23 中,在 DIM 端接了一个 200 kΩ 的可调电位器就可以实现无极调光。直流电压调光模式下的 LED 平均输出电流计算公式为:

$$I_{OUT} = \frac{0.1 \times V_{DIM}}{2.5 \times R_S}$$

其中 0.5 V≤V_{DIM}≤2.5 V。

图 7.23 中电流采样电阻 R_S 的精度应该大于 1%;直流电源供电时电容 C_{IN} 容量可以低至 10 μF;电感 L 越大输出电流越小,通常值为 33~100 μH;电感的直流电阻越小,效率越高,电感的饱和电流必须大于输出电流的 1.5 倍。使用正向压降尽可能低的肖特基二极管可以提高效率,输出电压越高,效率越高,如使用 3 颗 1 W 串联比 1 颗 3 W 有更高效率。

7.6.4 PT4115 的 PWM 调光应用电路

在 DIM 引脚外接 PWM 信号可以实现 PWM 调光,PT4115 触摸调光应用电路如图 7.24 所示。其中 SGL8022W 为一块触摸调光集成电路,当用手接触引脚 5 的触摸端时,引脚 7 输出 PWM 信号;SGL8022W 的正电源由 5.1 V 的稳压二极管提供;VC 引脚接采样电容,决定了触摸灵敏度;图中使用 0.01 μF 涤纶电容或者陶瓷电容可以实现 3 mm 内亚克力玻璃为接触介质(金属片和手指之间),如亚克力更厚,可以将该电容容量增加到图中电容的 2~4 倍。OSC 引脚所接电阻为振荡电阻。

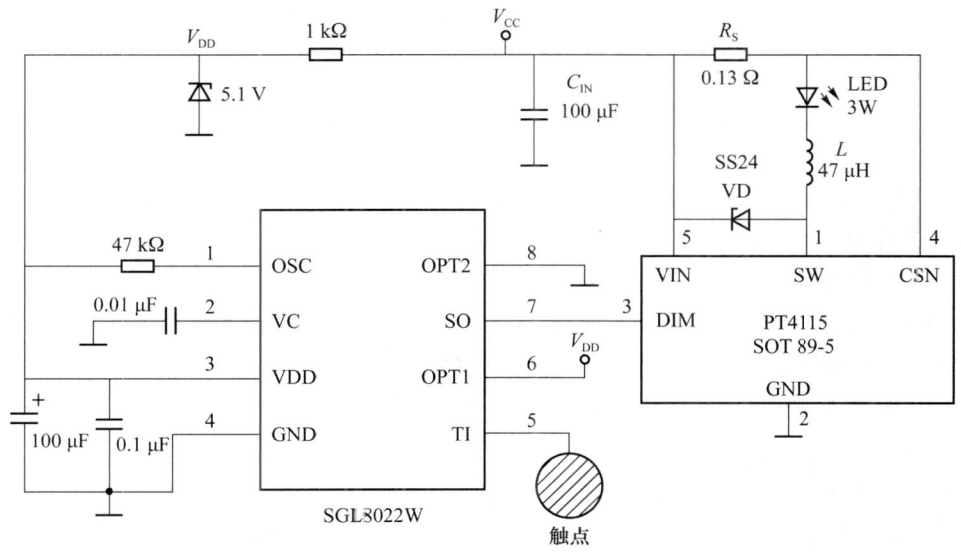

图 7.24 PT4115 触摸调光应用电路

PWM 调光模式下的 LED 平均输出电流计算公式为：

$$I_{OUT} = \frac{0.1 \times D}{R_S}$$

其中 $0 \leqslant D \leqslant 100\%$。

PWM 脉冲的高电平应该为 $2.5 \sim 5$ V。

通过 PWM 调光，输出的 LED 电流可以在 $0 \sim 100\%$ 变化，所以 LED 的亮度由 PWM 信号占空比决定。例如 PWM 信号占空比为 30%，LED 的平均电流为 $0.1/R_S$ 的 30%。PWM 信号的频率就是 LED 闪烁的频率，建议设置 PWM 信号频率在 100 Hz 以上，以避免人眼看到 LED 的闪烁。PWM 调光相比模拟调光的优势在于不改变 LED 的色度。

7.7 LED 显示控制集成电路应用测试实践

图 7.25 为 LM3914 和 LM35 组成的温度显示应用电路。

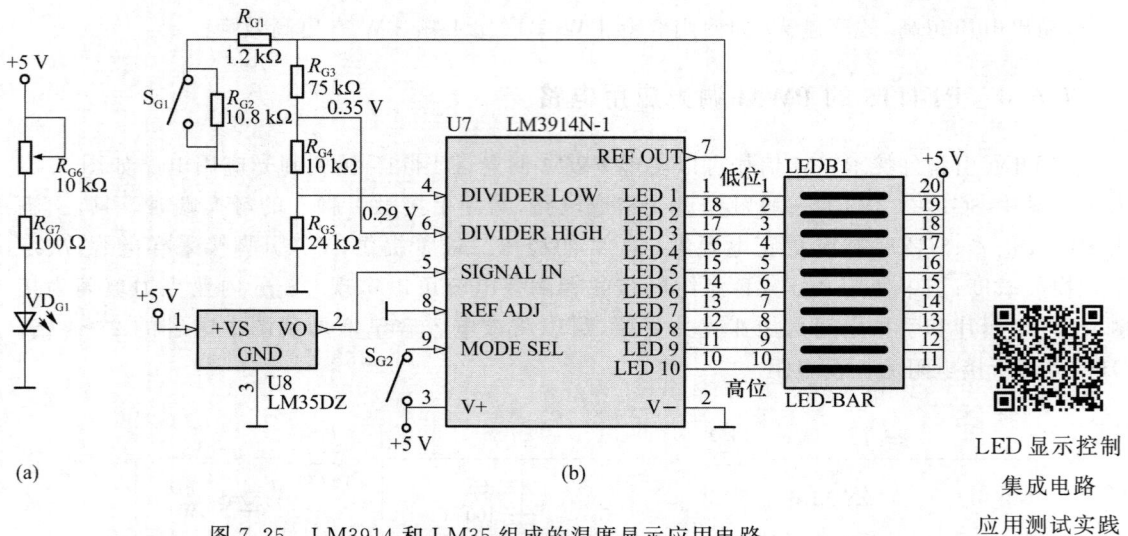

图 7.25 LM3914 和 LM35 组成的温度显示应用电路

LED 显示控制
集成电路
应用测试实践

在图 7.25 中，图 7.25(a)中的 LED 可以作为电源指示，图 7.25(b)为温度显示电路，上述电路可以进行如下测试。

(1) LED 特性和参数测试。当 LED 上的电压不同时，其电流也不相同。通过调节 R_{G6} 的值，测量不同 R_{G6} 值下的 LED 电压和电流，可以得到其伏安特性。LED 电压可以直接测量，通过万用表的直流电压挡测量 R_{G7} 的电压，通过计算可得到 LED 电流。

(2) 1.25 V 基准电压的测量。测量 LM3914 引脚 7 和引脚 8 之间的电压，该电压为内部基准电压，标称值为 1.25 V。

(3) 点模式和线模式功能测试。切换开关 S_{G2} 可以进行点模式和线模式切换。开关 S_{G2} 断开为点模式，在点模式下，每次只有最高位的 LED 亮。开关 S_{G2} 闭合为线模式，在线模式下，每次最高位以下的 LED 全部点亮。

(4) LED 亮度控制功能测试。开关 S_{G1} 断开时，引脚 7 对地电阻大约为 1.2 kΩ，LED 电流计算为 12.5/1.2 mA,大约为 10.4 mA,开关 S_{G1} 闭合时,引脚 7 对地电阻大约为 12 kΩ,LED 电流计算为 12.5/12 mA,大约为 1.04 mA。电流变化约十倍,该变化可以通过 LED 亮度进行判断。

(5) 测量高端电位和低端电位的值。R_{G3}、R_{G4}、R_{G5} 的值定义了高端电位为 0.35 V,低端电位为 0.29 V。测量这两个电位的实际值。

(6) 温度显示测试。手摸 LM35DZ,测量引脚 2 VO 的电位,(VO 的电位除以 10 mV 等于温度值),R_{G3}、R_{G4}、R_{G5} 的值定义了高端电位为 0.35 V,低端电位为 0.29 V,则 LED 条的亮灭情况能指示 29~35 ℃ 的温度范围,也就是当温度低于 29 ℃ 时 LED 都不亮,当温度高于 35 ℃ 时 LED 全亮。

7.8 习　　题

1. 被测电路如图 7.26 所示,试分析电路的测量范围,当被测信号为 +1.6 V 时,有几个 LED 会亮?

2. 锂电池电压通常在 3.7~4.2 V 变化,用 LM3914 设计一个锂电池电压指示电路,给定的电源就是锂电池的输出,要求输入电压与 LED 亮的个数符合图 7.27 中关系(超过 3.7 V 开始亮第 1 个 LED,超过 4.4 V 时会亮全部 8 个 LED),画出完整电路图,并解释工作原理。

3. 图 2.18 的 CD4060 组成的频率计电路与 ICM7216D 组成的频率计电路有什么区别?

4. 有一只 BL8532-20 型芯片和一只 0.5 W(正常工作电压 3.2 V 左右)白光 LED,请计算其检测电阻 R_0,设计一个驱动电路,画出其完整的电路图。

5. 简易的触摸调光 1 W LED 驱动电路如图 7.28 所示,8050 三极管的 β 值为 300 倍,$U_{BE}=0.7$ V,请计算电阻 R 的值应为多少?

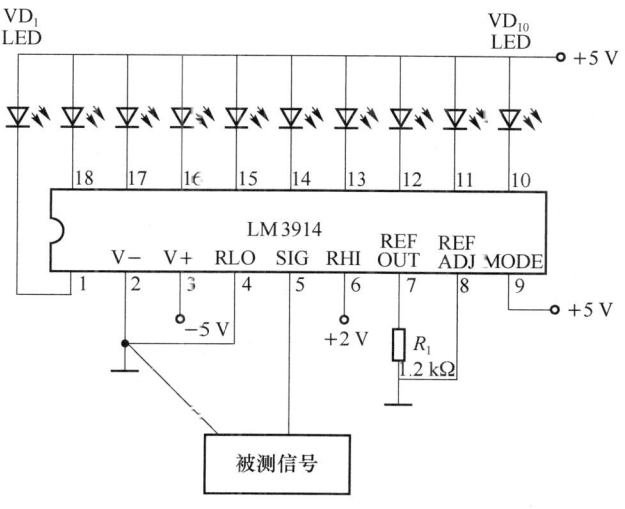

图 7.26　被测电路

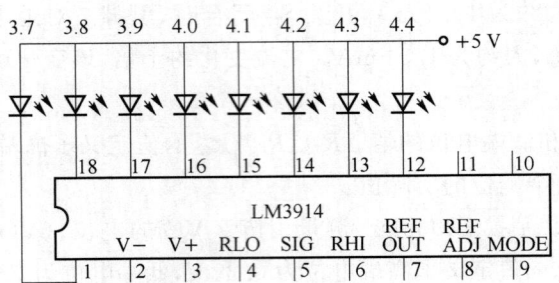

图 7.27 LM3914 电压指示电路

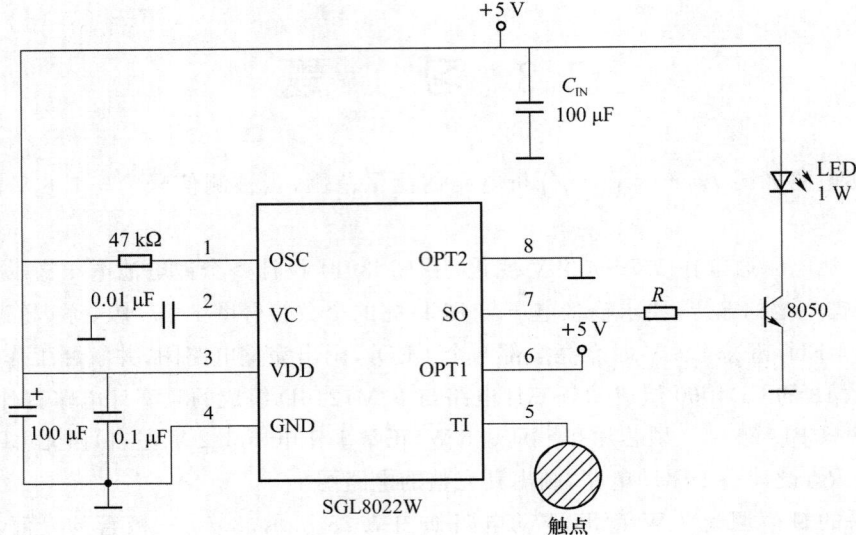

图 7.28 LED 驱动电路

第8章 传感器与测量集成电路

8.1 LM35 精密摄氏温度传感器及其应用

LM35 系列集成电路是前美国国家半导体公司研制的温度传感器,它的输出电压与摄氏温度呈线性关系。在室内应用时,LM35 的精确度可以达到±1/4 ℃。LM35 在芯片内部有精确的工艺校准,其输出阻抗很低,使用相当容易。LM35 可以单电源供电,也可以正负电源供电,仅仅吸收 60 μA 电流,有着非常低的自热,在静止空气中温度升高不超过 0.1 ℃。LM35 在 0 ℃时输出为 0 V,每升高 1 ℃,输出电压增加 10 mV。

8.1.1 LM35 温度传感器的特性

LM35 温度传感器的主要特点如下。
(1) 直接输出代表摄氏温度的电压。
(2) 温度和输出电压呈线性关系(+10 mV/℃)。
(3) 误差 0.5 ℃(25 ℃)。
(4) 工作温度为−55~150 ℃。
(5) 适合远端使用。
(6) 工作电压为 4~30 V。
(7) 电源电流小于 60 μA。
(8) 静态空气中自热为 0.08 ℃。
(9) 低阻抗输出(1 mA 负载电流时为 0.1 Ω)。
LM35 的极限参数如表 8.1 所示。

表 8.1 LM35 的极限参数

符号	参数名	典型值	单位
V_{DD}	电源电压	−0.2~35	V
V_{OUT}	输出电压	−1.0~6	V
I_{OUT}	输出电流	10	mA
T_S	储存温度	−65~150	℃
P_D	耗散功率	700	mW
T_L	焊接温度(10 s)	300	℃

8.1.2 LM35 的引脚配置

LM35 的封装及引脚配置如图 8.1 所示。LM35 提供 TO-92、SO-8、TO-220 三个常用封装,型号分别为 LM35DZ、LM35DM 和 LM35DT。其中 LM35DZ 使用最为方便,可以远端使用;LM35DM 可以用于主板上测试设备内环境温度;TO-220 封装的 LM35DT 带金属片(与 GND 相连),可以固定到待测物件上。

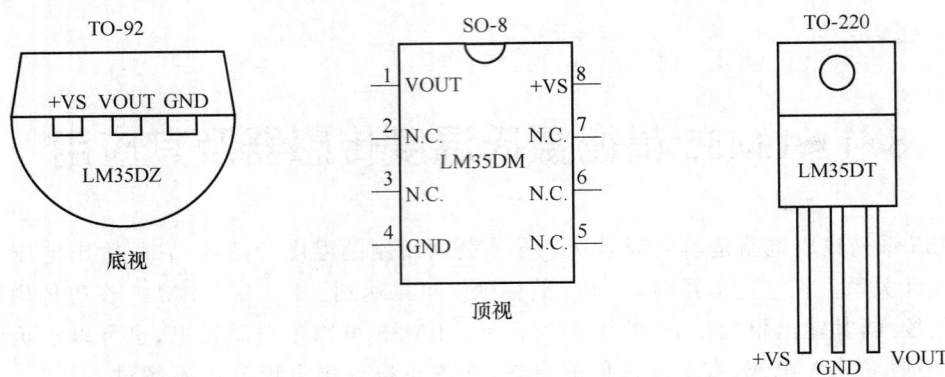

图 8.1 LM35 的封装及引脚配置

8.1.3 LM35 的典型应用电路

LM35 的典型应用电路如图 8.2 所示。由于 $V_{OUT}=10\ mV\times$ 温度值,单正电源应用时电路只能输出大于 0 V 的信号,所以不能测量 0 ℃ 以下温度,实际量程为 2～150 ℃。双电源应用时可以得到满量程的温度测量。通过万用表测量图 8.2 电路的输出电压,经简单计算可以将其转换成温度。该电路与后续 AD 变换、显示电路等非常容易连接。

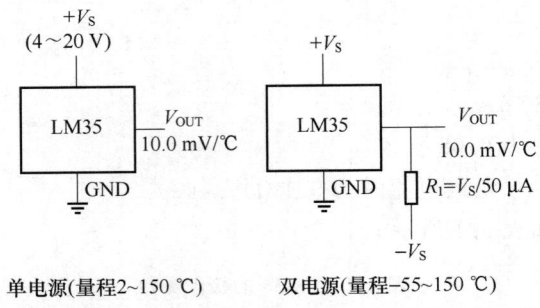

图 8.2 LM35 的典型应用电路

8.1.4 基于 LM35 和 ATMEGA8 的温度计电路

1. 电路组成

基于 LM35 和 ATMEGA8 单片机的温度计电路如图 8.3 所示,电路由 LM35 和 ATMEGA8 单片机及 3 位数码管等外围电路组成,非常简洁。

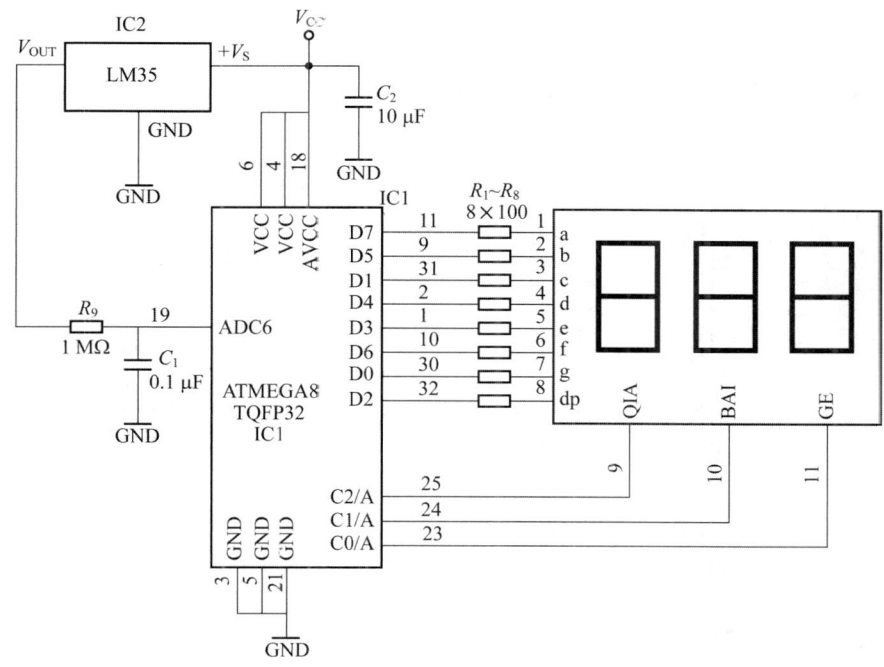

图 8.3 基于 LM35 和 ATMEGA8 的温度计电路

2. 工作原理

LM35 将温度转换成电压，输入 ATMEGA8 的模拟电压输入口 ADC6，经过 ATMEGA8 的 AD 变换和扫描显示将温度显示到 3 位数码管上。ATMEGA8 为单片机，代码可以使用 C 语言编写，本电路的显示误差可以达到 ±1 ℃。

3. 元件选择

电阻 $R_1 \sim R_8$ 选用 100 Ω 固定电阻，也可以选择排阻，IC1 选择 TQFP32 封装的 ATMEGA8，如选择 DIP 封装的则引脚编号不同。数码管可以选择共阴极的也可以选择共阳极的，但是编写代码的时候要作相应修改。

4. 制作要点

该电路硬件制作相对简单，关键是单片机的代码编写，好的代码可以实现 LED 数码管开机测试、省电操作、温度告警、晚上或者白天关闭温度计等附加功能。

8.1.5 基于 LM35 和 ICL7136 的数字温度计电路

1. 电路组成

基于 LM35 和 ICL7136 的数字温度计电路如图 8.4 所示，由 LM35 和 ICL7136 AD 变换、TL431 基准电路及 3 位半液晶显示器等外围电路组成。

2. 工作原理

此电路把 LM35 的输出温度信号送到 AD 变换器 ICL7136 的输入端 VIN+，转换成数字量后由 LCD9003 液晶显示器显示出来，显示精度为 0.1 ℃。

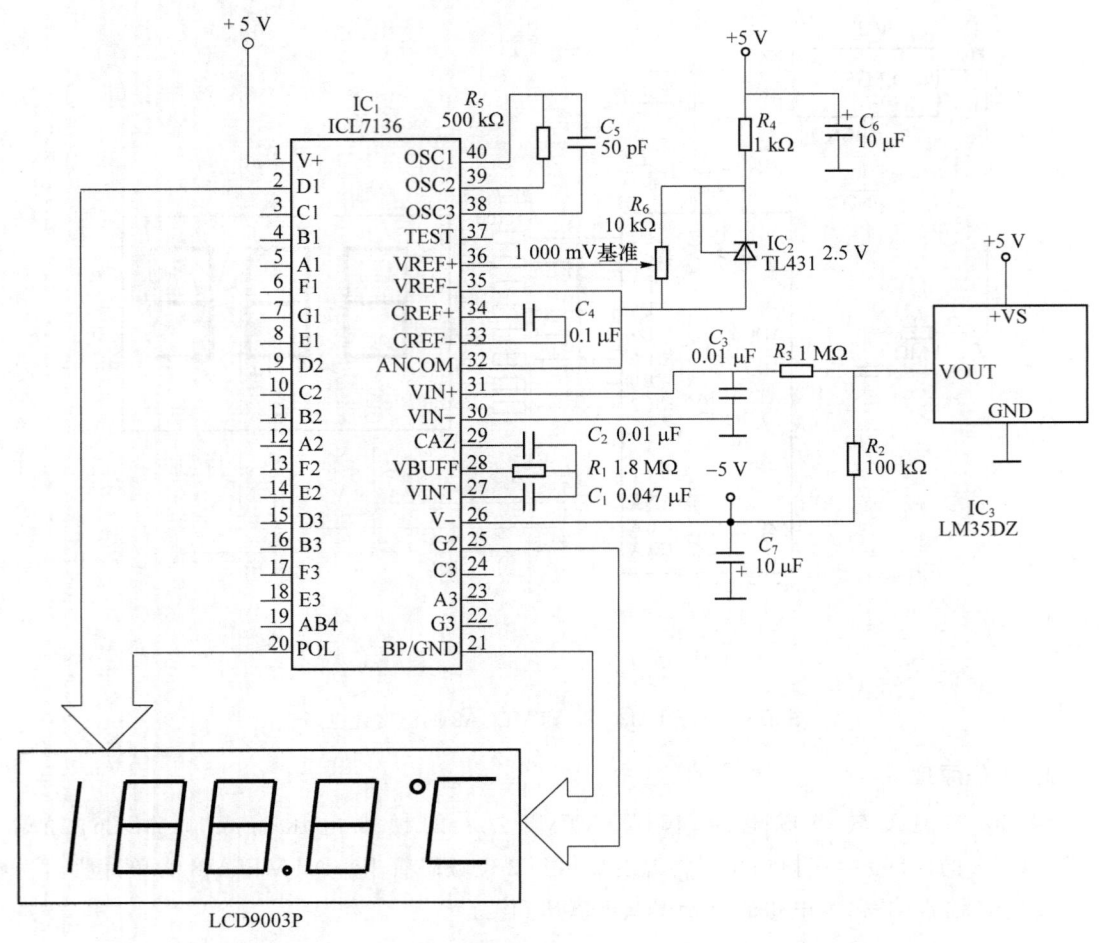

图 8.4 基于 LM35 和 ICL7136 的数字温度计电路

由于 LM35 输出电压为 10 mV/℃，当温度最高为 150 ℃ 时，输出 1 500 mV，所以要将 AD 变换器 ICL7136 的量程设置成 2 000 mV，也就是基准电压必须调整成 1 000 mV。同时选择合适的积分电阻和电容，这样 LCD9003P 才能显示 1500 字样。为了显示零下环境温度，下拉电阻 R_2 不能去掉，如工作温度均在零上，可以去掉 R_2。TL431 为 2.5 V 基准电压电路，通过 R_6 的分压得到 1 V 基准电压给 ICL7136 做基准。

3. 元件选择

固定电阻选用金属膜电阻，有极性电容选择 25 V 电解电容，积分电阻 R_1、积分电容 C_1、归零电容 C_2 分别根据 ICL7136 芯片说明书选择 1.8 MΩ、0.047 μF、0.01 μF，积分电容和归零电容可以选择 CBB 等稳定性好的电容。C_3 和 C_4 可以选择独石电容，振荡电容 C_5 可以选择陶瓷电容。电阻和电容等的选择非常关键，它们决定了测量的精度。

8.2　AD620 低功耗仪表放大器及其应用

AD620 是美国 ANALOG DEVICES 公司（模拟器件半导体公司）生产的一款低成本、高精度仪表放大器,只需要使用一个电阻就可以使增益达到1~10 000。此外,AD620采用8引脚封装,并且功耗较低(最大电源电流仅1.3 mA),因此,该放大器非常适合电池供电。

AD620具有高精度(最大非线性度40 ppm)、低失调电压(最大50 μV)和低失调漂移(最大0.6 μV/℃)特性,可以为电子秤应变片等传感器提供精密接口。它还具有低噪声、低输入偏置电流和低功耗等特性,非常适合应用于心电图机和血压计等医疗设备。

AD620的特殊工艺使其仅有1.0 nA的低输入偏置电流。AD620在1 kHz时具有$9 nV/\sqrt{Hz}$的低输入电压噪声,在0.1~10 Hz低频带内的峰峰值噪声仅为0.28 μV,输入电流噪声为$0.1 pA/\sqrt{Hz}$,这些特性使得AD620作为前置放大器能够实现很好的效果。

8.2.1 AD620仪表放大器的特性

AD620仪表放大器的主要特点如下。
(1) 增益通过一个外部电阻设置(1~10 000),$G=49.4×1 000/R_G+1$。
(2) 宽电源电压范围:±2.3~±18 V。
(3) 性能高于三运放仪表放大器。
(4) 低功耗,最大工作电流:1.3 mA。
(5) 输入失调电压:50 μV(最大值)。
(6) 输入失调漂移:0.6 μV/℃(最大值)。
(7) 输入偏置电流:1.0 nA。
(8) 共模抑制比:100 dB(最小值,$G=10$)。
(9) 输入电压峰峰值噪声:0.28 μV(0.1~10 Hz)。

AD620的极限参数如表8.2所示。

表8.2 AD620的极限参数

符号	参数名	典型值	单位
V_{DD}	电源电压	±18	V
V_{IN}	差分输入电压	25	V
T_S	储存温度	−65~150	℃
P_D	耗散功率	650	mW
T_L	焊接温度(10 s)	300	℃

8.2.2 AD620的内部原理和引脚配置

AD620内部原理如图8.5所示。AD620使用其400 Ω内部电阻器和一组二极管防止负输入电压对内部电路的损坏,对于正电压过载,它可依靠其自身的基极-射极输入结作为钳位二极管,保证了芯片内部免受外部输入端的正负高压的破坏。

AD620的引脚配置如图8.6所示,部分引脚功能如下:

引脚1和引脚8之间接电阻R_G后,电路的增益$G=49.4×1 000/R_G+1$,如当$R_G=499$时增益约为100。这里的增益为引脚6和引脚5之间的电压与引脚3和引脚2之间的电压之比,即输出电压是相对于基准引脚的电位。

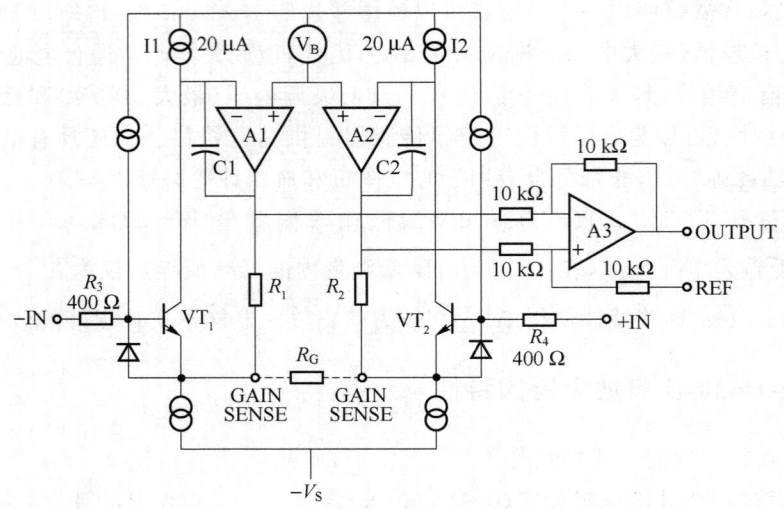

图 8.5 AD620 内部原理

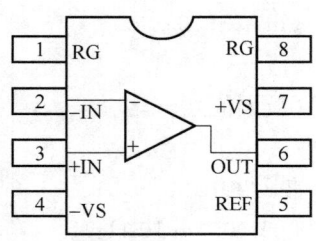

图 8.6 AD620 的引脚配置(顶视)

引脚 5 基准引脚 REF 定义了零输出电压,而且当负载不与系统其余部分共享精确地电位时,基准引脚就特别有用,是一种向输出电路提供精确偏移电压的直接途径,容许范围为电源电压以内 2 V。

8.2.3 AD620 的典型应用电路

一般而言,对于 AD620 这样的仪表放大器集成电路,只需外接一电阻(图 8.7 中的 R_G),依照其特有的关系式调整至所需的放大倍率即可。

图 8.7 的典型应用电路使用了 RC 网络组成的射频干扰(RFI)滤波器。在实际应用中,必须处理不断增加的射频干扰,尤其是信号传输线路长并且信号强度低时,射频干扰更是不能忽视。消除射频干扰最实用的方法是在仪表放大器前端使用 RF 衰减滤波器。对该滤波器一般有三个要求:

(1) 尽可能多地从输入端去除射频能量;
(2) 保持每个输入端和地之间的 AC 信号平衡;
(3) 在测量带宽内保持足够高的输入阻抗。

图 8.7 中,C_1 和 C_3 要比 C_2 小一个数量级以上,具体应用时可以根据干扰频率来选择 R 和 C。

第 8 章 传感器与测量集成电路

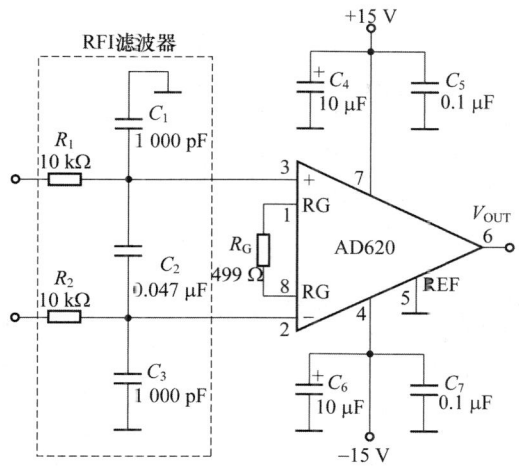

图 8.7 AD620 典型应用电路

图 8.8 为使用 AD620 的血压计电路,也是 AD620 典型的直流电桥应用,电桥的输出都是差动电压,正好与 AD620 进行连接,输出对地电压与电桥失衡程度相关,该电路作为气压传感器时输出对地电压与气体压力成比例。

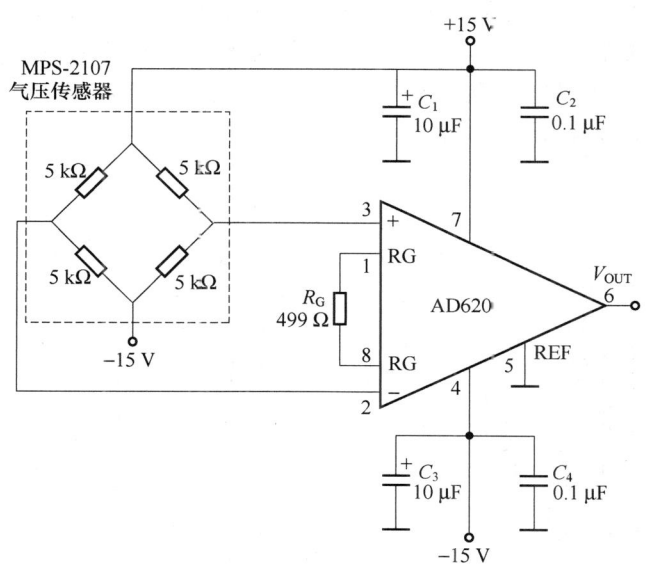

图 8.8 AD620 典型应用电路

AD620 除了可用于电子秤等许多桥式电路应用外,还特别适合采用低电压供电的大电阻压力传感器,在这些应用中小尺寸和低功耗特性变得特别重要。图 8.9 显示了一个 3 kΩ 压力传感器电桥,它采用 5 V 电源供电,电桥电流仅仅为 1.7 mA,增加 AD620 和缓冲分压器后可对信号进行调理,总电源电流仅仅为 3.8 mA。

AD705 作为电压跟随器,其输出等于 20 kΩ 电阻上的电压 2 V,并与 ADC 的模拟地和 AD620 的引脚 5(REF)相连,为 AD620 提供输出电压的零点,也就是说,当输入电压 $V_{+\text{IN}} = V_{-\text{IN}}$ 时,AD620 输出端电压为 2 V。对于 ADC 来说,V_{REF} 为 1 V,即 10 kΩ 电阻两端的电压。

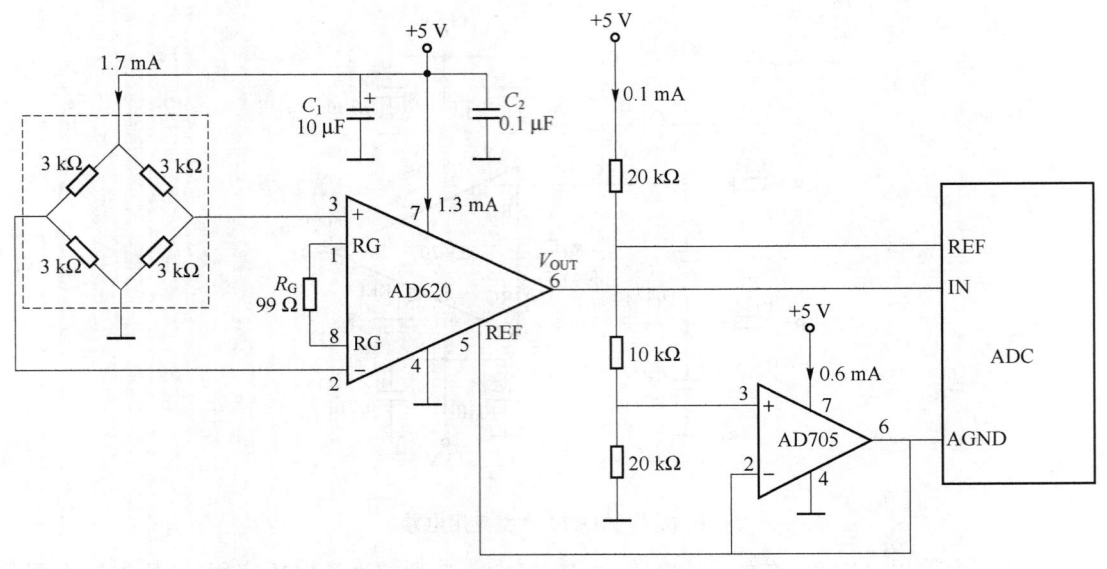

图 8.9 AD620 单电源供电的压力检测仪

人体的心电信号比较微弱,不易让医学研究者做进一步的观察,图 8.10 为使用 AD620 对微弱信号进行放大的例子,其放大倍数为 500 倍,也就是每 1 mV 的原始身体信号将被放大至 0.5 V。在使用者左侧胸部靠近心脏部位安装一个电极贴片,连接到 AD620 的引脚 3,当作身体信号正端输入。在使用者右侧胸部与左侧对应位置安装一个电极贴片,连接到 AD620 的引脚 2,当作身体信号负端输入。使用者左脚安装一个电极贴片连接到 AD620 的引脚 5 作为参考接地。

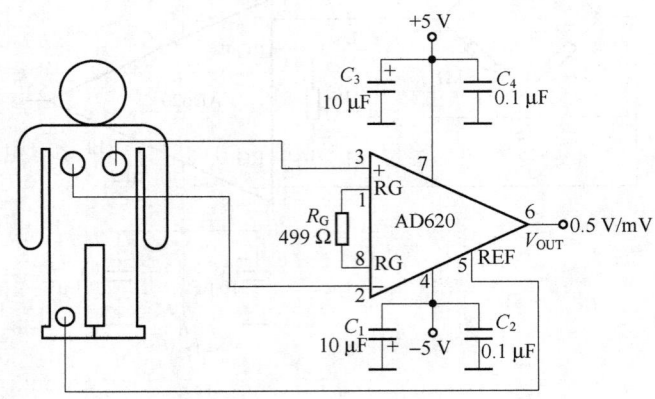

图 8.10 AD620 单电源供电的压力检测仪

8.2.4 AD620 制作的增益可编程仪表放大电路

1. 工作原理

可编程仪表放大电路如图 8.11 所示,由 ADG1611 电子开关组成的电路代替了 AD620 的编程电阻 R_G,使得放大器的增益可以通过二进制代码进行控制,很容易和单片机的 IO 口对接,通过单片机编程来控制增益。

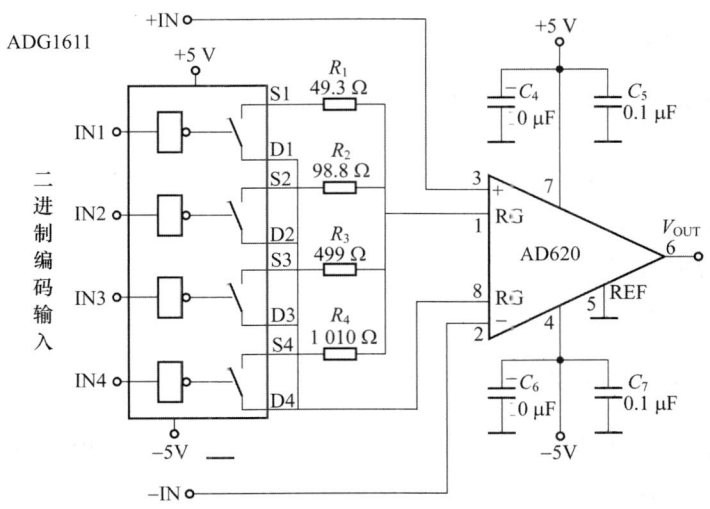

图 8.11 可编程仪表放大电路

2. 元件选择

在本应用中,电子开关的导通电阻对增益的影响较大,可以选择 ADG1611,其导通电阻仅为 1 Ω,不能选择 CD4066 等电路,$R_1 \sim R_4$ 应选择 0.1%误差的精密电阻。

3. 制作要点

按图 8.11 中所使用的 $R_1 \sim R_4$ 电阻值,可以得到 1、50、100、500、1 000 的增益。从 0000～1111 一共可以有 16 种组合,也就是说实际上可以最多得到 16 种不同的增益结果,其中比较典型的几种增益如表 8.3 所示。

表 8.3 增益设置

IN1	IN2	IN3	IN4	增益
0	0	0	0	1
			1	49.91
		1		100
	1			501
1				1 003
1	1	1	1	1 653

8.3 TDA0161 金属检测集成电路及其应用

TDA0161 为意法半导体(ST)公司生产的金属传感器集成电路,它具有灵敏度高、工作频率范围宽、精度高、外围元件少以及可靠性高等优点。通过检测涡电流损失来检测金属体,当接近金属物体时输出信号电平会发生改变。

8.3.1 TDA0161 的特性

TDA0161 的主要特点如下。
（1）输出电流为 10 mA。
（2）振荡频率为 10 MHz。
（3）电源电压为 4～35 V。
（4）接近目标时电源电流为 10 mA。
（5）远离目标时电源电流为 1 mA。

8.3.2 TDA0161 的功能结构和引脚配置

TDA0161 的功能结构如图 8.12 所示。TDA0161 有 DIP8 和 SOP8 两种封装。TDA0161 是利用磁感应原理来检测金属的。TDA0161 主要由振荡器、检波器、比较器、基准电压源和可变恒流源组成。当集成电路附近无金属时，内部电路保持振荡，集成电路输出的电流不大于 1 mA，而且为可变恒流源方式，电流基本上不受电源电压的影响。内部振荡器的最高振荡频率可达 10 MHz。不同的使用场合，对振荡频率的要求也不同。在需要定位精确时，取较高的振荡器频率；在需要高灵敏度时，取较低的振荡器频率。实践证明，该集成电路在不同的频率下都能取得满意的效果。图 8.12 中，振荡电容器与探测线圈并联后接至引脚 3 和引脚 7 组成振荡回路，振荡频率可以通过改变探测线圈的电感量或者振荡电容的电容量来实现。

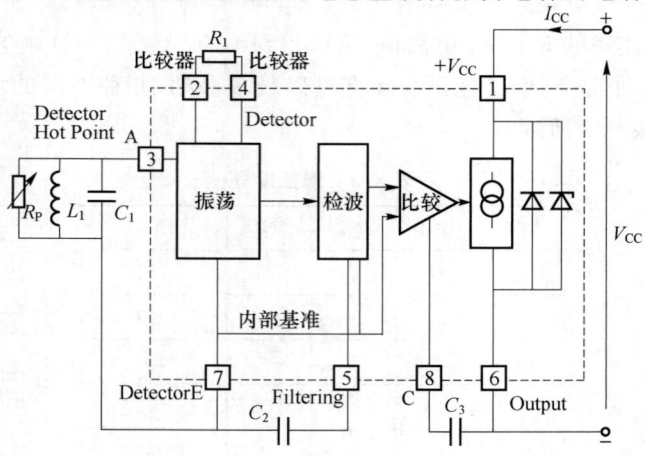

图 8.12 TDA0161 的功能结构

TDA0161 的引脚配置如图 8.13 所示。

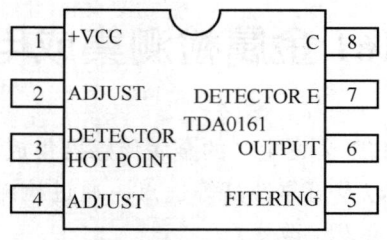

图 8.13 TDA0161 的引脚配置（顶视）

8.3.3 TDA0161 的典型应用

TDA0161 的金属探测电路如图 8.14 所示,当金属靠近线圈 L 时,通过 LED 的电流从 1 mA 变为 10 mA,亮度明显变高很多,人们可以根据亮度判断有无金属,很暗表示无金属。

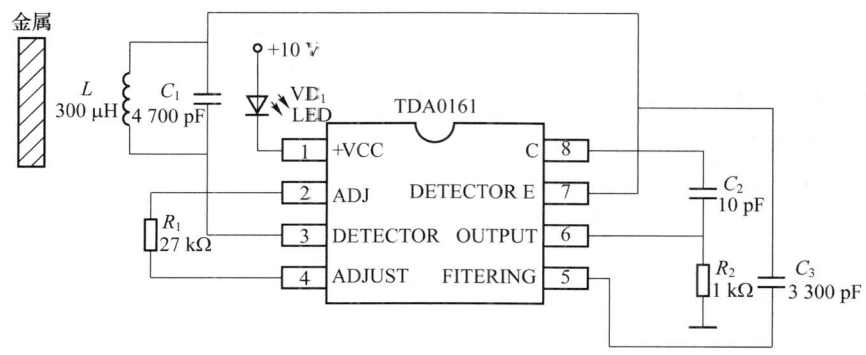

图 8.14　TDA0161 的金属探测电路

利用引脚 6 的电位变化可以扩展很多功能,如增加三极管驱动继电器等。TDA0161 的触摸应用电路如图 8.15 所示,平时 TDA0161 内部保持振荡状态,引脚 6 的电位仅为 0.7 V,不足以使稳压管击穿,S8050 处于截止状态,继电器 J 不吸合。一旦人手触摸金属触摸点时,集成电路内部振荡减弱,比较器有误差电压输出,其引脚 6 电位升高,3.6 V 稳压管击穿导通,S8050 导通,J 吸合接通负载电压。V_{CC} 可使用 6～15 V 直流电源,L 电感量为 300 μH,可用色标电感器。图 8.15 的电路可以用于触摸式的自动电源控制,如手扶梯的自动控制以及电熨斗、吸尘器等自动控制,也适合用作各种手持工具的自动电源开关,当人手握住机把时(如电烙铁),电源自动接通,松手后自动关闭。

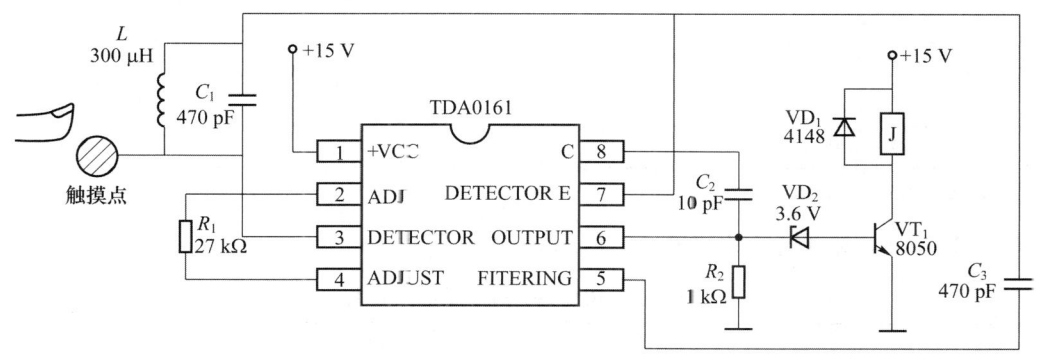

图 8.15　TDA0161 的触摸应用开关电路

8.4　ICL7107 三位半 LED 显示 A/D 变换器及其应用

ICL7107 是一个高性能、低功耗的三位半 LED 显示 A/D 变换器。它包含了七段译码、LED 显示驱动、参考源和时钟系统,可以直接驱动共阳极的 LED 数码管,与 ICL7107 功能类似的 ICL7106 用于驱动液晶显示屏,两者均常用于电压的测量和显示。

ICL7107 具有精度高、通用性强和成本低等特点,它具有低于 10 μV 的自动校零功能,温度漂移小于 1 μV/℃,输入电流小于 10 pA,极性转换的误差很小。其真正的差动输入和差动参考源可使其用于桥式传感器输出信号的测量,所需的外围元件极少。

8.4.1 ICL7107 的特性

ICL7107 的主要特点如下。
(1) 零电平输入时,数码管读数为零。
(2) 1 pA 的典型输入电流。
(3) 真正的差动输入和差动参考源。
(4) 小于 15 μVp-p 的低噪声。
(5) 片上集成时钟系统。
(6) 小于 10 mW 的低功耗。
(7) 可不外接有源电路。
ICL7107 的极限参数如表 8.4 所示。

表 8.4 ICL7107 的极限参数

参数名	典型值	单位
电源电压(V_+ 到 V_-)	15	V
电源电压(V_+ 到 GND)	6	V
电源电压(V_- 到 GND)	−9	V
模拟输入电压	V_+ 到 V_- 内	
参考源输入	V_+ 到 V_- 内	
时钟输入	V_+ 到 GND	
工作温度	0~70	℃
储存温度	−65~150	℃
热阻	50	℃/W
最大结温	150	℃

注:$T_A=25$ ℃,除非特指。

ICL7107 的主要电气参数如表 8.5 所示。

表 8.5 ICL7107 的主要电气参数

参数名	条件	最小值	典型值	最大值	单位
正电源电压	V_+ 与 GND 之间		5		V
负电源电压	V_- 与 GND 之间		−5		V
正电源电流	$V_{IN}=0$ V,不包括 LED 流入电流		1.0	1.8	mA
负电源电流	$V_{IN}=0$ V,不包括 LED 流入电流		0.6	1.8	mA
字符段陷电流	不包含引脚 AB4 和 POL		5	8	mA
	引脚 AB4		10	16	mA
	引脚 POL		4	7	mA
零输入读数	$V_{IN}=0.0$ V,满量程 200 mV	000.0	000.0	000.0	数字读数

续表

参数名	条件	最小值	典型值	最大值	单位
比例值读数			999	1 000	数字读数
极性转换误差			±0.2	±1	字
共模抑制比	$V_{CM}=1\ V,V_{IN}=0\ V$,满量程 200 mV		50		μV/V
噪声	$V_{IN}=0\ V$,满量程 200 mV		15		μV
输入漏电流	$V_{IN}=0\ V$		1	10	pA
零输入漂移	$V_{IN}=0\ V$,0~70 ℃		0.1	1	μV/℃
量程温度系数	$V_{IN}=199\ mV$,0~70 ℃ 外部参考源 0 ppm/℃		1	5	ppm/℃
振荡器频率	$C>50\ pF,R>50\ k\Omega,f_{OSC}=0.45/(RC)$		48		kHz

8.4.2 ICL7107 的原理和引脚配置

ICL7107 的积分电路如图 8.16 所示。ICL7107 为双积分型 AD 变换器,是一种间接 AD 变换器,它通过对输入待测电压和标准的参考电压分别进行两次积分,将输入电压的平均值变换成与之成正比的时间间隔。然后,在时间间隔内,对脉冲进行十进制计数,进而得出相应的数字输出。

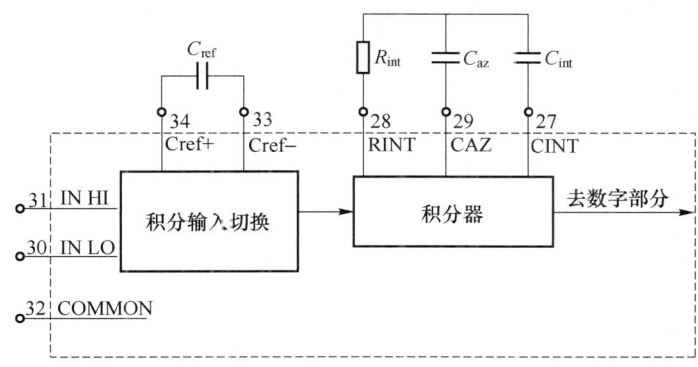

图 8.16 ICL7107 的积分电路

ICL7107 的数字部分电路如图 8.17 所示。时钟信号源由内部的两个反相器以及外部的 R 和 C 组成的,其振荡周期 $T_c \approx 2.2RC$。引脚 37 为测试信号输入端,平时悬空,当接高电平时,控制逻辑控制所有的 LED 点亮(除小数点)。

计数器对反向积分过程的时钟脉冲进行计数,得到 BCD 计数值。

锁存器用来存放 BCD 计数值,即 AD 变换的结果,锁存器的输出经译码器后驱动 LED。

译码器为 BCD-7 段译码器,将锁存器的 BCD 码译成 LED 数码管数字的相应编码。

LED 驱动器是将对应于共阳极数码管七个笔段的逻辑电平进行电流放大,驱动相应笔段显示。

控制器有三个作用:①识别积分器的工作状态,适时发出控制信号,控制模拟开关接通或断开,AD 变换能循环进行;②根据输入电压极性来控制 LED 数码管的负号显示;③当输入电压超量程时发出溢出信号,使千位显示"1",其余码全部熄灭。

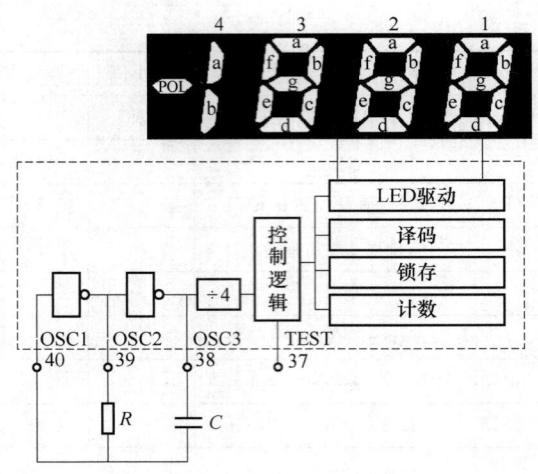

图 8.17 ICL7107 的数字部分电路

DIP40 封装的 ICL7107CPL 的引脚配置如图 8.18 所示。7107 字样的集成电路有很多厂家生产,引脚的定义并不完全相同,具体需要查所属厂家的数据规范文件。另外,ICL7107 通常还提供小型的贴片封装,如 ICL7107CM44 为 PQFP44 封装,引脚编号和配置与 DIP40 差异较大,均需严格参考规范文件。

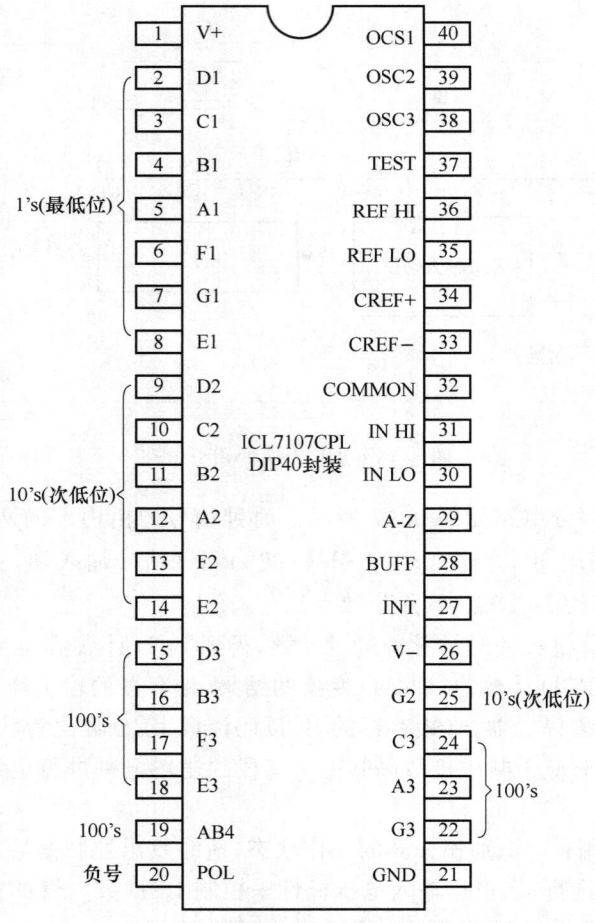

图 8.18 ICL7107CPL 的引脚配置(顶视)

ICL7107CPL 的引脚功能如表 8.6 所示。

表 8.6 ICL7107CPL 的引脚功能

引脚	符号	说明
1	V+	正电源
2~8		驱动个位数码管
9~14,25		驱动十位数码管
15~18,22~24		驱动百位数码管
19	AB4	驱动千位数码管,显示千位上的 1
20	POL	负号数码显示
21	GND	地
26	V−	负电源
27	INT	接积分电容器 C_{int},必须选择温度系数小,不致使积分器的输入电压产生漂移的元件
28	BUFF	接积分电阻 R_{int}。其输出级的无功电流(idling current)是 100 μA,而缓冲器与积分器能够供给 20 μA 的驱动电流,从此脚接一个 R_{int} 至积分电容器,其值在满刻度 200 mV 时选用 47 kΩ,而 2 V 满刻度则使用 470 kΩ
29	A-Z	接自动调零电容 C_{az}。如果应用在 200 mV 满刻度的场合使用 0.47 μF,而 2 V 满刻度是 0.047 μF
30	IN LO	模拟量输入端(−)
31	IN HI	模拟量输入端(+),当引脚 30 电位大于引脚 31 时,引脚 20 才输出低电平点亮负号 LED
32	COMMON	模拟信号公共端,简称"模拟地",使用时一般与输入信号的负端以及基准电压的负极相连
33	CREF−	外接基准电容端
34	CREF+	外接基准电容端
35	REF LO	基准电压负端
36	REF HI	基准电压正端
37	TEST	TEST 测试端,接正电源可以点亮测试所有 LED
38	OSC3	外接阻容或石英晶体组成的振荡器
39	OSC2	外接阻容或石英晶体组成的振荡器
40	OSC1	外接阻容或石英晶体组成的振荡器,电容量的选择根据 $f_{OSC}=0.45/RC$ 来决定

8.4.3 ICL7107 的负电源产生和基准源电路

为了让 ICL7107 能正确测量和显示正负电压值,必须给其提供负电源和标准的电压基准(参考电压)。在实际应用中,负电源通常由正电源通过各种电源变换方式产生,电荷泵电路为其中的一种。

基准源电路为所有 AD 变换器必需的标准电源,ICL7107 的基准源可以使用 TL431(2.5 V)或者 ICL8069(1.2 V)等电压基准集成电路来产生。TL431 集成电路通过电阻分压产生 100 mV 标准基准电源的电路如图 8.19 所示,其中负电源由三极管组成的负电压电路产生。

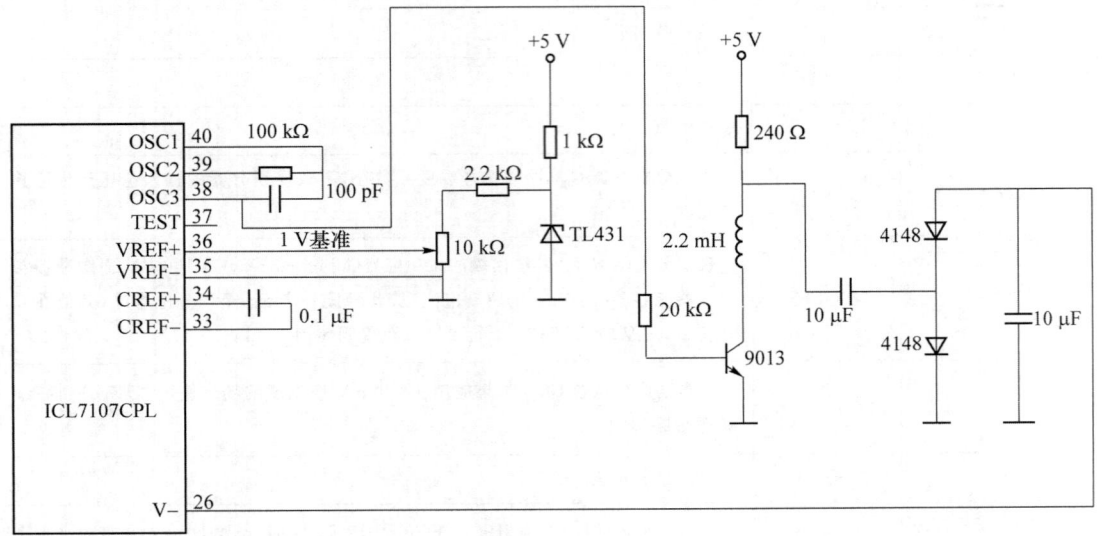

图 8.19 三极管负压的 2 000 mV 量程电路

ICL8069 集成电路通过电阻分压产生 1 000 mV 标准基准电源的电路如图 8.20 所示,其中负电源由 CD4009 反相器组成的负电压电路产生,是典型的电荷泵电路。它借用时钟振荡信号,只需要 1 片反相器集成电路和两个二极管、两个电容,调试容易,性能稳定,通常能得到 -3.6 V 左右的负电源,能满足 ICL7107 对负电源的需要。

8.4.4 ICL7107 的时钟电路

ICL7107 的时钟连接电路如图 8.21 所示,其中图 8.21(a)为外部时钟输入方式,图 8.21(b)为 RC 振荡器产生时钟信号,两种方式的信号的频率均要被除以 4 才进入下一级计数器,以形成一个测量周期的三个阶段。一个完整的测量周期为 4 000 个计数值(即引脚 38 上 16 000 个脉冲周期)。三个测量周期中,信号积分占 1 000 个计数值,参考源反向积分占 0～2 000 个计数值,自动校零阶段占 1 000～3 000 个计数值。当输入信号小于满量程时,自动校零阶段自动补足,使得一个测量周期为 4 000 个计数值。当振荡频率为 48 kHz 时,经过 4 分频得到 12 kHz 的时钟频率,周期为 1/12 000 s,一个测量周期包含 4 000 个时钟周期,其值为 4 000/12 000=0.33 s,即每秒测量 3 次左右。

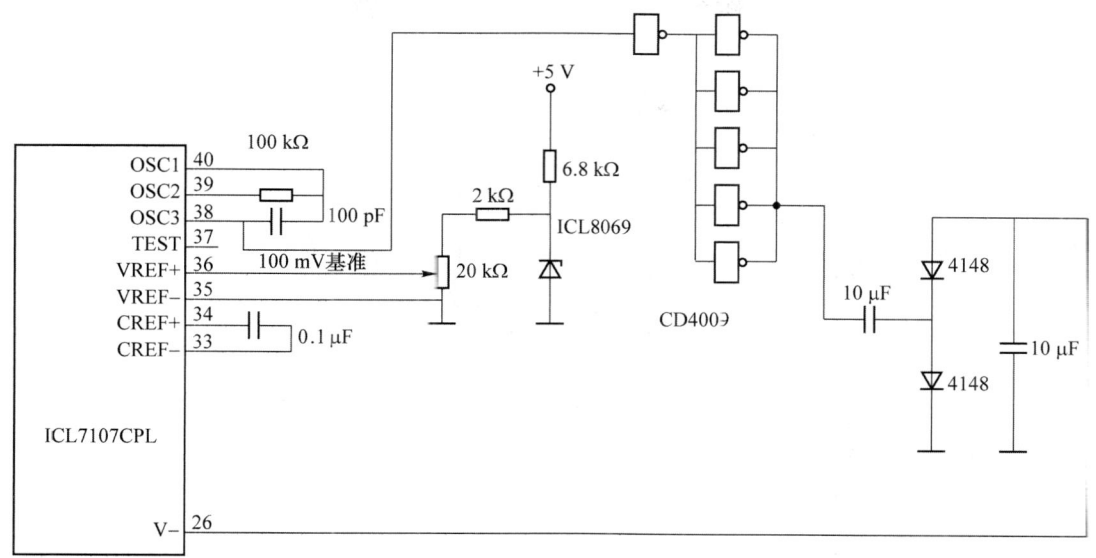

图 8.20　CD4009 负压的 200 mV 量程电路

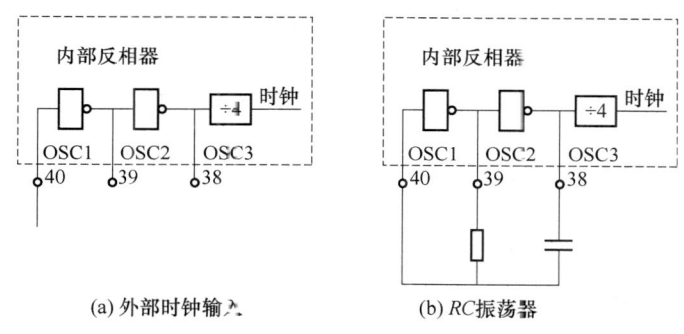

(a) 外部时钟输入　　　(b) RC 振荡器

图 8.21　ICL7107 的时钟连接电路

当信号积分阶段的时间为市电工频频率的整数值时，可使电路对工频具有最大的抑制能力。为了对我国 50 Hz 的工频有最大抑制能力，可选择 40 kHz、50 kHz、100 kHz、200 kHz 等作为振荡频率。如选择 40 kHz 作为振荡频率，可对 50 Hz 和 60 Hz 的工频均有抑制能力。

8.4.5　ICL7107 的单电源应用电路

很多场合下，只需要使用单电源即可正常工作，ICL7107 采用单电源 +5 V 的应用电路如图 8.22 所示。

采用单一 +5 V 供电的前提条件有以下三个：
(1) 输入电压以共模方式的中心电压为参考，而不是以地为参考；
(2) 输入信号电压小于 1.5 V；
(3) 采用外接基准电压。

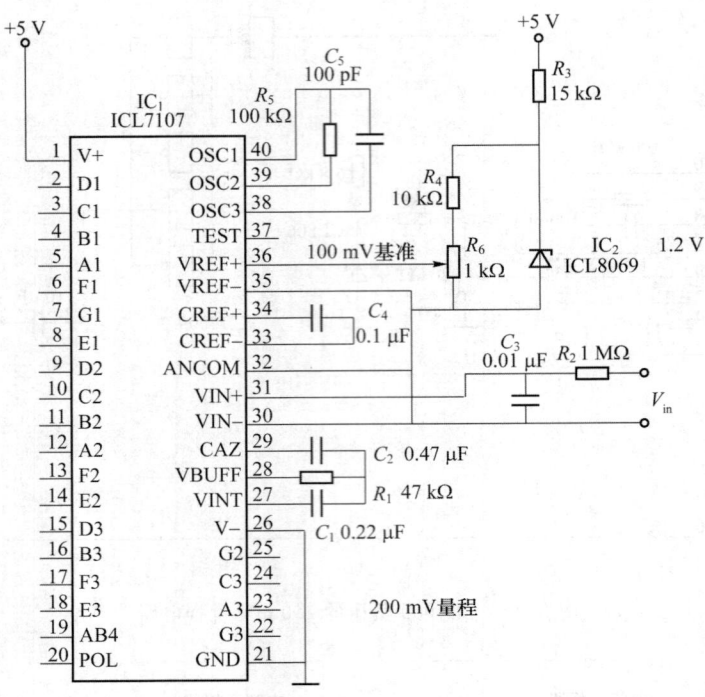

图 8.22 ICL7107 的单电源应用电路

8.4.6 ICL7107 的双电源应用电路

ICL7107 单电源工作,无法测量高于 1.5 V 的电压,而且输入电压不能以地为参考,在某些系统中无法使用。采用电荷泵技术产生负电压后即可组成双电源应用电路,如图 8.23 所示。

8.4.7 ICL7107 电路关键元件的选择

在图 8.23 中,引脚 27 所接电容为积分电容 C_1,引脚 28 所接电阻为积分电阻 R_1,引脚 29 所接电容 C_2 为自动校零电容。

1. 积分电阻

积分电阻的限制使得整个输入信号范围内的积分电流都能落在一个线性度很好的区间内。当积分器的输出电流为 4 μA 左右时线性度很好,所以对于 2 V 量程应用选择 470 kΩ 电阻最合适,对于 200 mV 量程选择 47 kΩ 电阻最合适。

2. 积分电容

积分电容的选择必须能使最大电压摆幅不达到积分器输出电压的最大饱和值,当时钟频率为 48 kHz 时,积分电容 C 的值应为 0.22 μF。当使用不同的时钟频率时,该电容的值应往相反方向修正,以保证积分器有同样的输出摆幅。积分电容要求漏电要小,以减少翻转误差,较合适的为聚丙烯电容,漏电几乎可以忽略。

第 8 章 传感器与测量集成电路

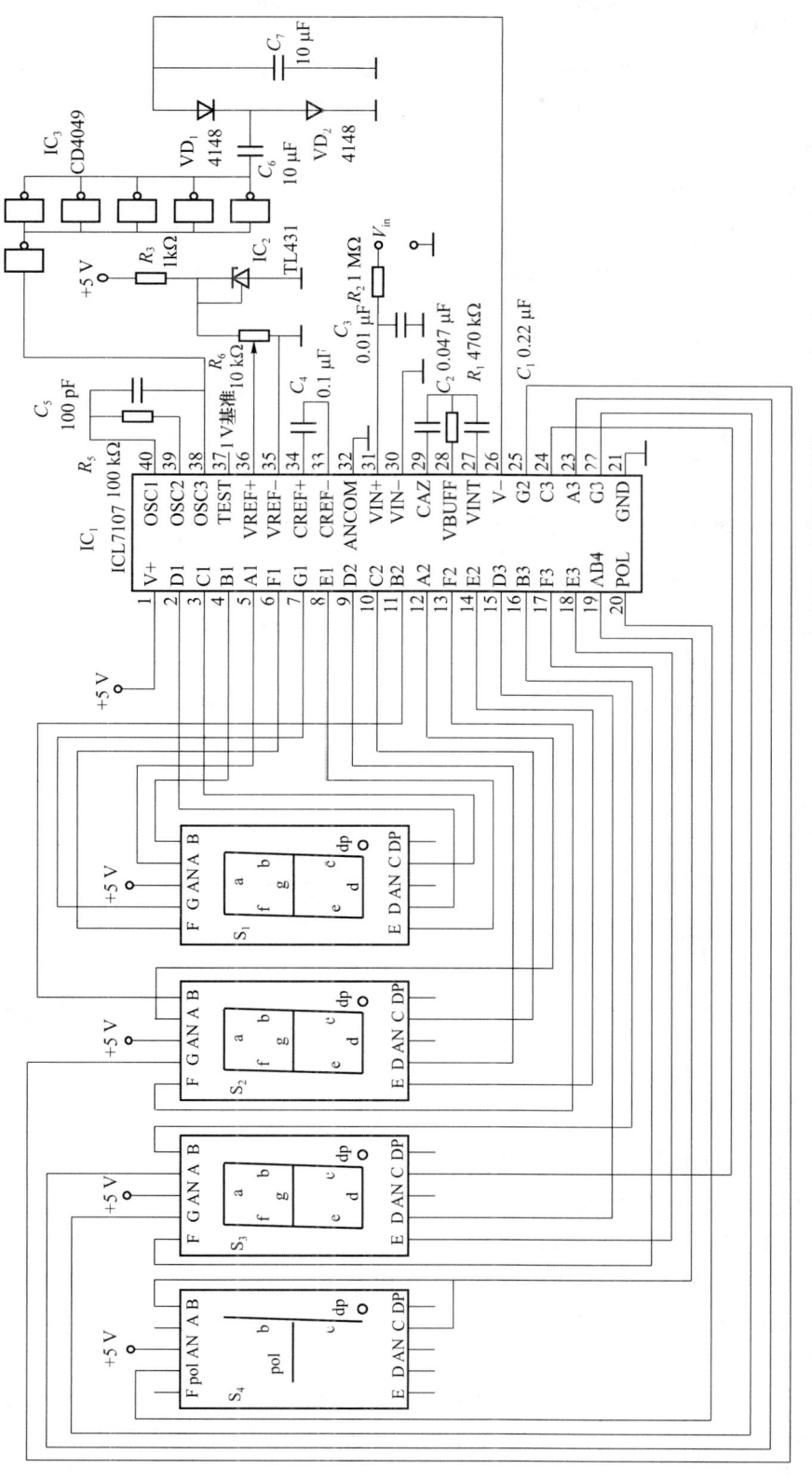

图 8.23　ICL7107 的双电源应用电路

3. 自动校零电容

自动校零电容的大小对系统的噪声有一些影响，尤其是当 200 mV 满量程时，噪声的影响不能忽略。推荐使用 0.047 μF 的电容。

4. 参考电容

在绝大多数情况下，引脚 33 和引脚 34 之间接 0.1 μF 的参考电容效果最好，但是当存在较大的共模电压（即 REFLO 引脚未与模拟公共端连接）和使用 200 mV 量程时，可选用更大容量的电容，以更好地防止产生翻转误差。通常，当使用 1 μF 参考电容时，可以将翻转误差控制在 0.5 个显示字范围内。

5. 振荡器元件

振荡电阻推荐使用 100 kΩ，电容值可以根据公式 $f=0.45/(RC)$ 来推算。在 48 kHz 时钟频率时（每秒 3 次测量），$C=100$ pF。

8.5 传感器与测量集成电路应用测试实践

图 8.24 为 AD620 的应用测试电路。电路中，VD_{C1} 的正向导通电压 V_{48} 经过三个串联电阻进行分压。当开关 S_{K1} 拨到左侧时，AD620 的输入为电阻 R_{K3} 的分压；当开关 S_{K1} 拨到右侧时，AD620 的输入则为电阻 R_{K2} 和 R_{K3} 的合分压。从引脚 6 输出放大后的电压，放大倍数为 10 倍。

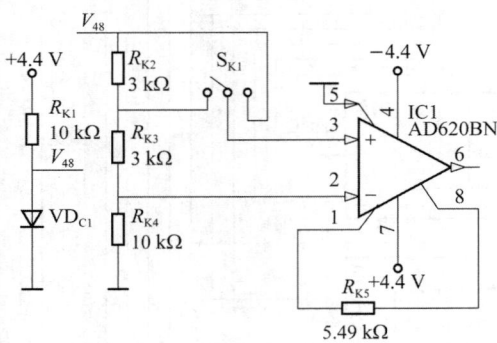

图 8.24 AD620 应用测试电路

AD620 集成电路
应用测试实践

对图 8.24 所示的电路可以进行如下测量。

（1）引脚 3 连接 R_{K3} 上端时，放大倍数的测量。将开关 S_{K1} 拨到左侧，使用万用表的直流电压挡测量引脚 3 和引脚 2 之间的电压，即为输入电压。再测量引脚 6 的电位，即为输出电压。放大倍数为输出电压与输入电压的比值，理论值为 10 倍。

（2）引脚 3 连接 V_{48} 时，测量放大倍数。将开关 S_{K1} 拨到右侧，重复上一步的操作，将得到的放大倍数和上一步的进行比较。

（3）引脚 3 和引脚 2 电流的测量。将开关 S_{K1} 拨到左侧，使用万用表的直流电压挡测量两个 3 kΩ 电阻的电压，应近似相等，计算得出引脚 3 的电流近似为 0。用万用表的直流电压挡测量 10 kΩ 电阻的电压，分别计算 R_{K3} 和 R_{K4} 的电流，应近似相等，计算得出引脚 2 的电流近似为 0。

8.6 习　题

1. 温度指示电路如图 8.25 所示，试分析在什么温度范围内 LED 会亮？如要指示在该范围内 LED 灭，可以如何修改电路？

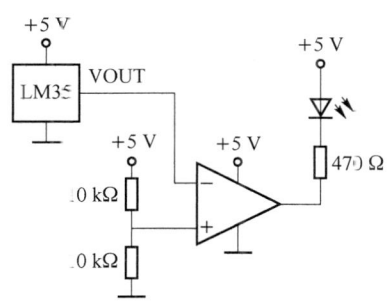

图 8.25　温度指示电路

2. 四个电阻应变片的称重电路如图 8.26 所示，当无重物时，四个应变均为 350 Ω，$V_{OUT}=0$ V。每增加 1 kg，电阻阻值变化 350 Ω 的 0.01%，求每 1 kg 的输出电压。

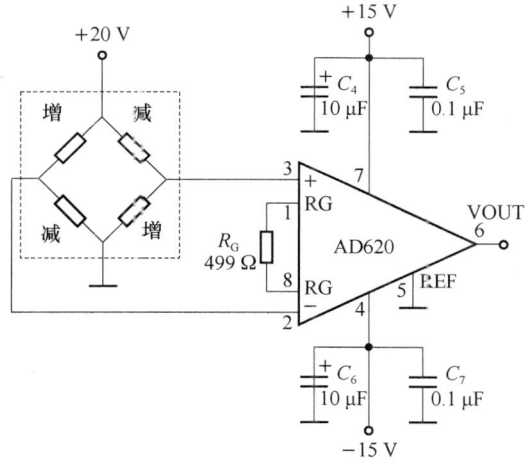

图 8.26　四个电阻应变片的称重电路

3. 给 ICL7107 提供基准电压的电路如图 8.27 所示，请计算其输出电压 V_O 的范围。如要得到 100 mV 的输出电压，如何修改电路才可以做到调节电位器得到准确的 100 mV 电压。

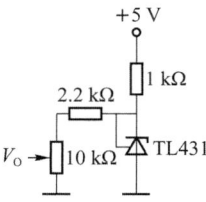

图 8.27　给 ICL7107 提供基准电压的电路

4. 给 ICL7107 提供负电压的电路如图 8.28 所示，在输入端输入一个 +5 V 的脉冲波可以在输出端得到大约 -4 V 的电压，请分析其工作原理。

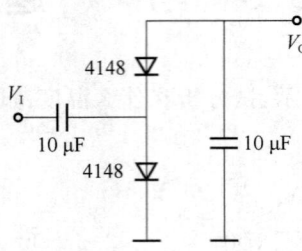

图 8.28　给 ICL7107 提供负电压的电路

第 9 章 其他常用集成电路

9.1 ICL8038 精密信号发生器及其应用

ICL8038 是能产生 300 kHz 以内的高精密度正弦波、方波、三角波、锯齿波和脉冲波的单片波形信号发生器。它最先由美国 Intersil 公司生产,后来由 MAXIM 公司改进成 MAX038(频率上升到 20 MHz)。尽管目前 Intersil 公司不再提供 ICL8038 了,曾经提供过替换产品 XR-8038 的 Exar 公司和 MAX038 的 Maxim 公司也不再继续提供代用产品(另外 Exar 公司还生产过一颗 XR-2206 的类似芯片)。但是目前国内市场仍然有较多的 ICL8038 芯片供应。ICL8038 是一个用最少的外部元件就能生产 0.001 Hz～300 kHz 波形的器件,频率可以选用电阻器或电容器来调节。ICL8038 是采用肖特基势垒二极管等先进工艺制成的单片集成电路,当发生温度变化时只有很低的频率漂移。

9.1.1 ICL8038 精密信号发生器的特性

ICL8038 精密信号发生器的主要特点如下。
(1) 温度变化频率漂移很低,最大不超过 250 ppm/℃。
(2) 正弦波输出具有低于 1% 的失真度。
(3) 三角波输出具有 0.1% 的高线性度。
(4) 具有 0.001 Hz～300 kHz 的频率输出范围。
(5) 占空比在 2%～98% 任意可调。
(6) 具有从 TTL 电平至 28 V 的宽输出电平范围。
(7) 具有正弦波、三角波和方波等多种精密信号输出。
(8) 只需要很少的外部元件,易于使用。
ICL8038 的极限参数如表 9.1 所示。

表 9.1 ICL8038 的极限参数

参数名	典型值	单位
电源电压($V_{CC}-V_{EE}$)	+36	V
输入电压	$0\sim V_{CC}$	V
输入电流(引脚 4、引脚 5)	25	mA
输出灌电流(引脚 3、引脚 9)	25	mA
热阻	115	℃/W
焊接温度(10 s)	300	℃

9.1.2 ICL8038 的功能结构和引脚配置

ICL8038 的功能结构如图 9.1 所示。ICL8038 的外接电容 C 由两个恒流源进行充电和放电。若 S 断开,仅有 I_1 向 C 充电,当 C 上电压上升到比较器 1 的门限电压 $2/3V_{CC}$ 时,触发器输出 $Q=1$,控制开关 S 导通,把电流 I_2 加到 C 上放电。当 $I_2 > I_1$ 时,C 处于放电状态,放电电流为 $I_2 - I_1$,此时 C 上电压逐渐下降,当下降到比较器 2 的门限电压 $1/3V_{CC}$ 时,触发器被复位,$Q=0$,于是开关 S 断开 I_2,仅有 I_1 对 C 充电。如此反复形成振荡,则电容 C 上电压近似为三角波,通过电压跟随器缓冲后从引脚 3 输出,同时通过正弦波转换器在引脚 2 输出正弦波,而触发器输出接 NPN 管形成集电极开路输出,即引脚 9 可接上拉电阻输出方波。当两个电流源 I_1 和 I_2 的值分别设定为 I 和 $2I$ 时,电容 C 上的充电、放电电流相同,充电、放电时间相等,则引脚 3 的三角波以及变换后的正弦波就是对称的,方波的占空比为 50%。若恒流源 I_1 和 I_2 的值不满足上述关系,则引脚 3 输出非对称的锯齿波,引脚 2 输出非对称的正弦波,引脚 9 输出占空比为 2%~98% 的脉冲波形。利用引脚 4 和引脚 5 外接电阻可调整恒流源 I 的大小,改变振荡信号的频率。利用引脚 1 和引脚 12 外接电压可以调整正弦波的失真。

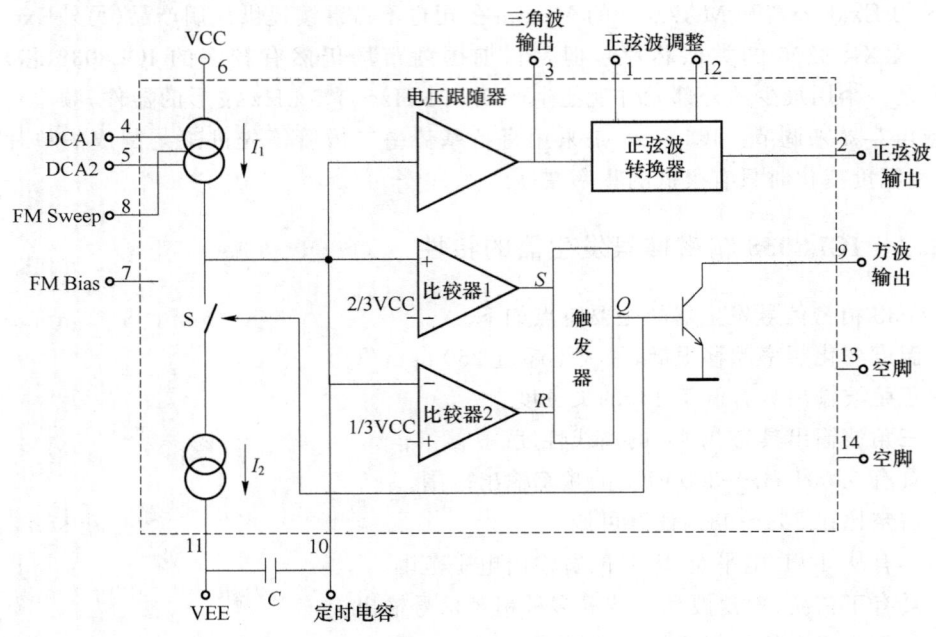

图 9.1 ICL8038 的功能结构

ICL8038 的引脚配置如图 9.2 所示。

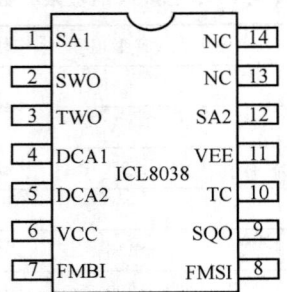

图 9.2 ICL8038 的引脚配置(顶视)

ICL8038 的引脚功能如表 9.2 所示。

表 9.2 ICL8038 的引脚功能

引脚	符号	类型	说明
1	SA1	I	正弦波线性调整输入 1
2	SWO	O	正弦波输出
3	TWO	O	三角波输出
4	DCA1	I	占空比调整输入
5	DCA2	I	占空比调整输入
6	VCC		电源正极
7	FMBI	I	调频基准输入
8	FMSI	I	频率控制输入,可接外部调制信号
9	SQO	O	方波输出
10	TC	I	定时电容输入
11	VEE		电源负极
12	SA2	I	正弦波线性调整输入 2
13	NC		空脚
14	NC		空脚

9.1.3 ICL8038 的典型应用电路

ICL8038 的典型应用电路如图 9.3 所示,当 $R_A=R_B$ 时,引脚 9 输出脉冲信号的占空比为 50%,引脚 3 输出标准的三角波,引脚 2 输出标准的正弦波。

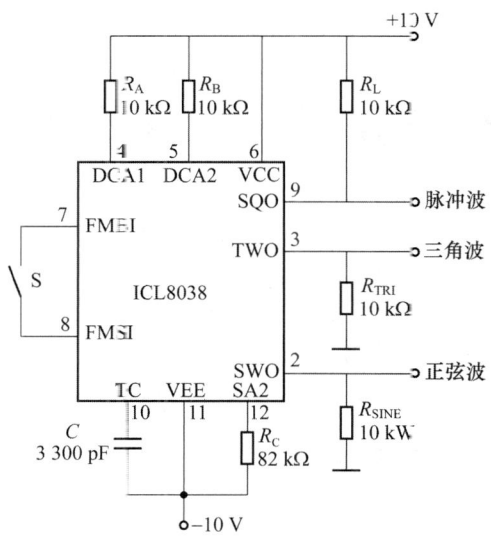

图 9.3 ICL8038 的典型应用电路(一)

充电时间: $$t_1=\frac{R_A C}{0.66}$$

放电时间：
$$t_2 = \frac{R_A R_B C}{0.66(2R_A - R_B)}$$

频率：
$$f = \frac{1}{\frac{R_A C}{0.66}\left(1 + \frac{R_B}{2R_A - R_B}\right)}$$

如 $R_A = R_B = R$，则 $f = \frac{0.33}{RC}$。

频率和占空比由 R_A、R_B 和 C 共同决定。

方便调节频率和占空比的应用电路如图 9.4 所示，分别用两个电位器 R_F 和 R_D 来调节信号的频率和脉冲的占空比。

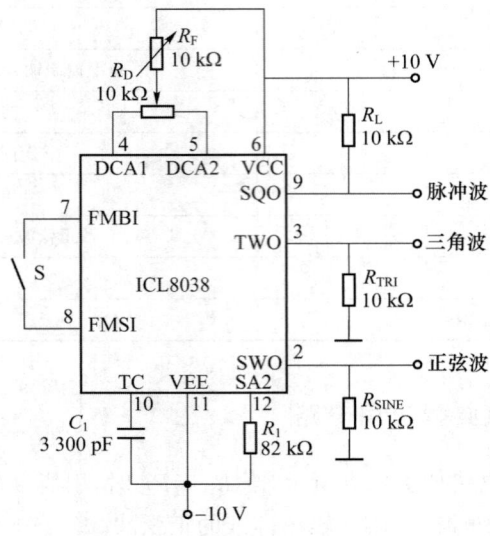

图 9.4 ICL8038 的典型应用电路（二）

9.2 LM331 精密电压频率转换器及其应用

LM331 是由前美国国家半导体公司生产的电压频率转换集成电路，它内含基准电源，具有很高的转换精度及温度稳定性，而且频率适应范围宽，线性好，外围电路简单。它经常用于 AD 变换、精密频率到电压变换、长周期的线性频率调制和解调以及一些其他应用。当将 LM331 作为电压频率转换器时，输出脉冲频率与输入电压呈线性关系。LM331A 的温度稳定性更好，LM331 比较适用于低电源电压的数字系统，例如电池供电等情况。

9.2.1 LM331 精密电压频率转换器的特性

LM331 精密电压频率转换器的主要特点如下。
(1) 保证线性度：0.01%。
(2) 宽电源范围：4～40 V。
(3) 脉冲输出兼容所有逻辑形式。
(4) 稳定度不超过 ±50 ppm/℃。

(5) 低电源损耗：15 mW/(5 V)。
(6) 宽动态范围：100 dB(10 kHz 内)。
(7) 宽频率范围：1 Hz～100 kHz。

LM331 的极限参数如表 9.3 所示。

表 9.3　LM331 的极限参数

参数名	典型值	单位
电源电压(V_S)	+4～+40	V
输入电压	−0.2 V～+V_S	V
耗散功率(25 ℃)	1.25	W
热阻(DIP8)	100	℃/W
工作环境温度	0～70	℃
焊接温度(10 s)	260	℃

9.2.2　LM331 的功能结构和引脚配置

LM331 的功能结构和引脚配置如图 9.5 所示。

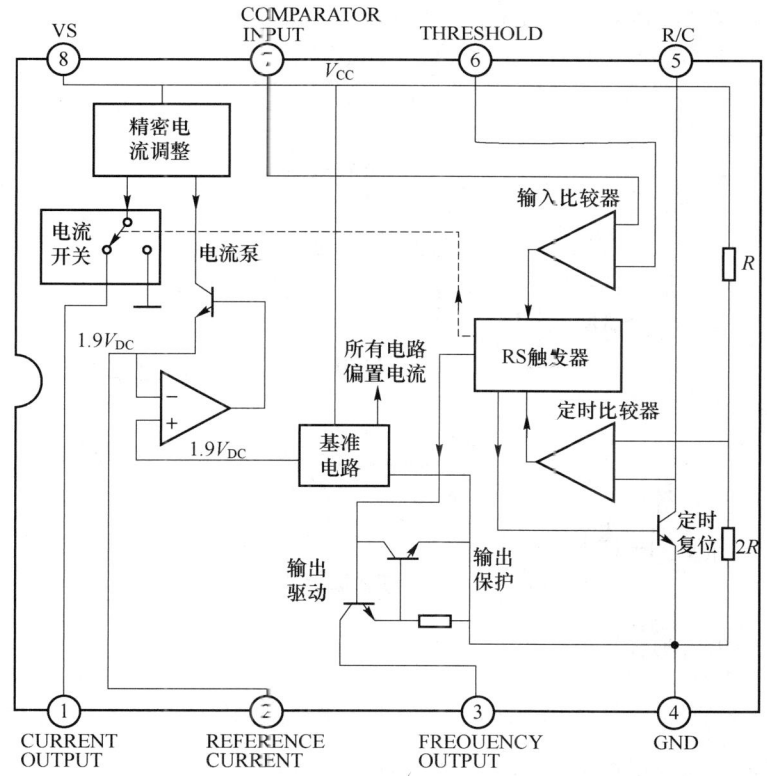

图 9.5　LM331 的功能结构和引脚配置(顶视)

LM331 的引脚功能如表 9.4 所示。

表 9.4 LM331 的引脚功能

引脚	符号	类型	说明
1	CURRENT OUTPUT	O	脉冲电流输出端,内部相当于脉冲恒流源,脉冲宽度与内部单稳态电路相同
2	REFERENCE CURRENT	O	输出端脉冲电流幅度调节,R_S 越小,输出电流越大
3	FREQUENCY OUTPUT	O	脉冲电压输出端,OC 门结构,输出脉冲宽度及相位同单稳态,不用时可悬空或接地
4	GND		地
5	R/C	I	单稳态外接定时 R 和 C
6	THRESHOLD	I	为单稳态触发脉冲输入端,低于引脚 7 电压触发有效,要求输入负脉冲宽度小于单稳态输出脉冲宽度 T_W
7	COMPARATOR INPUT	I	比较器基准电压,用于设置输入脉冲的有效触发电平高低
8	VS		电源正极

9.2.3 LM331 的应用电路

LM331 的 V-F 变换电路如图 9.6 所示。计算公式:

$$f_{OUT} = \frac{V_{IN}}{2.09} \cdot \frac{R_S}{R_L} \cdot \frac{1}{R_t} \cdot \frac{1}{C_t}$$

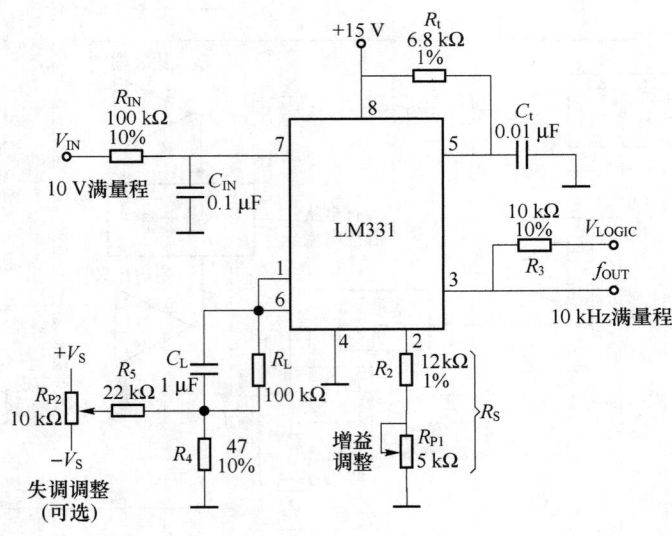

图 9.6 LM331 的 V-F 变换电路

LM331 的 F-V 变换电路如图 9.7 所示。计算公式:

$$V_{OUT} = f_{IN} \cdot 2.09 \cdot \frac{R_L}{R_S} \cdot R_t \cdot C_t$$

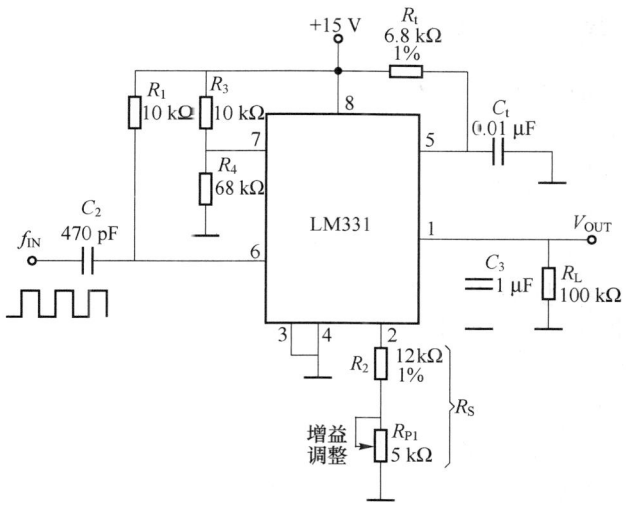

图 9.7　LM331 的 F-V 变换电路

LM331 的光照-F 变换电路提供光照到频率的转换,可以作为光指标的测量电路,如图 9.8 所示。

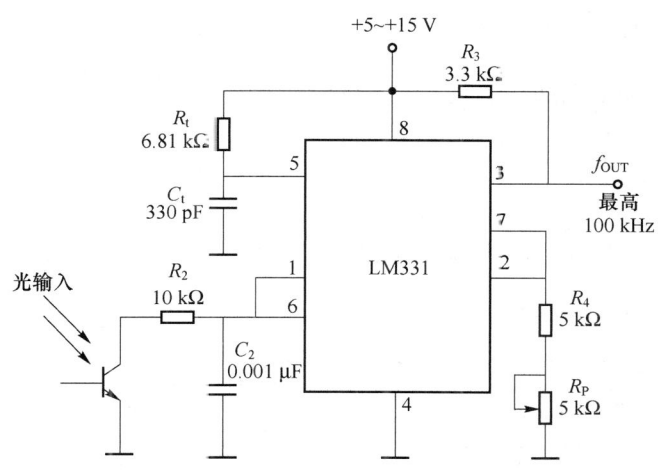

图 9.8　LM331 的光照-F 变换电路

9.3　X9313 数字电位器集成电路及其应用

X9313 最早由美国 Xicor 公司(2004 年被 Intersil 公司收购)生产,是一种固态非易失性电位器。它具有 32 个电阻值,可通过外部数字信号进行控制,可以作为数字控制的微调电位器。选择好的电阻值被保存在非易失性存储器中,可重复调用,关机后再开机阻值不变。数字电位器与机械电位器相比,阻值能受逻辑电路(特别是微处理器)或者按键的直接控制、体积小、精度高、不易受震动或污染等外界影响、易装配。因此,它经常在各种放大器和智能仪表中代替电位器的作用。

9.3.1 X9313 数字电位器的特性

X9313 数字电位器的主要特点如下。
(1) 低功耗 CMOS 结构。
(2) 电源：3～5.5 V。
(3) 工作电流：3 mA。
(4) 待机电流：0.5 mA。
(5) 内部带温度补偿电阻元件网络。
(6) 与普通电位器相同的三线模式。
(7) 抽头位置 32 个。
(8) 类似 TTL 电平的高低调节。
(9) 抽头位置存于不易失存储内，开机自动调用。
(10) 抽头位置存储信息 100 年不变。
X9313 的极限参数如表 9.5 所示。

表 9.5 X9313 的极限参数

参数名	典型值	单位
$\overline{CS}, \overline{INC}, U/\overline{D}$ 和 V_{CC} 对地电压	−1～7	V
热阻(DIP8)	100	℃/W
工作环境温度	−65～135	℃
焊接温度(10 s)	300	℃

9.3.2 X9313 的功能结构和引脚配置

X9313 的功能结构如图 9.9 所示。

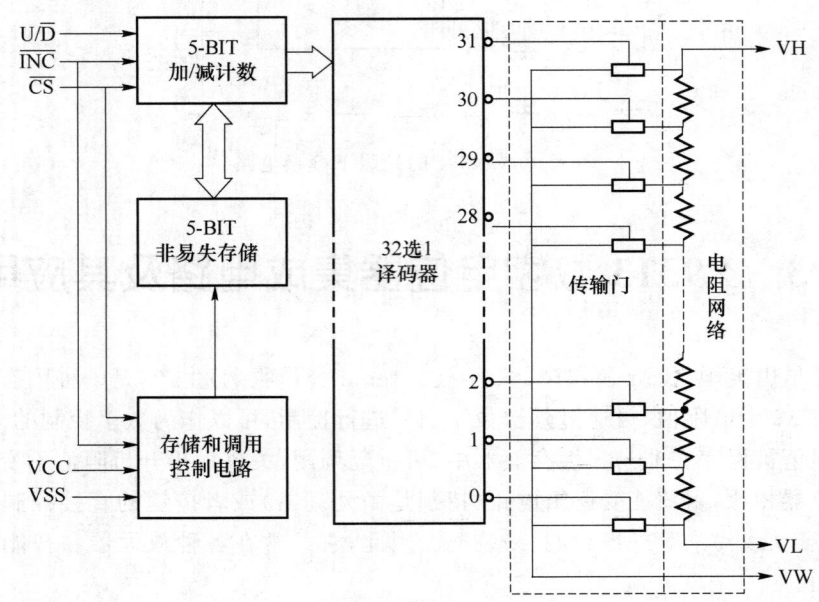

图 9.9 X9313 的功能结构

X9313 的引脚配置如图 9.10 所示。

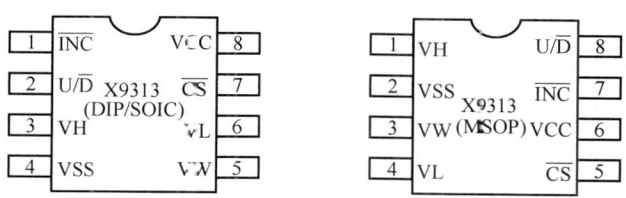

图 9.10　X9313 的引脚配置(顶视)

X9313 的引脚功能如表 9.6 所示。

表 9.6　X9313 引脚功能(DIP/SOIC)

引脚	符号	类型	说明
1	$\overline{INC}$	I	调节阻值脉冲输入端，$\overline{INC}$ 输入端是负边沿触发。触发 $\overline{INC}$ 将使滑动端向计数器增加或减少的方向移动，移动的方向由 U/$\overline{D}$ 端输入的逻辑电平决定
2	U/$\overline{D}$	I	升/降输入脚，U/$\overline{D}$ 输入控制滑动端移动的方向，即控制内部计数器增加或减少。U/$\overline{D}$ 脚为高电平时，$\overline{INC}$ 触发一次，电阻增大一级
3	VH	I	电位器高端
4	VSS		地
5	VW	O	滑动端
6	VL	I	电位器低端
7	$\overline{CS}$	I	片选输入端，为 0 时选中 IC。当 $\overline{CS}=\overline{INC}=1$ 时，数据被储存在非易失性存储器中。在储存操作完成后，X9313 将处于低功耗的等待模式，直到器件再次被选中
8	VCC		电源正极

X9313 根据最大阻值的不同有三种不同的型号，如表 9.7 所示。

表 9.7　X9313 选型指南

型号	最大阻值/kΩ	步进阻值/Ω	最小阻值/Ω
X9313Z	1	32.3	40
X9313W	10	323	40
X9313U	50	1 613	40
X9313T	100	3 226	40

9.3.3　X9313 的应用电路

X9313W(10 kΩ)构成的单端出入程控增益放大器电路如图 9.11 所示。实际放大倍数为 20～190，控制端可接至单片机的 I/O 口，此电路可以作为程控增益的前置放大电路，如音响电路等。

X9313 一般应用于单片机控制电路中，而另外一片类似的数字电位器集成电路 X9511 则可以通过单个按键分别控制中心抽头的移动方向，组成按键电子电位器，电路如图 9.12 所示。图中 $\overline{ASE}$ 引脚接地，表示掉电时该电路会自动存储电位器中心抽头的位置。如果 $\overline{ASE}$ 在通电期间保持高电平,然后变为低电平,则在$\overline{ASE}$变为高电平并保持高电平之前,$\overline{PU}$和$\overline{PD}$都将失效。

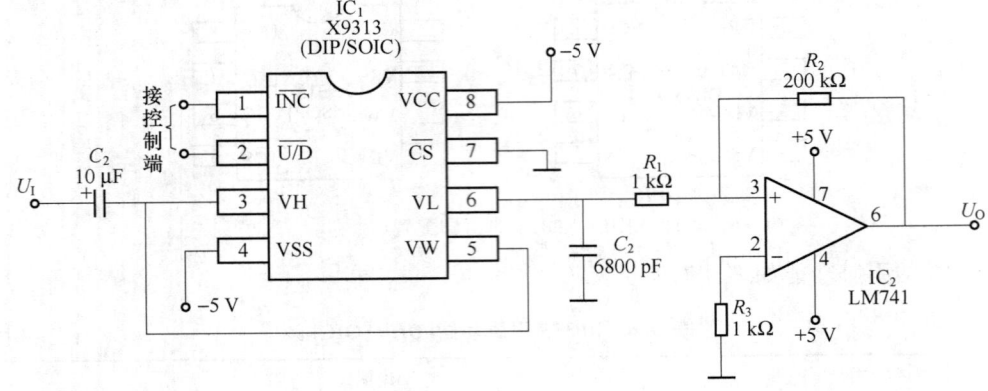

图 9.11　X9313 的程控增益放大器电路

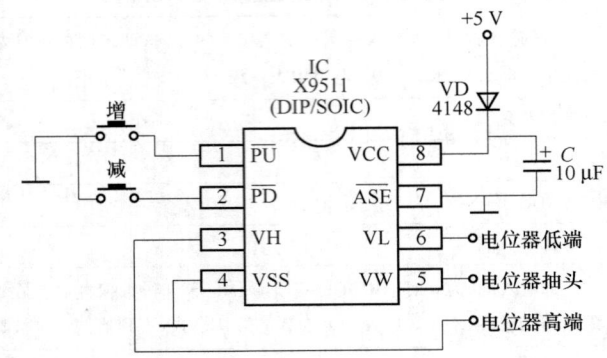

图 9.12　X9511 的典型应用电路

9.4　TTP2X 系列触摸按键电路及其应用

TTP2X 系列触摸按键电路由台湾通泰积体电路股份有限公司生产,包含 TTP223N、TTP229、TTP232、TTP223、TTP233H、TTP224C 等型号。该系列电路的上电时间为 0.5 s,刷新时间为 4 s。深圳市集领电子有限公司也有类似的替代型号产品。表 9.8 是 TTP2X 系列各型号的参数表。

表 9.8　TTP2X 系列参数表

序号	型号	按键数	工作电压	静态电流(V_{DD}=3 V)	输出类型	封装
1	TTP223N	1	2.0～5.5 V	1.5 μA	CMOS/NMOS	SOT23-6/SOP8/SSOP16
2	TTP229	16	2.4～5.5 V	2.5 μA	CMOS/NMOS/PMOS	SSOP28
3	TTP232	2	2.4～5.5 V	2.5 μA	CMOS	SOT23-6
4	TTP223	1	2.0～5.5 V	2.0 μA	CMOS/NMOS	SOT23-6
5	TTP233H	1	2.4～5.5 V	3.5 μA	CMOS/NMOS	SOT23-6
6	TTP224C	4	2.4～5.5 V	3 μA	CMOS/NMOS	SOP8

TTP2X 系列触摸按键电路均为电容触摸模式，采用电容检测技术，利用人体手指与触摸按键焊盘之间产生的电荷变化进行检测。该技术通过检测电荷的微小变化来确定手指接近或触摸到感应表面，没有任何机械部件，不会磨损，感测部分被隐藏在绝缘层（通常为玻璃或塑料外壳）的后面，很容易制作成与周围环境相密封和协调的按键。由于可以做到不接触触摸，因此，TTP2X 系列实现了各种金属面板以及机械面板无法达到的使用效果。TTP2X 系列应用广泛，成本低，功耗低。其中 TTP232-CA6 为 2 键触摸电路，可以同时侦测到 2 个按键，下面以 TTP232-CA6 为例说明其应用。

9.4.1 TTP232-CA6 触摸按键电路的特性

TTP232-CA6 触摸按键电路的主要特点如下。
(1) 宽工作电压范围：2.4～5.5 V。
(2) 功耗超低（低功耗模式 2.5 μA）。
(3) 通过外部补偿电容来调节灵敏度（1～50 pF）。
(4) 输出模式：直接输出模式和低电平输出有效模式。
(5) 内部集成稳压电路，更加稳定。
(6) 在 3 V 电源下，最大的触摸响应时间，从待机状态开始约为 220 ms。

TTP232-CA6 的极限参数如表 9.9 所示。

表 9.9 TTP232-CA6 的极限参数

参数名	典型	单位
工作温度	$-40\sim85$	℃
存放温度	$-50\sim125$	℃
电源电压	$V_{SS}-0.3\ V\sim V_{SS}+5.5\ V$	V
输入电压	$V_{SS}-0.3\ V\sim V_{DD}+0.3\ V$	V
抗静电强度	5	kV

TTP232-CA6 的主要电气参数如表 9.10 所示。

表 9.10 TTP232-CA6 的主要电气参数

参数名	最小值	典型值	最大值	单位
工作电压	2.4	3.0	5.5	V
内部稳压器输出	2.2	2.3	2.4	V
工作电流		2.5		μA
低电压输入范围	0		$0.2V_{DD}$	V
高电压输入范围	$0.8V_{DD}$		$1.0V_{DD}$	V
输出灌电流（$V_{OL}=0.6\ V$）		8		mA
输出拉电流（$V_{OH}=2.4\ V$）		-4		mA
触摸操作按键响应时间			60	ms
待机按键响应时间			220	ms
输入引脚上拉电阻		30		kΩ

注：$T_A=25\ ℃$，$V_{DD}=3\ V$。

9.4.2 TTP232-CA6 的引脚功能

TTP232-CA6 的引脚功能如表 9.11 所示。

表 9.11 TTP232-CA6 的引脚功能

引脚	符号	类型	说明
1	TPQ0	输出	TP0 触摸输入引脚的 CMOS 输出引脚
2	VSS	电源	电源负极,接地
3	TPQ1	输出	TP1 触摸输入引脚的 CMOS 输出引脚
4	TP1	输入/输出	触摸输入引脚
5	VDD	电源	电源正极
6	TP0	输入/输出	触摸输入引脚

9.4.3 TTP232-CA6 的应用电路

TTP232-CA6 的应用电路如图 9.13 所示。

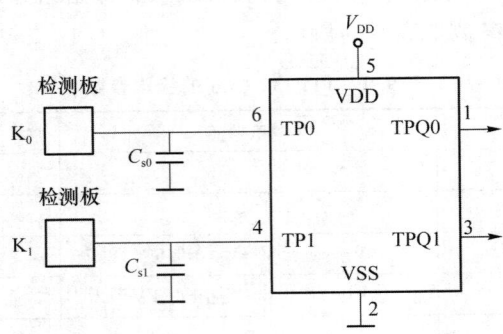

图 9.13 TTP232-CA6 的应用电路

9.4.4 TTP232-CA6 的功能

1. 灵敏度调整

电路板上接线的电极面积与电容的总负载会影响触摸灵敏度,故灵敏度调整必须符合电路板的实际情况。同时,TTP232-CA6 也提供了一些外部调整灵敏度的方法。

(1) 调整检测板尺寸的大小。在同等条件下,在有效范围内,使用较大尺寸的检测板可以增加灵敏度,反之则会降低灵敏度。

(2) 调整介质(面板)厚度。在同等条件下,在有效范围内,使用较薄的介质时,触摸距离变短,可以增加灵敏度,反之则会降低灵敏度。

(3) 调整 C_{s0} 和 C_{s1} 的电容值。在同等条件下,加上电容器 C_{s0} 和 C_{s1} 后,通过微调单个按键的灵敏度,可以让所有按键的灵敏度一致。未接电容 C_s 时,灵敏度最高,电容值越大灵敏度越低(1 pF≤C_{s0} 和 C_{s1}≤50 pF)。

2. 输出模式

TTP232-CA6 的输出(TPQ0 和 TPQ1)固定为直接输出模式和低电平输出有效模式,即没有触摸时输出高电平,检测到触摸后直接输出低电平。直接输出模式下无法进行输出锁存,即手指离开触摸端后,输出会回到原始状态。

触摸电路的常用输出模式除了直接输出模式外,还有OD(漏极开路)输出模式、锁存输出模式等。如需要OD输出模式或者锁存输出模式,则不能选择TTP232-CA6。TTF2X系列中的TTP224C-RO8N可以通过AHLB引脚(选择高电平输出有效或低电平输出有效,默认值为0)和TOG引脚(选择直接输出模式或锁存输出模式,默认值为0)来选择输出模式。

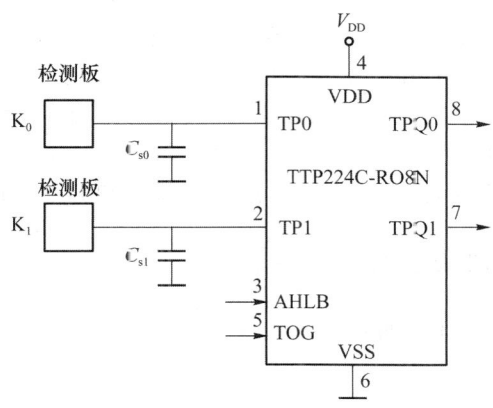

图9.14 TTP224C-RO8N的应用电路

图9.14为TTP224C-RO8N的应用电路,当AHLB引脚和TOG引脚设置不同电平时,电路可以有以下四种输出模式组合(默认为第一种组合):

TOG=0,AHLB=0:直接输出模式,CMOS输出高电平有效。
TOG=0,AHLB=1:直接输出模式,CMOS输出低电平有效。
TOG=1,AHLB=0:锁存输出模式,CMOS输出,上电状态=0。
TOG=1,AHLB=1:锁存输出模式,CMOS输出,上电状态=1。

如当TOG=1,AHLB=0时为锁存输出模式,加电后输出为0,即低电平。此时,如触摸输出为1,即高电平,手指离开后输出能锁定在高电平,而不会复原。所以每用手指进行一次触摸会导致输出进行一次翻转,相当于输出一个单脉冲信号。对于某些应用场合,可能需要触摸开关的输出为OD模式,此时可以在没有OD模式的输出端增加一个MOS管来实现,或者选择带OD输出模式的集成电路,如TTP224C-COBN。

3. 按键最长输出时间

在触摸按键的使用中,可能会出现特殊情况,如有物体盖住感测板导致误触。为避免此情况,TTP232-CA6设有定时监控,每次触摸的最大输出时间约为16 s。当检测到超过16 s时,系统将回到上电初始状态,同时输出无效,直到进行下一次检测。这种设计可以有效屏蔽物体遮挡导致的长时间的误触。

4. 按键开关的抖动

普通按键开关在开合时会产生抖动,导致一次按键会产生多个单脉冲。因此,在使用普通按键时,有时需要进行消除抖动的处理。触摸按键作为开关使用时没有抖动现象,因此,不需要经过消除抖动的处理。

9.5 NB7232触摸调光电路及其应用

NB7232触摸式无级调光(调速)电路由宁波甬晶微电子有限公司经过优化设计和工艺改进推出的调光集成电路。它兼容早期的 LS7232、CS7232、M7232、SM7232 等同类调光产品。采用了 CMOS 工艺制作,较早期采用 PMOS 工艺的 LS7232 有更低的功耗、更好的性能和稳定性,广泛用于生活中的白炽灯调光及开关控制和马达转速(台扇、吊扇、吸尘器等)的控制。NB7232 只需 1 个双向可控硅和几个其他元件组成的外围电路,就可以采用触摸(或按键)方式对光源进行调光(或马达调速)及开关的控制,并具有调光(或调速)位置的记忆功能,产品再次开机时能记忆上次的亮度(或速度)。传统的机械开关或电位器调节的形式由于存在材料磨损而严重影响产品性能和寿命,因此,NB7232 是触摸调光和调速的理想升级换代产品。

9.5.1 NB7232触摸调光电路的特性

NB7232触摸调光电路的主要特点如下。
(1)外围电路简单。
(2)触摸灵敏度高。
(3)可以实现无级调光及控制。
(4)可以实现开关功能。
(5)可以使用按键或者触摸金属电极方式。
NB7232的极限参数如表9.12所示。

表 9.12 NB7232 的极限参数

符号	参数名	典型值	单位
V_{SS}	直流电源电压	+6	V
V_{IN}	任何输入端电压	$V_{DD}-0.5\,V \sim V_{SS}+0.5\,V$	V
T_A	工作温度	$-20\sim 85$	℃
T_S	储存温度	$-65\sim 150$	℃

NB7232的主要直流电气参数如表9.13所示。

表 9.13 NB7232 的主要直流电气参数

符号	参数名	条件	最小值	典型值	最大值	单位
V_{SS}	电源电压		4.5	5	5.5	V
I_{SS}	电源电流	$V_{SS}=5\,V$ 输出悬空		10	100	μA
V_{IL}	低电平输入电压(引脚4、引脚5、引脚6)	同上	0		1.5	V
V_{IH}	高电平输入电压(引脚4、引脚5、引脚6)	同上	3.5		5	V
I_{IL}	低电平输入电流(引脚4、引脚5、引脚6)	同上		0.1	1	μA
I_{IH}	高电平输入电流(引脚4、引脚5、引脚6)	同上		0.1	1	μA
I_{OS}	输出端(引脚8)沉入电流	$V_{OL}=1\,V$ 时	25			mA

NB7232 的时间特性如表 9.14 所示。

表 9.14 NB7232 的时间特性

符号	参数名	条件	最小值	典型值	最大值	单位
f_S	同步频率		40		70	Hz
T_{S1}	短触摸(开关工作)		50		400	ms
T_{S2}	长触摸(调光工作)	$V_{SS}=5$ V	400		无限	ms
T_W	输出脉宽	电网频率 50 Hz		40		μs
Φ	导通角		41		159	°
T_{Φ}	导通角调节周期			8.4		s

9.5.2 NB7232 的功能结构和引脚配置

NB7232 内部电路由零电平检测器、输入缓冲器、锁相环、逻辑控制器、亮度存储器、相角指示器、数字比较器和输出驱动器组成,如图 9.15 所示。

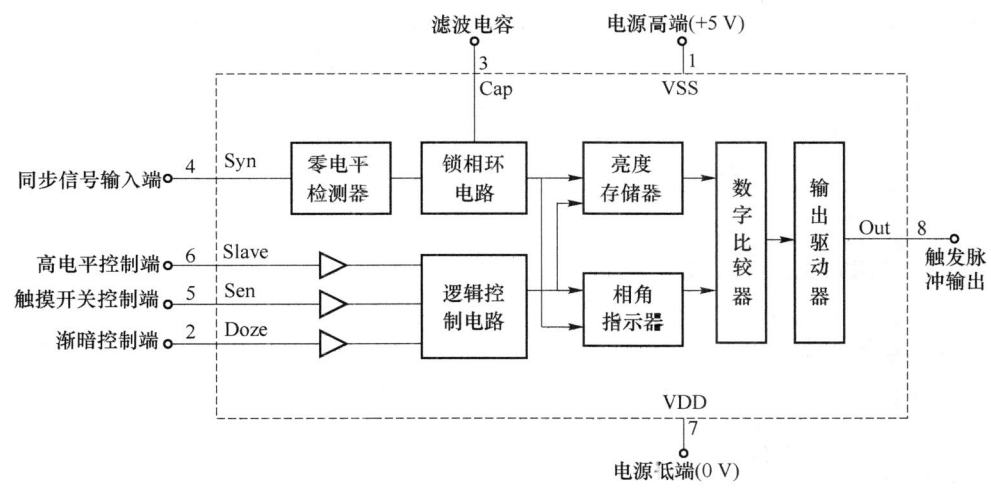

图 9.15 NB7232 的主要功能结构

以调光为例,NB7232 电路的基本工作原理为:当人体用手接触触摸片时,与市电同频率的人体感应信号从引脚 5 进入电路,经输入缓冲器的放大整形处理成标准的 CMOS 电平。当触摸持续时间在 50~400 ms 时,逻辑控制电路判断为开关信号。当触摸持续时间大于 400 ms 时,逻辑控制电路呈调光工作状态,从引脚 8 输出相位角在 41°~159°连续周期变化的触发脉冲。逻辑控制电路还可以根据触摸时间,将控制分为快、慢和暂歇三个过程。亮度存储器负责对触摸结束时刻的相位角进行存储。若再施 50~400 ms 触摸且电路呈关状态时,相位角仍会被记忆,保证电路在下一个开状态时仍保持原相位角,光源保持原亮度。与市电同步的信号从引脚 4 输入,锁相环电路保证了触发脉冲与市电的同步,电路的工作时钟也由其产生。同时,电路还具有远端触发遥控功能和渐暗功能(由亮至暗,最后关闭),渐暗速度须由外电路设置,如不需要渐暗功能,外围电路可更加简化。

NB7232 的引脚配置如图 9.16 所示。

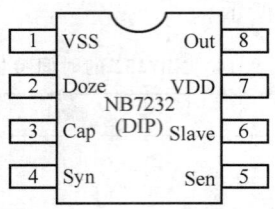

图 9.16　NB7232 的引脚配置(顶视)

NB7232 的引脚功能如表 9.15 所示。

表 9.15　NB7232 的引脚功能(DIP)

引脚	符号	类型	说明
1	VSS	电源	电源正极,+5 V 电压输入
2	Doze	输入	渐暗功能,当导通角最大(159°)时,外界对该引脚施于 83±3 个脉冲,则 SCR 的导通角从 159°连续变至 40°,最后截止(不输出触发脉冲)
3	Cap		锁相环外接滤波电容(参考值 0.047μF)
4	Syn	输入	交流频率同步信号输入端
5	Sen	输入	触摸控制端,低电平触发,人体触摸点
6	Slave	输入	远距离控制端,高电平触发,抗干扰好,适于较远距离的按键式调光控制
7	VDD	接地	0 V
8	Out	输出	输出触发脉冲

9.5.3　NB7232 的二线式应用

1. 电路组成及特点

NB7232 的二线式应用电路如图 9.17 所示,电路组件与负载(灯泡)串联,可以直接替代原电灯的机械开关。由于 NB7232 的取电与负载有关,负载又受组件的控制,所以稳定性稍差。电路由 NB7232 组成的控制电路和对负载进行导通控制的双向可控硅组成。

2. 工作原理

当 220 V 交流电接入电路后,经过电阻 R_1 降压,二极管 VD_2 整流,稳压二极管 VD_1 稳压,电容 C_1 滤波在电解电容 C_1 两端形成上"+"下"−"的 5.1 V 稳压电源给 NB7232 供电。NB7232 电路的引脚 2、引脚 5、引脚 6 均为控制输入端,它们所接收的信号都需要送到内部缓冲电路放大并送到逻辑控制电路,最终从引脚 8 输出控制信号。本电路中 NB7232 的引脚 2 接 V_{SS} 表示本电路没使用渐暗功能。NB7232 的引脚 5 接收人体触摸感应信号并经过内部缓冲送到逻辑控制电路,经过 NB7232 内部系列电路的处理从引脚 8 输出触发脉冲信号,该信号通过 R_3 送入双向可控硅 97A6 的控制端,实现对灯泡的亮度控制。VD_3 和 VD_4 起箝位作用,防止触摸端感应到雷电等异常高压信号而损坏芯片。电阻 R_2、电容 C_3 及 AN 开关组成远距离按键控制,控制信号输入到引脚 6,可以将开关 AN 接到几米远的地方进行按键控制,如不使用此功能可以省略这三个元件,并将引脚 6 接到 V_{DD} 上。电阻 R_4 将交流同步信号输入端引入引脚 4,作为同步信号,用来控制内部锁相环电路与市电同步,电容 C_6 的作用是消除交流电中的高频干扰,二极管 VD_5 的作用是防止高压输入引脚4。电容 C_4 的作用是对内部锁相环电路进行滤波。

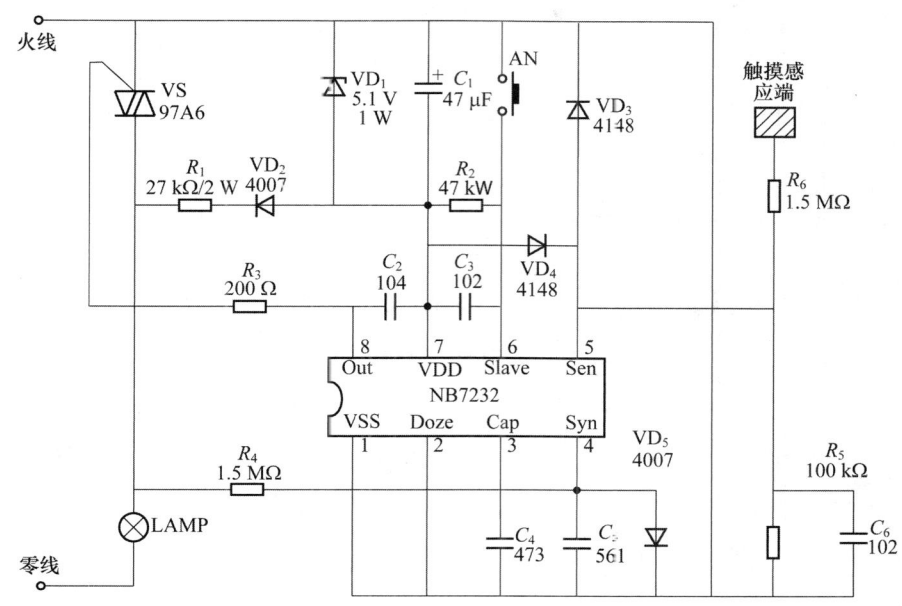

图 9.17　NB7232 的二线式应用电路

3. 元件选择

双向可控硅根据负载电流的大小选择,如 60 W 灯泡可以选择 97A6,TLC336A 约 3 A,BT136-500 约 6 A。选择可控硅的另一个原则是触发电流要小于 25 mA。C_4 取值为 0.1~0.047 μF,C_5 取值为 560~4 700 pF。C_1 为电解电容,$C_2 \sim C_6$ 可选择陶瓷电容或者 CBB 电容。R_1 的功耗应为 2 W,VD_1 的耗散功率应为 1 W。

4. 制作要点

本电路未隔离 220 V 交流电,制作时要注意元器件的耐压和功耗,加电前严格做连通性检查,并保证人身安全,避免触碰火线部分。

如果灯泡出现闪烁,可调整引脚4的外接电容或并接或改用 100 kΩ 电阻。

电阻 R_5 为触摸灵敏度调节电阻,如将输入电阻 R_4 选为 5.1 MΩ,R_5 可在 120~200 kΩ 范围内调节。在保证可靠触发的情况下,R_4 越大越好,为了保证安全还可以使用 2 个电阻串联的形式来替代 R_4。

如要将芯片的供电改为与负载串联的电容降压模式,可将 27 kΩ/2 W 电阻改为 104/600 V 电容与 470 kΩ 电阻的并联形式,再串一个 470 Ω~1 kΩ 电阻限流。

9.5.4　NB7232 的三线式应用

NB7232 的三线式应用电路如图 9.18 所示,电路组件与负载并联,NB7232 的电源取自市电,较稳定,经常使用在成品灯具中。本电路去掉了引脚5上的保护二极管以使电路更加简洁,方便制作,也可参照图 9.17 自行加上两个保护二极管。

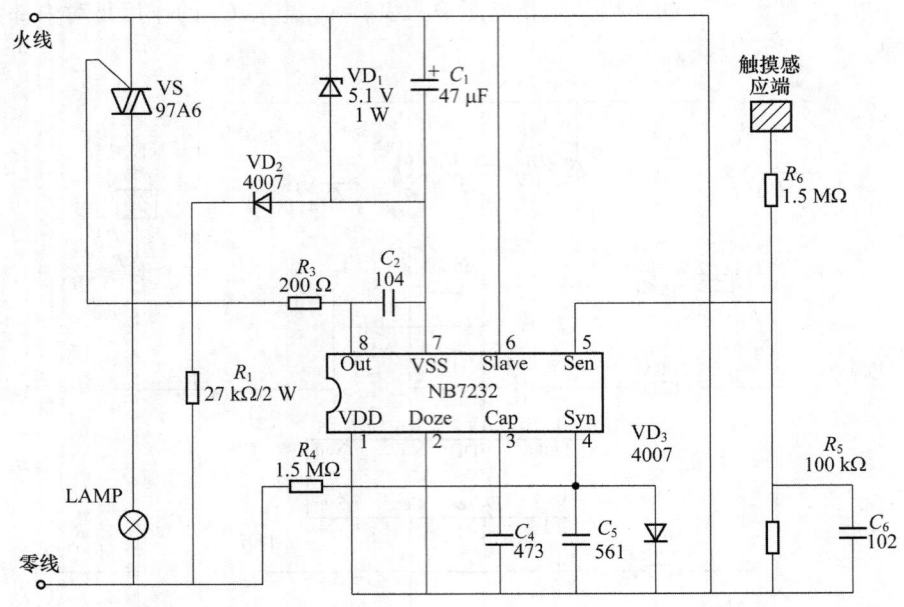

图 9.18 NB7232 的三线式应用电路

9.6 NB2056 直流无级调光调速电路及其应用

NB2056 是宁波甬晶微电子有限公司优化设计的专用调光调速集成电路,采用 CMOS 工艺制造。该电路具有耐压高、电压范围宽(2~18 V)、输出电流大、波形失真小、功耗低、抗干扰能力强等特点。通过驱动外接达林顿或 MOS 管来控制直流电机转速或 LED 等光源的亮度。该电路外围元件少,输出幅度宽,频率变化小,占空比可变且变化范围大,广泛应用于各种直流电动工具调速开关以及其他直流电机、串激电机的调速控制和交直流灯具的调光。由于调光工作频率可达几十 kHz,因此,该电路能真正做到无频闪,保护视力。

9.6.1 NB2056 的特性

NB2056 的主要特点如下。

(1) 宽电压范围:2~18 V。

(2) 功耗小。

(3) 抗干扰能力强。

(4) 输出幅度宽。

(5) 频率变化小。

(6) 占空比可变。

(7) 输出电流大。

NB2056 的主要电气参数如表 9.16 所示。

表 9.16　NB2056 的主要电气参数

参数名称	符号	单位	测试条件	最小值	典型值	最大值	说明
电源电压	V_{DD}	V	$T_A=25$ ℃	2	12	18	极限为 20 V
工作电流	I_{DD}	μA	$T_A=25$ ℃	10/2 V	250/12 V	500/18 V	
输出频率	F_{OUT}	Hz	$V_{DD}=12$ V	1 Hz (474)	3.5 kHz (361)	30 kHz (121)	由电容决定
输出幅度	V_{OUT}	V	$V_{DD}=12$ V	10	11	12	
输出电流	I_{OUT}	mA	$V_{DD}=12$ V	10	15	20	较同类有明显增大
占空比	P	%	$V_{DD}=12$ V	10		90	引脚 4、引脚 5 电阻可变
工作温度	T	℃	$V_{DD}=12$ V	−40		85	

注：未说明时，$T_A=25$ ℃。

9.6.2　NB2056 的引脚配置和定义

NB2056 的引脚配置如图 9.19 所示。

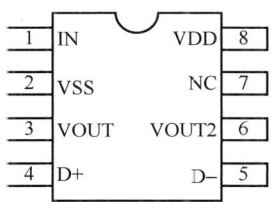

图 9.19　NB2056 的引脚配置（顶视）

NB2056 的引脚定义如表 9.17 所示。

表 9.17　NB2056 的引脚定义

引脚	符号	功能	引脚	符号	功能
1	IN	输入	5	D−	−调节
2	VSS	电源地	6	VOUT2	反馈输出
3	VOUT	信号输出	7	NC	空
4	D+	+调节	8	VDD	正电源

9.6.3　NB2056 制作的调光电路

1. 电路组成

NB2056 制作的调光电路如图 9.20 所示。电源部分由 7812 三端稳压 IC、滤波电容、VD_1 和 VD_2 两个保护二极管组成。NB2056 完成亮度信号生成，并驱动 75N75 型 MOS 管给电灯供电，R_{P1} 为亮度调节电位器。

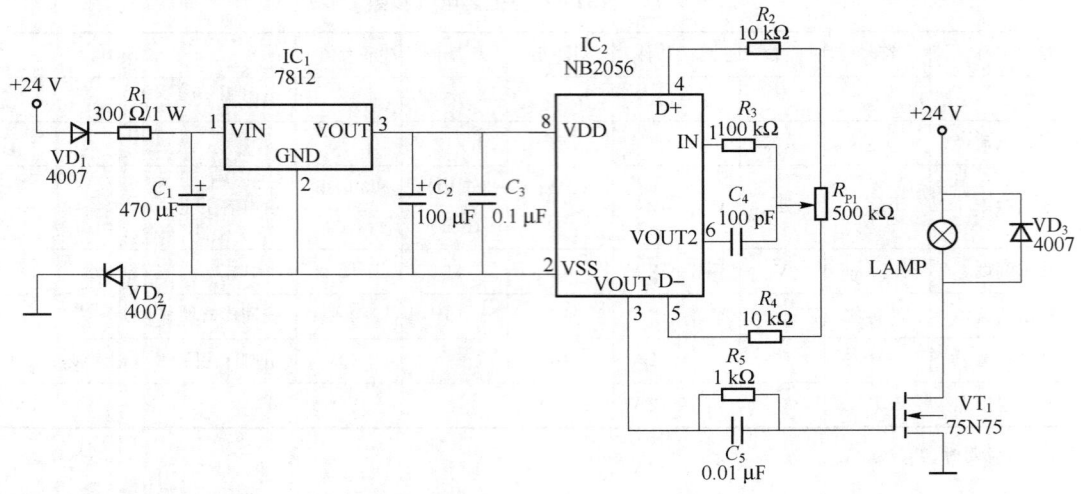

图 9.20 NB2056 制作的调光电路

2. 工作原理

+24 V 的电压经过正向导通的二极管 VD_1 和分压电阻 R_1 后进入 7812 的输入端,7812 稳压输出 12 V 进入 NB2056 的电源端,R_{P1} 起到调节占空比的作用,电路的频率可以通过振荡电容 C_4 的值来调节,C_4 的值为 82~470 pF。输出端引脚 3 输出亮度脉冲,经过 R_5 和 C_5 后驱动 MOS 管 VT_1。当调节 R_{P1} 引起占空比变化时,MOS 管每周期时间内的导通时间将得到相应的调节,电灯的亮度会随着平均电流的变化而产生变化。

3. 元件选择

保护二极管 VD_1~VD_3 均可以选择普通整流二极管 4007,与定时无关;固定电阻可以选择碳膜电阻,但 R_1 起到分压作用,功耗可能会比较大,所以要选择 1 W 功率的电阻;极性电容可采用普通的电解电容,无极性电容可以选择陶瓷电容;MOS 管 VT_1 的选择主要根据输出电流的大小,即控制电灯的额定功率。

4. 制作要点

R_{P1} 为占空比调节电位器,引脚 4 为高端限制,引脚 5 为低端限制,可改变高限制和低起始。引脚 3 可直接驱动 MOS 管,栅极前可增加驱动元件以缓解 MOS 管发热问题并提高效率。振荡电容 C_4 的电容量可依据实际电路中其他元件的精度和输出频率要求,在 82~470 pF 加以确定。

9.7 单片机集成电路及其应用

随着电子产品智能化程度的不断提高,单片机集成电路也成为很常用的集成电路,尤其是 8051 系列单片机及其兼容产品。单片机集成电路通常内部集成了程序存储器、数据存储器、IO 口、定时器、串行通信口、看门狗电路、振荡器和时钟电路、多功能定时器等常规单元。有些新型单片机还集成了 I2C 串行口、USB 口直接下载和仿真,模拟比较器,A/D 转换器,甚至有的还集成了触摸检测、运算放大器等其他特殊功能组件。

单片机的功能很多,完全掌握还需要进行专门的学习。下面以国产单片机 STC8G1K08A 和 STC8H1K17 为例,简单说明其应用方法。

9.7.1 STC8G1K08A 组成的电源电压测量电路

STC8G1K08A 单片机有 SOP8、DFN8、DIP8 三种封装形式,由于引脚数量极少,所以电路使用非常方便。最小系统如图 9.21 所示,因为 STC8G1K08A 单片机内部已集成振荡电路,所以不需要外部晶振和外部复位。

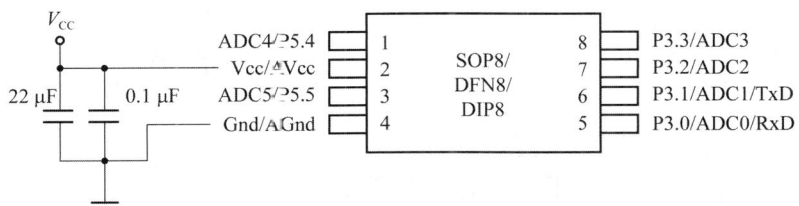

图 9.21 STC8G1K08A 的最小系统电路

STC8G1K08A 单片机可以使用如图 9.22 所示的电路进行 USB 下载。下载时按如下步骤进行操作:

(1) 插入 USB 口;
(2) 闭合开关 S_{K1};
(3) 闭合开关 S_{K2}(给芯片上电),等待 STC-ISP 下载软件自动识别出"STC USB Writer (HID1)";
(4) 点击下载软件中的"下载/编程"按钮。

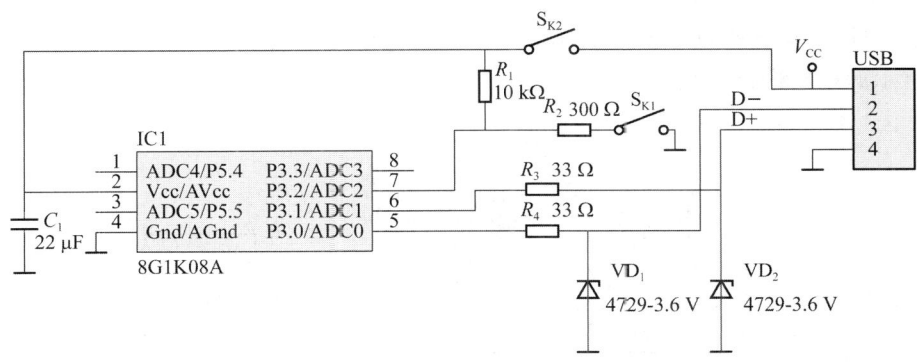

图 9.22 STC8G1K08A 软件模拟 USB 下载电路

由于是软件模拟 USB 直接进行 ISP 下载,因此,在进行下载前,需要提前在 STC-ISP 中安装软件。

STC8G1K08A 单片机组成的电源电压测量电路如图 9.23 所示。STC8G1K08A 内部集成了一个具有六通道的 10 位 AD 转换器,其中编号为 15 的通道专门用于检测内部 1.19 V 的参考信号源。因此,在编程时只需要取得检测第 15 通道的电压转换结果,通过下面的反推公式即可得到 V_{CC} 的值。

$$V_{CC} = \frac{1.19 \times 1\,024}{15\,通道的\,10\,位\,ADC\,转换结果}$$

图 9.23 所示的电路中使用了一个带 AV 标志的 3 位数码管,引脚只有 6 个。需要根据数码管的技术手册,利用扫描的方式逐位逐笔端进行扫描显示。电路中的电阻用于保护数码管内的 LED。

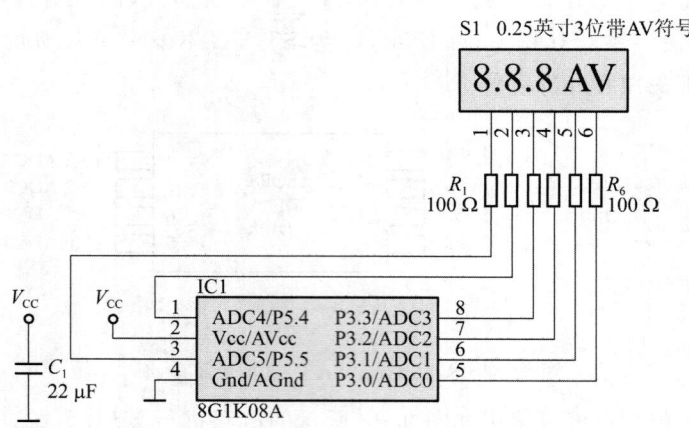

图 9.23 STC8G1K08A 组成的电源电压测量电路

9.7.2 STC8H1K17 组成的电压和电流测量电路

STC8H1K17 单片机有 TSSOP20、QFN20、SOP20、SOP16 等封装形式,内部集成的 AD 转换器为 10 位,STC8H1K17T 内部集成的 AD 转换器则为 12 位。STC8H1K17(SOP16 封装)单片机的最小系统与 STC8G1K08A 类似。

STC8H1K17 单片机可以使用类似图 9.22 所示的电路进行 USB 下载,也可以使用如图 9.24 所示的电路进行下载。

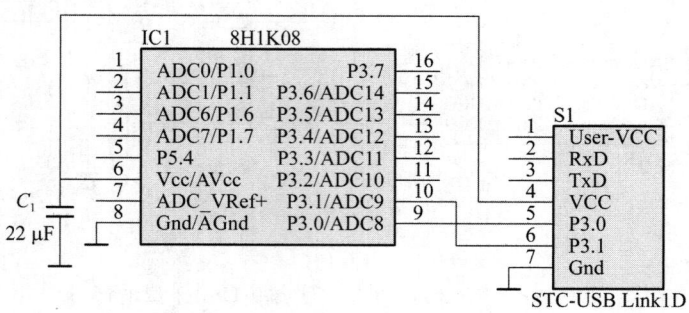

图 9.24 STC8H1K17 使用 STC-USB Link1D 下载电路

图 9.25 为 STC8H1K17 单片机组建的电压和电流测量电路。被测电压 V_{in} 经过 LMV358 的轨对轨运放的跟随器,经过 3 kΩ 和 22 kΩ 的电阻串联分压,相当于 V_{in} 衰减到原来的 44/50,即输入电压将从 5 V 衰减成 4.4 V。这样设计的原因是 8H1K17 单片机的 AD 变换参考电压为 4.4 V,因此,量程为 0~4.4 V。V_{in} 衰减后进入 8H1K17 的 ADC1 引脚进行 AD 变换,最终在数码管上显示 V_{in} 的电压值。

第 9 章 其他常用集成电路

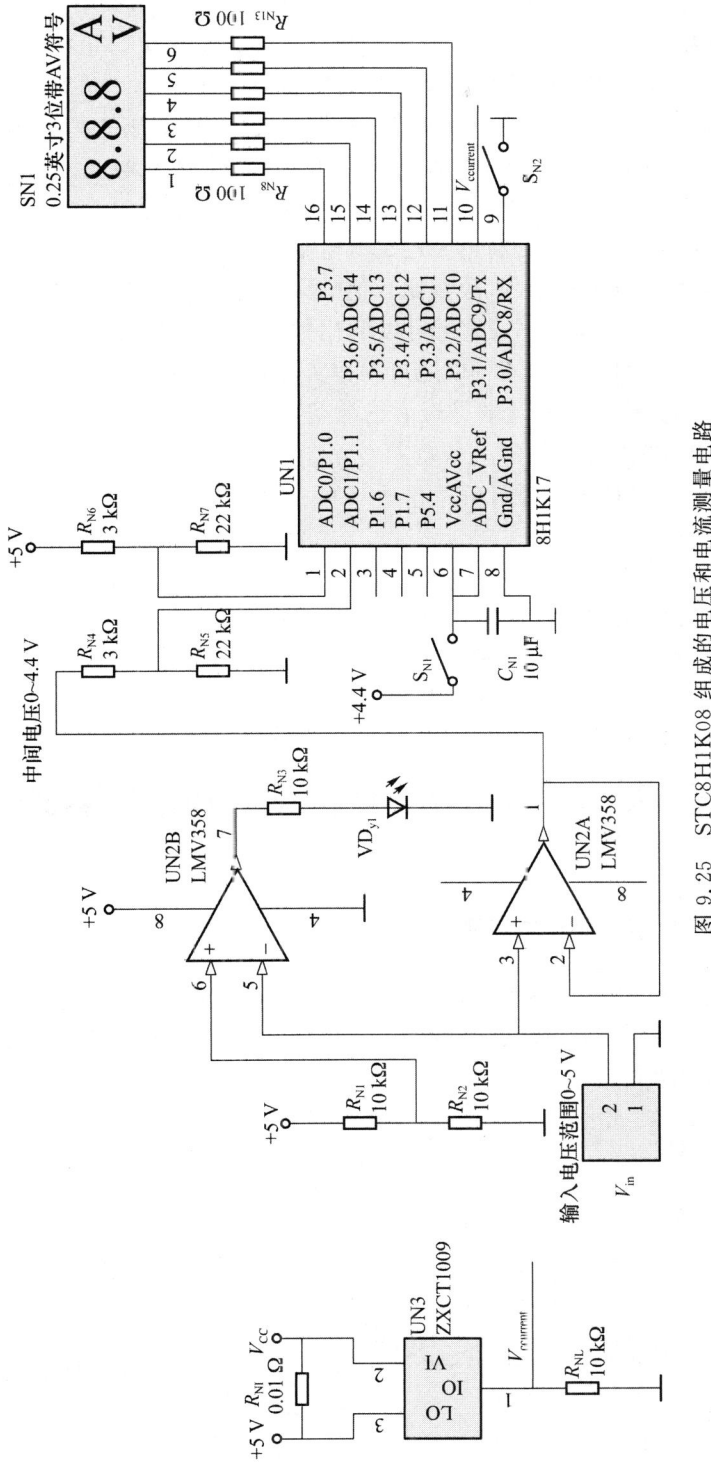

图 9.25 STC8H1K08 组成的电压和电流测量电路

由于 STC8H1K17 单片机的引脚数量较多(16 及以上),因此,该单片机能引出的 IO 口就多,其功能也可以做得更丰富。在图 9.25 的电路中,ADC8(引脚 9)上接了一个开关 S_{N2} 连接到地,这样在进行 C 语言设计时可以先检测开关的状态来决定单片机是测量 V_{in} 还是进行电源电压和电流的测量。电源电压的测量通过引脚 ADC0,电源电流的测量则通过引脚 ADC9。在进行编程时,可以设计先显示 3 s 电源电压,再显示 1 s 电源电流。图 9.25 的电路中的 ZXCT1009 为专用的高端电流检测 IC,将电流转换成 $V_{ccurrent}$ 信号,LMV358 的运放 B 则组成一个比较器,用于判断被测信号为高电平还是低电平。

单片机集成电路可以进行编程,故相比其他的集成电路,单片机集成电路在功能上具有很大的灵活性。在图 9.25 的电路中,除了可以利用数码管显示被测电压、电源电压、电源电流外,在不增加任何硬件的情况下,还可以通过编程实现如下功能。

(1) 开机时检测数码管的各笔端是否能正常点亮。
(2) 电源电压偏高和偏低告警。
(3) 电源电流偏高和偏低告警。
(4) 电源的功率显示。
(5) 数码管亮度调节。
(6) 掉电后的记忆功能,重新加电后功能维持不变。
(7) 设置和显示时钟(STC8H1K17T 版本)。
(8) 触摸切换功能(STC8H1K17T 版本)。

9.8 其他集成电路应用测试实践

9.8.1 LM331 应用测试实践

图 9.26 为 LM331 的应用测试电路。电路中,74HC14 形成 RC 振荡电路,输出一定频率 f_i 的方波,该方波经过电容 C_{J3} 进入 LM331。LM331 的作用是把频率 f_i 按比例转换成直流电压 V_O,从引脚 1 输出出来。

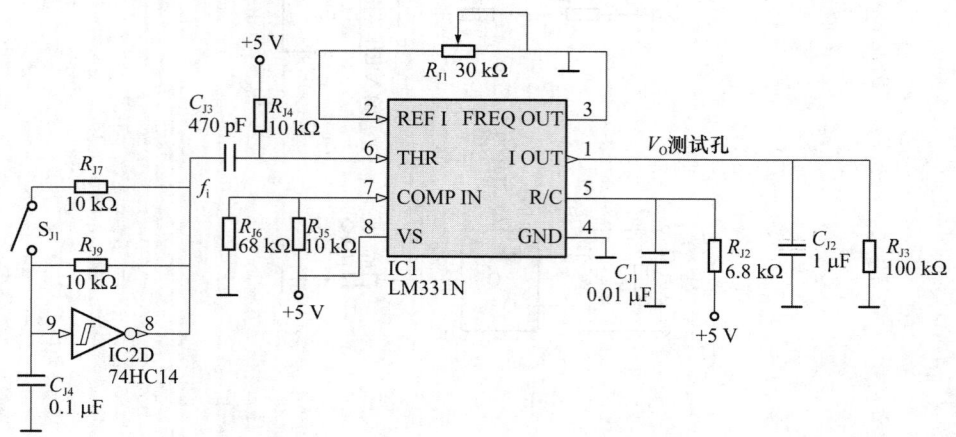

图 9.26 LM331 的应用测试电路

LM331 集成电路
应用测试实践

对图 9.26 所示的电路可以进行如下测试。

（1）引脚 2 电位的测量。引脚 2 的电位固定在 1.9 V 左右，并且保持恒定，不随 R_{J1} 的变化而变化。

（2）测量开关 S_{J1} 闭合时的输入频率 f_i，监视输出电压 V_O，将转换率 FV 调成 1 V/kHz。

（3）测量开关 S_{J1} 断开时的输入频率 f_i、输出电压 V_O，计算转换率 FV。

比较两次的转换率，确认二者的接近程度。

9.8.2　X9511 和 TTP224C 的应用测试实践

图 9.27 为 X9511 数字电位器和 TTP224 触摸按键电路组成的应用电路，其功能是通过触摸从数字电位器的中心抽头端输出高低不同的电压。

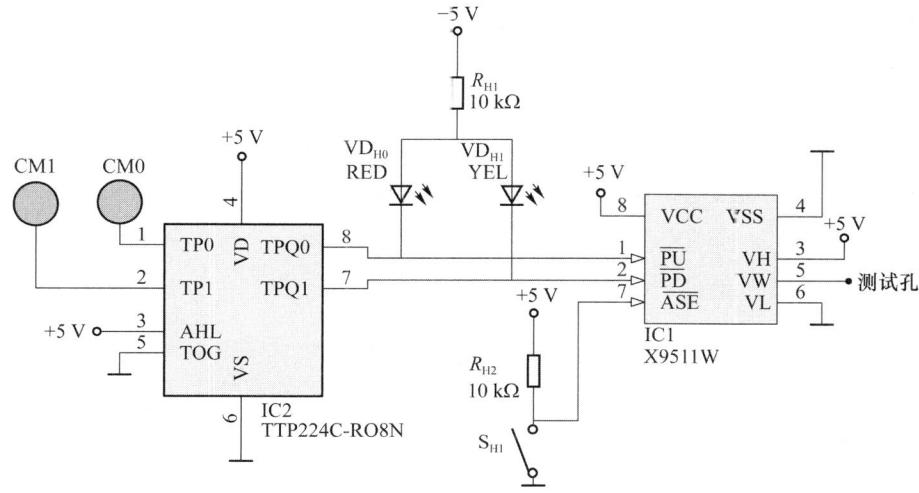

图 9.27　X9511 和 TTP224C 的应用测试电路

X9511 与 TTP224C
集成电路
应用测试实践

对图 9.27 所示的电路可以进行如下测试。

（1）触摸实现调节电位器中心抽头。断开开关 S_{H1}，监视测试孔电位。触摸 CM1 会导致电位下降，触摸 CM0 会导致电位上升。

（2）调电自动保持功能测试。断开开关 S_{H1}，监视测试孔电位。拔掉电源插头后再插上，电位应保持不变。

（3）通过开关 S_{H1} 使 $\overline{PU}$ 和 $\overline{PD}$ 失效（给 $\overline{ASE}$ 一个下降沿）。当开关 S_{H1} 从断开到闭合时，触摸 CM1 或者 CM0 均不能导致输出孔电位变化。

9.9　习　　题

1. ICL8038 可以同时输出三种不同波形吗？

2. ICL8038 的功能电路如图 9.23 所示，当电流 I_1 给电容 C 进行充电时，C 上的电压会线性上升？（注：可通过电容上的 $Q=CU$ 公式推导）

3. 如何在图 9.7 的基础上将 LM331 做成一个频率计？该频率计的测量范围为多少？

4. 调光和调速电路实际上是调整控制脉冲的占空比，请用仿真软件仿真图 9.28 中由 555 组成的占空比调节电路，并分析其原理。

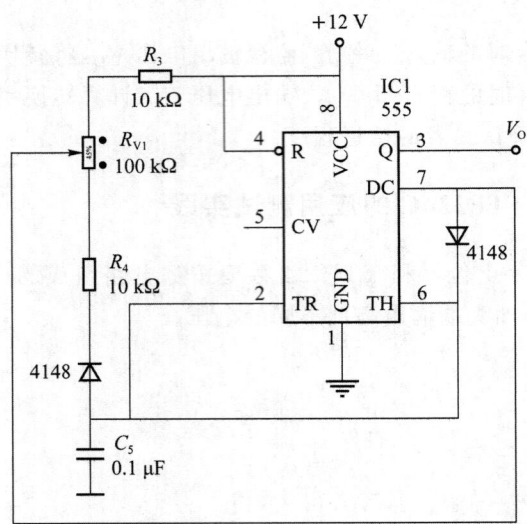

图 9.28　555 组成的占空比调节电路

第 10 章　部分集成电路实训指导书

前 9 章介绍了常见的四十余种集成电路的各种应用,本章给出其中 18 种典型集成电路的实训指导书,方便读者进行软件仿真和搭建硬件电路以进行测试。大部分实训所指导书给出了实训所需要的参数,电路基本上都能通过 Proteus 软件进行仿真测试,方便教师教学和学生对电子技术的学习。

10.1　CD4069 太阳能充电器实训指导书

实训元件

CD4069 DIP 封装 1 片,1 MΩ、7.5 kΩ 直插电阻各 1 个,100 μF 电解电容 2 个,390 pF 瓷片电容 1 个,27 μH 工字电感 1 个,1N4148 直插二极管 1 个,IRLML2803 直插 MOS 管 1 个(可用 2N7000 替代)。

(注:电路中的其他元件硬件实训时可忽略。)

实训电路

电路图:图 2.3。

仿真图:附录图 2。

实训目的

1. 了解 CMOS 门电路的使用;
2. 了解反相器振荡器的工作原理和搭建方法;
3. 了解开关电源升压模型。

实训步骤

1. 给一个 0～3 V 逐渐上升的输入电压到 A 门,用万用表测量输出电压和转折电压;
2. 按图连接电路(硬件实训可不用按钮开关);
3. 加电后按图测量输出端电压;
4. 观察电压变化规律;
5. 测量电压变化的周期 T。

实训测量结果和理论值

　　　　　　　　转折电压　　　　电路的输出电压 U_o

理论 $T=$

实测 $T=$

10.2　CD4017制作的缆线测试器实训指导书

实训元件

555、CD4017 DIP 封装各 1 片,15 kΩ、68 kΩ、1 kΩ、330 Ω 直插电阻各 1 个,10 μF 电解电容 2 个,0.1 μF 瓷片电容 1 个,LED 9 个。

实训电路

电路图:图 2.11。

仿真图:附录图 4。

实训目的

1. 掌握 4017 电路的使用;
2. 掌握 555 电路的使用。

实训步骤

1. 按图连接电路(硬件实训可不用按钮开关);
2. 加电后观察输出 LED 闪烁情况(两轮之间是否有停顿);
3. 将引脚 15 和地断开后接到引脚 9 上;
4. 加电后观察输出 LED 闪烁情况(两轮之间是否有停顿)。

实训观察结果和理论分析

	引脚 15 接地	引脚 15 接引脚 9
两轮之间是否有停顿		

解释现象

10.3　CD4060组成的频率计电路的振荡和分频电路实训指导书

实训元件

CD4060 DIP 封装 1 片,20 kΩ、1 MΩ 直插电阻各 1 个,2.2 μF 电解电容 1 个,330 Ω 直插电阻和 LED 各 8 个。

实训电路

电路图:图 2.18。

仿真图:附录图 6。

实训目的

1. 掌握 4060 电路的使用;
2. 掌握二进制计数器的应用。

实训步骤

1. 按图连接电路(硬件实训可不用按钮开关);
2. 加电后观察输出 LED 闪烁情况;
3. 去掉 Q7~Q11 上的电阻和 LED,加电后继续观察;
4. 亮灯代表 1,不亮代表 0,在实训结果上写出完整的 16 行真值表。

实训结果(真值表)

Q6	Q5	Q4	Q3
0	0	0	0
0	0	0	1

……

问题与思考

为什么说 CD4060 具有分频功能?

10.4 CD4066 组成的单键控制视频切换电路实训指导书

实训元件

CD4017、CD4066 DIP 封装各 1 片,1 kΩ、10 kΩ 直插电阻各 2 个,10 μF 电解电容 1 个,直插按钮一个。

实训电路

电路图:图 2.21。

仿真图:附录图 8。

实训目的

1. 掌握 4066 电路的使用;
2. 掌握 4017 电路的使用。

实训步骤

1. 按图连接电路;
2. 加电后用万用表监视 U_O;
3. 反复按压按键,直到引脚 3 为高电平,测量 U_O;
4. 反复按压按键,直到引脚 2 为高电平,测量 U_O;
5. 反复按压按键,直到引脚 4 为高电平,测量 U_O;
6. 反复按压按键,直到引脚 7 为高电平,测量 U_O。

实训测量结果

	开关 A	开关 B	开关 C	开关 D
输出电压 U_O				
计算导通电阻				

10.5　74HC14 的太阳能光控电路实训指导书

实训元件

74HC14 DIP 封装 1 只，10 kΩ 直插电阻 2 个，2 Ω、2 kΩ 和 100 kΩ 直插电阻各 1 个，0.1 μF 瓷片电容 1 个，1N4148 二极管 1 个，LED 若干个。

实训电路

电路图：图 2.30。

仿真图：附录图 12。

实训目的

1. 掌握 74HC14 施密特触发反相器的使用；
2. 掌握 CMOS 电路的特点。

实训步骤

1. 将 74HC14 接上电源和地，再将其 6 个输入端接地，测量静态电流 I_{DD1}；
2. 将 74HC14 接上电源和地，再将其 6 个输入端悬空，测量静态电流 I_{DD2}；
3. 按图连接电路，不连接 12 V 电源（代表夜晚太阳能电池无输出），观察 LED；
4. 连接 12 V 电源（代表白天太阳能电池有输出），观察 LED。

实训测量结果

$I_{DD1} =$

$I_{DD2} =$

结果分析

比较 I_{DD1} 和 I_{DD2} 结果，分析原因。

10.6　LM324 运放直流加法器实训指导书

实训元件

LM324 DIP 封装 1 只，100 kΩ 直插电阻 4 个。

实训电路

电路图：图 3.6。

仿真图：附录图 16。

实训目的

1. 掌握运放加法器电路；
2. 掌握运放反相比例放大电路；
3. 掌握运放的计算。

实训步骤

1. 按图连接电路（R_2 线不接），给输入电压 +0.2 V，测量输出电压，是否应为 −0.2 V？
2. 按图连接电路（R_1 线不接），给输入电压 +1.1 V，测量输出电压，是否应为 −1.1 V？
3. 按图连接电路，测量此时的输出电压 V_O。

注意：任何给定的输入电压，必须经过万用表核实。

实训测量结果

V_1 V_2 V_O［应为 −(V_1+V_2)］   误差($V_O+V_1+V_2$)

误差原因分析

10.7 LM324 运放直流减法器实训指导书

实训元件

LM324 DIP 封装 1 只，100 kΩ 直插电阻 4 个。

实训电路

电路图：图 3.7。

仿真图：附录图 17。

实训目的

1. 掌握运放减法器电路；
2. 掌握运放同相比例放大电路；
3. 掌握运放的计算。

实训步骤

1. 按图连接电路（R_2 线用导线替代，R_1 左边接地），给输入电压 +1.1 V，测量输出电压，是否应为 2.2 V？
2. 按图连接电路，测量此时的输出电压 V_O。

注意：任何给定的输入电压，必须经过万用表核实。

实训测量结果

V_1

V_2

V_O［应为 V_2-V_1］

绝对误差【$V_O-(V_2-V_1)$】

相对误差【绝对误差/V_O】

误差原因分析

10.8 LM1875T 双电源应用电路实训指导书

实训元件

LM1875T 1 片,100 kΩ 电位器 1 个,1Ω、1 kΩ、20 kΩ、22 kΩ 电阻各 1 个,0.22 μF 瓷片电容、2.2 μF 电容、22 μF 电解电容各 1 个,100 μF、0.1 μF 电容各 2 个,带喇叭音箱。

实训电路

电路图:图 4.9。

实训目的

掌握 LM1875T 功率放大集成电路双电源的使用方法。

实训步骤

1. 先按图搭建电路,反复检查,调节好电源的 ±9 V 备用;
2. V_{IN} 端接地,在引脚 5 的连接线上测试静态电流 I_Q,加电后如静态电流在 50 mA 左右,表示电路安全,如超过很多,需要检查电路;
3. V_{IN} 端接地,测量 pin4 的直流输出电压 V_O;
4. V_{IN} 和地断开,加电后马上用镊子触碰 V_{IN} 端,喇叭里边应该从静音转为有相应的噪音,表示电路基本工作正常;
5. 将手机里的音乐信号输入 V_{IN} 端,通过调节手机上的音量按键将音乐信号调到合适。一分钟左右后,观察总电流大小,断电后手触体验散热片的温度。

实训数据

第 2 步数据

静态电流实测 $I_Q=$

第 3 步数据

直流输出电压 $V_O=$

问题与思考

1. 如 I_C 温度增加,应如何处理?
2. 如想接入驻极体话筒进行话音扩音,可如何修改电路?
3. 电路的电压增益是多少? 如何调节?
4. 如何防止电路烧坏?

10.9 LM78L05 的典型应用实训指导书

实训元件

78L05 封装 1 只,100 Ω 直插电阻(1/4 W)1 个,10 μF 电解电容 2 个。

实训电路

电路图:图 5.2。

仿真图:附录图 27。

实训目的

掌握 78 系列三端稳压电路的应用。

实训步骤

1. 按图连接电路,先去掉负载电阻测量静态电流,再接上负载电阻测量 V_I、V_O、输入电流 I_I,计算此时的输入功率和输出功率及效率;

2. 逐渐降低输入电压 V_I,观察 V_O,当 V_O 下降 1‰ 时记录 V_I 的值,计算压差;

3. 去掉负载电阻,重复 2。

注意:任何给定的输入电压,必须经过万用表核实。

实训测量结果

第 1 步结果 I_{DD} V_I V_O I_I P_I P_O η

第 2 步结果 V_I V_O 最低压差

第 3 步结果 V_I V_O 最低压差

10.10 LM317 的典型应用电路实训指导书

实训元件

78L05 封装 1 只,100 Ω 直插电阻(1/4 W)1 个,10 μF 电解电容 2 个。

实训电路

电路图:图 5.7。

仿真图:附录图 29。

实训目的

掌握 LM317T 三端可调稳压电路的应用。

实训步骤

1. 按图连接电路,调节输入电压为 8 V 左右,测量 V_I、V_O、输入电流 I_I,计算此时的输入功率和输出功率及效率;

2. 逐渐降低输入电压 V_I,观察 V_O,当 V_O 下降 1‰ 时记录 V_I 的值,计算此时压差;

3. 从 8 V 开始逐渐升高输入电压到 18 V,分别记录 8 V 和 18 V 的 V_I,相减得到 V_O 升高的量(线性调整率)。

注意:任何给定的输入电压,必须经过万用表核实。

实训测量结果

第 1 步结果 V_I V_O I_I P_I P_O η

第 2 步结果 V_I V_O 最低压差

第 3 步结果 输入 8 V 时的 V_O 输入 18 V 的 V_O 线性调整率(mV)

10.11 MC34063 典型负压电路实训指导书

实训元件

MC34063 DIP 封装 1 只,0.24 Ω、8.2 kΩ 直插电阻(1/4 W)各 1 只,1 kΩ 直插电阻(1/4 W)2 只,100 μF 电解电容 2 只,1N5817 二极管 1 只,88 μH 工字电感 1 只。

实训电路

电路图:图 5.17。
仿真图:附录图 36。

实训目的

掌握 MC34063 电路的负电压变换应用。

实训步骤

1. 按图连接电路,调节输入电压在 5 V 左右,测量 V_I、V_O、输入电流 I_I,计算此时的输入功率和输出功率及效率;
2. 逐渐升高输入电压 V_I 到 +15 V 左右,观察 V_O 的变化。

实训测量结果

V_I V_O I_I P_I P_O η

10.12 LM2576 基本应用电路实训指导书

实训元件

LM2576 直插封装 1 只,10 kΩ、100 kΩ、2 kΩ 直插电阻(1/4 W)各 1 只,100 Ω 直插电阻

(1/4 W)4只,100 μF电解电容2只,0.1 μF瓷片电容1只,1N5817二极管1只,100 μH工字电感1只。

实训电路

电路图:图5.24。

实训目的

掌握降压变换电路LM2576的应用。

实训步骤

1. 按图连接电路,调节输入电压(7~15 V),测量V_I、V_O、输入电流I_I,计算此时的输入功率和输出功率及效率;

2. 将0.1 μF电容更换成100 μF电容,10 kΩ电阻更换成100 kΩ电阻,从加电开始计时,测量有正常输出5 V时的时间(延迟时间);

3. 逐渐升高输入电压V_I到+15 V左右,观察V_O的变化。

实训测量结果

第1步结果　　V_I　　V_O　　I_I　　P_I　　P_O　　η

第2步结果　延迟时间=　　　(s)

注意:如使用的LM2576是固定电压版本,则不需要R_1和R_2,引脚4接输出端。

10.13　LM2577基本应用电路实训指导书

实训元件

LM2577直插封装1只,2 kΩ直插电阻(1/4 W)2只,18 Ω直插电阻(1/4 W)1只(可用20 kΩ或者100 kΩ可调电阻替代),100 μF电解电容2只,0.33 μF瓷片电容1只,100 Ω直插电阻(1/4 W)2只,1N5817二极管1只,100 μH工字电感1只。

实训电路

电路图:图5.30。

实训目的

1. 掌握升压变换电路LM2577的应用;
2. 掌握升压直流-直流模型及其原理。

实训步骤

1. 按图连接电路,调节输入电压在+5 V左右,测量V_I、V_O、输入电流I_I,计算此时的输入功率和输出功率及效率;

2. 逐渐升高输入电压V_I到+10 V左右,观察V_O的变化。

实训测量结果

第1步结果　　V_I　　V_O　　I_I　　P_I　　P_O　　η

注意:如使用的LM2577是固定电压版本,则不需要R_1和R_2,引脚2接输出端。

10.14　TP4057 接耗散电阻的锂电池充电电路实训指导书

实训元件

TP4057 1只，0.8 Ω、1 kΩ 直插电阻(1/4 W)各1只，2 kΩ 或者 10 kΩ 可调电阻1只、红绿发光 LED 各1只，10 μF 电解电容2只，非满电的锂电池1节。

实训电路

电路图：图 6.10。

实训目的

1. 掌握锂电池充电集成电路 TP4057 的应用；
2. 掌握电池限压恒流充电过程。

实训步骤

1. 按图连接电路并加电，监视充电电流，调节可调电阻 R_3 的阻值，直到充电电流为 500 mA；
2. 关闭电源，拆下可调电阻，测量阻值(R_3)；
3. 观察无电池状态和充电状态的 LED 亮的情况，并记录。

实训测量结果

$R_3 =$

无电池的状态下：红灯　　绿灯

恒流充电状态下：红灯　　绿灯

问题与思考

充电电流由 R_3 定义，可以测量得到，那么限制电压 4.2 V 应该如何测量得到？

10.15　LM3914 典型应用实训指导书

实训元件

LM3914 直插封装1只，1.2 kΩ 和 3.6 kΩ 直插电阻(1/4 W)各1只，LED10只。

实训电路

电路图：图 7.3。

仿真图：附录图 38。

实训目的

1. 掌握 LED 显示电路 LM3914 的应用；
2. 掌握 LM3914 内部稳压电压配置电路。

实训步骤

1. 按图连接电路，调节引脚5上的电压 V_1，测量 V_1、观察 LED 的个数及变化；

2. 逐渐从 0~5 V 升高输入电压 V_1，观察 LED 的变化。

实训测量结果

$V_1=$　　　V,亮 0 个 LED
$V_1=$　　　V,亮 1 个 LED
$V_1=$　　　V,亮 2 个 LED
$V_1=$　　　V,亮 3 个 LED
$V_1=$　　　V,亮 4 个 LED
$V_1=$　　　V,亮 5 个 LED
$V_1=$　　　V,亮 6 个 LED
$V_1=$　　　V,亮 7 个 LED
$V_1=$　　　V,亮 8 个 LED
$V_1=$　　　V,亮 9 个 LED
$V_1=$　　　V,亮 10 个 LED

问题与思考

1. 测量的上限电压为多少？是哪个引脚的电压？
2. 本电路的上限电压是如何产生的？
3. 测量的下限电压为多少？是哪个引脚的电压？
4. 如果要将下限电压设置为 1.25 V,可以怎么修改电路？

10.16　LM35 温度测量及 LM3914 显示电路实训指导书

实训元件

LM35DZ、LM3914N 直插封装各 1 只,1.2 kΩ 直插电阻(1/4 W)1 只,10 kΩ 精密电位器 2 个,LED 10 只。

实训电路

电路图:图 8.2。
仿真图:附录图 42。

实训目的

1. 掌握 LED 显示电路 LM3914 的应用；
2. 掌握 LM35 温度传感器集成电路的应用。

实训步骤

1. 按图连接电路,测量 V_{REF} 的值；
2. 调节 R_{V1} 使 $V_L=0.31$ V,调节 R_{V2} 使 $V_H=0.40$ V；
3. 用万用表监视温度传感器输出电压 V_{TEMP}；
4. 手触温度传感器,记录万用表读数和 LED 亮灯个数；
5. 如果手触无法点亮全部 LED,使用电烙铁隔空气加热 LM35,直到全部点亮。

实训测量结果

$V_{\text{TEMP}}=$ V,亮 0 个 LED

$V_{\text{TEMP}}=$ V,亮 1 个 LED

$V_{\text{TEMP}}=$ V,亮 2 个 LED

$V_{\text{TEMP}}=$ V,亮 3 个 LED

$V_{\text{TEMP}}=$ V,亮 4 个 LED

$V_{\text{TEMP}}=$ V,亮 5 个 LED

$V_{\text{TEMP}}=$ V,亮 6 个 LED

$V_{\text{TEMP}}=$ V,亮 7 个 LED

$V_{\text{TEMP}}=$ V,亮 8 个 LED

$V_{\text{TEMP}}=$ V,亮 9 个 LED

$V_{\text{TEMP}}=$ V,亮 10 个 LED

问题与思考

1. 本电路的上限电压和下限电压是如何产生的?
2. 本电路能显示温度 31～40 ℃,如果要显示 51～60 ℃,应如何调整电路?

10.17　ICL8038 的典型应用电路实训指导书

实训元件

LM3914 直插封装 1 只,10 kΩ 直插电阻(1/4 W)5 只,82 kΩ 直插电阻(1/4 W)1 只,瓷片电容 3 300 pF 1 只。

实训电路

电路图:图 9.3。

仿真图:附录图 47。

实训目的

1. 掌握波形 LM3914 的应用;
2. 掌握示波器的使用方法。

实训步骤

1. 按图连接电路,使用示波器观察三种波形;
2. 使用示波器测量脉冲波的周期,记录结果。

实训测量结果

周期的计算值为:

周期的测量值为:

问题与思考

1. 如要得到其他频率的波形,如何调整电路?
2. 如何调整输出的脉冲波的占空比?

10.18　LM331 的 F-V 变换应用实训指导书

实训元件

LM331 直插封装 1 只,10 kΩ 直插电阻(1/4 W)2 只,6.8 kΩ、12 kΩ、68 kΩ、100 kΩ 直插电阻(1/4 W)各 1 只,5 kΩ 或者 10 kΩ 可调电阻 1 只,瓷片电容 470 pF、0.01 μF、1 μF 各 1 只。

实训电路

电路图:图 9.7。

仿真图:附录图 50。

实训目的

掌握波形 LM331 的应用。

实训步骤

1. 按图连接电路;
2. 使用信号发生器输入 50% 占空比的幅度为 15 V 的波形,频率为 5 kHz,并用万用表测量输出电压 V_O,调整电位器使得输出电压正好为 5 V;
3. 更换频率分别为 2 kHz、4 kHz、6 kHz、8 kHz、10 kHz,测量各 V_O,并记录。

实训测量结果

	2 kHz	4 kHz	6 kHz	8 kHz	10 kHz
V_O					

第 11 章　集成电路应用设计和制作实训

本章提供了一个具体的集成电路应用案例—太阳能户外灯,也针对集成电路应用综合实训列出了一些课题,并提出了相应要求。学生可选择自己感兴趣的课题,运用所学的集成电路知识设计出相应的电路图,并进行焊接和调试。

11.1　集成电路应用案例——太阳能户外灯

11.1.1　电路图及工作原理

太阳能户外灯电路如图 11.1 所示,该电路由五部分组成,各部分的工作原理如下:

CN3791 及外围电路组成了太阳能充放电电路。该电路使用太阳能电池供电的 PWM 降压模式对单节锂电池进行充电管理。它具有涓流、恒流和恒压充电模式,能够自动跟踪太阳能电池输出功率。当太阳能电池的电流输出能力降低时,内部电路能够自动跟踪太阳能电池的最大功率点,最大限度地利用太阳能电池的输出功率。充电和放电均由 LED 指示。在充电结束后,如果锂电池电压下降到恒压充电电压的 95.5%,则自动开始新的充电周期。

XB3303A 是单节锂电池保护的高集成度 IC,外围元件只有两个,具有反接保护、过充、过放、过流、过温及短路等锂电池所需的保护功能。

雷达模块和两个 NMOS 管提供了人体检测和白光 LED 驱动功能。当有人活动时,雷达模块发出高电平,驱动 Q_2 NMOS 管点亮白光 LED。Q_3 NMOS 管则用于检测白天和夜晚,当白天有光时,太阳能电池输出电压使得 Q_3 NMOS 管导通,导通后将导致 Q_2 NMOS 管截止,白光 LED 不发光。因此,该电路只有晚上才会发光,起到人来照明人走灯灭的节能照明作用。

TP4333 则是一款专为移动电源(充电宝)设计的同步升压单芯片。其内部集成了线性充电管理模块、同步放电管理模块、电量检测与充放电 LED 指示模块、保护模块等。当 CN3791 电路的太阳能不足以满足充电要求时,可以通过 TP4333 电路的 USB micro 口进行线性充电。反过来,如果在户外,也可以在 USBA 口插入手机充电线对手机进行充电。此时,TP4333 电路为同步升压 DC-DC 转换器。

CT8233LK 为单按键触摸电路,手指接触触摸点时,在引脚 1 输出高电平 1;离开触摸点时,则输出低电平 0。该高低电平通过电阻 R_9 给 TP4333 的引脚 5 输入控制信号,通过触模按键可以显示电池电量。也可以在 TP4333 的引脚 5 接白光 LED 到地,形成手电筒,通过触摸按键也可以控制手电筒的开关。短按按键显示电量,长按按键 2 s 手电筒打开或关闭。

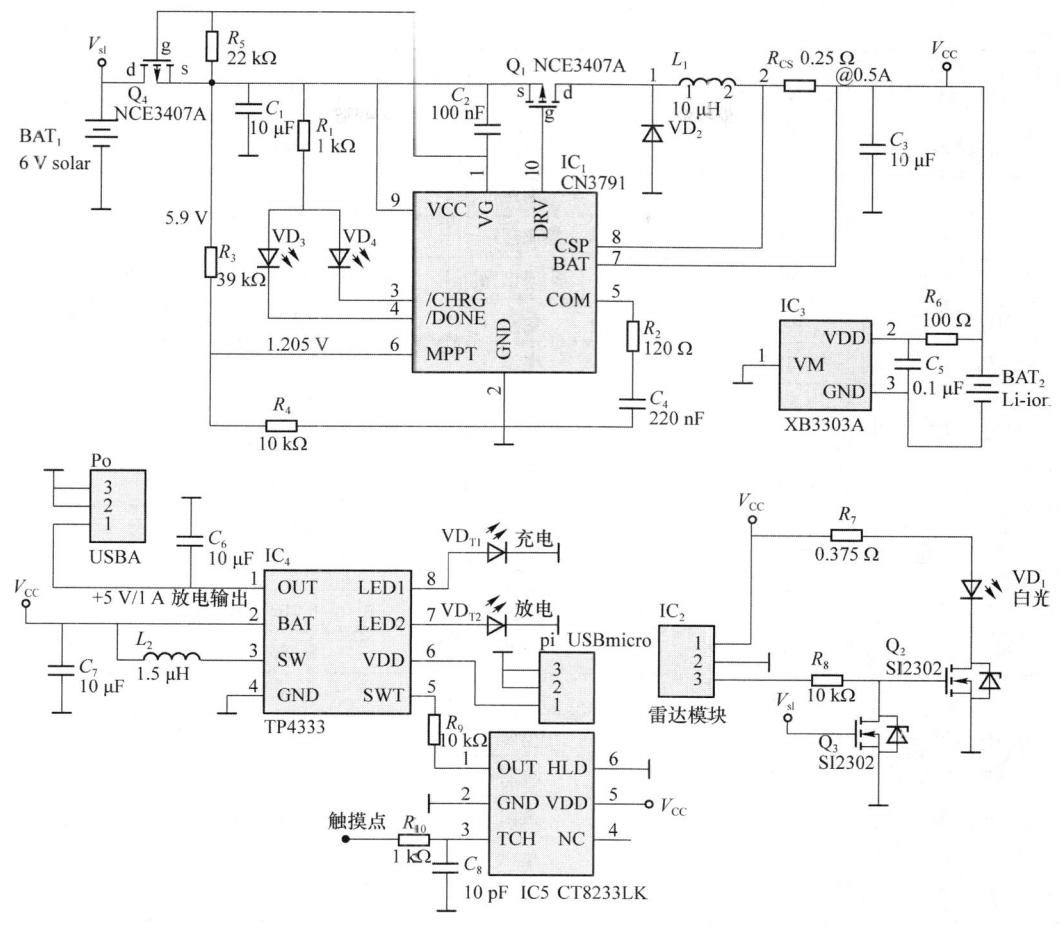

图 11.1 太阳能户外灯电路

11.1.2 元器件清单

元器件清单见表 11.1。

表 11.1 元器件清单

编号	型号	名称	封装	数量
BAT_1	6 V solar	太阳能电池板	BAT-2	1
BAT_2	Li-ion	锂电池	BAT-2	1
C_1, C_3, C_6, C_7	10 μF	电容	6-0805_M	4
C_2	100 nF	电容	6-0805_M	1
C_4	220 nF	电容	6-0805_M	1
C_5	0.1 μF	电容	6-0805_M	1
VD_1	白光	LED	HDR1X2	1
VD_2	SS34	肖特基二极管	C1206	1
VD_3, VD_{T2}	放电	绿色 LED	LED0805	2

续表

编号	型号	名称	封装	数量
VD_4，VD_{T1}	充电	红色 LED	LED0805	2
IC_1	CN3791	集成电路	SSOP10	1
IC_2	雷达模块	集成电路模块	HDR1X3	1
IC_3	XB3303A	集成电路	SOT23_M	1
IC_4	TP4333	集成电路	SO8_M	1
KZ_1	BUTTON	按钮	HDR1X2	1
L_1	10 μH	电感	774inductor	1
L_2	1.5 μH	电感	774inductor	1
P_i	USBmicro	Micro 母插座	HDR1X2	1
P_o	USBA	USBA 母插座	HDR1X2	1
Q_1，Q_4	NCE4435	P-MOSFET	SOT23_M	2
Q_2，Q_3	SI2302	N-MOSFET	SOT23_M	2
R_1	1 kΩ	电阻	6-0805_M	1
R_2	120 Ω	电阻	6-0805_M	1
R_3	33 kΩ	电阻	6-0805_M	1
R_4，R_8，R_9	10 kΩ	电阻	6-0805_M	3
R_5	22 kΩ	电阻	6-0805_M	1
R_6	100 Ω	电阻	6-0805_M	1
R_7	0.375 Ω	电阻	6-0805_M	1
R_{CS}	0.25 Ω	电阻	6-0805_M	1

11.1.3 PCB 图

图 11.2 为电路的 PCB 图，包括其顶层和底层的图片。大部分元件位于顶层，雷达模块可以插入右边的三针插座。LED 板、锂电池、太阳能电池分别预留了两针插座，方便连接。

11.1.4 部分电路仿真

1. 电源反接保护电路

在图 11.1 的电路中使用了一颗 P 沟道 MOS 管 Q_4，其作用是实现输入电源反接保护，同时也可以防止锂电池电流倒流。图 11.3 示意了电源反接保护的过程。

图 11.3(a)中，电源正常。首先，Q_1 内部的体二极管导通，所以 Q_1 能获得较大的 U_{SG}，导致 PMOS 管完全导通，负载电阻能正常获得电源的输出。而图 11.3(b)中，由于电源反接导致体二极管反偏截止，无法获得 U_{SG}，MOS 管完全关闭，负载电阻无电压，起到了保护作用。

在图 11.1 的电路中，实际是 CN3791 通过引脚 1 来控制 Q_4，当出现太阳能电压低于锂电池电压时，CN3791 通过引脚 1 使得 Q_4 关闭，起到防止锂电池电流倒流的作用。

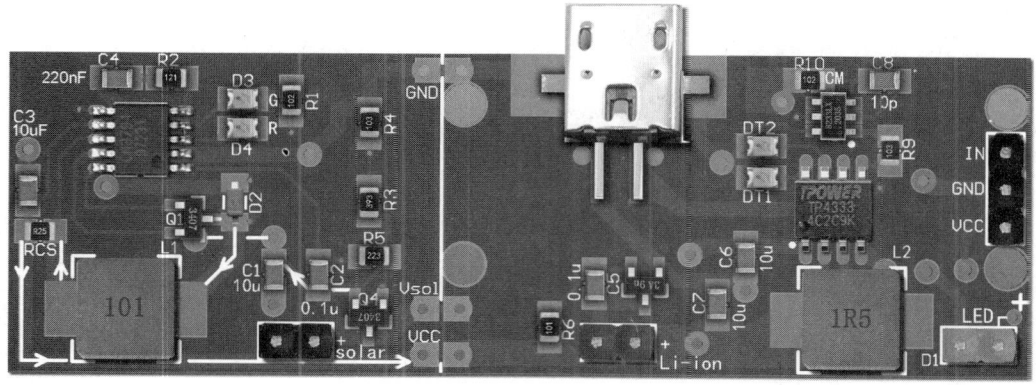

顶层

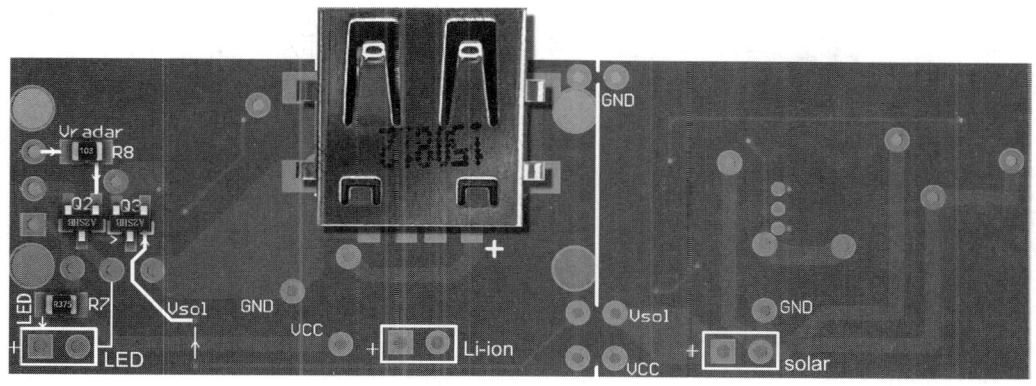

底层

图 11.2 PCB 图

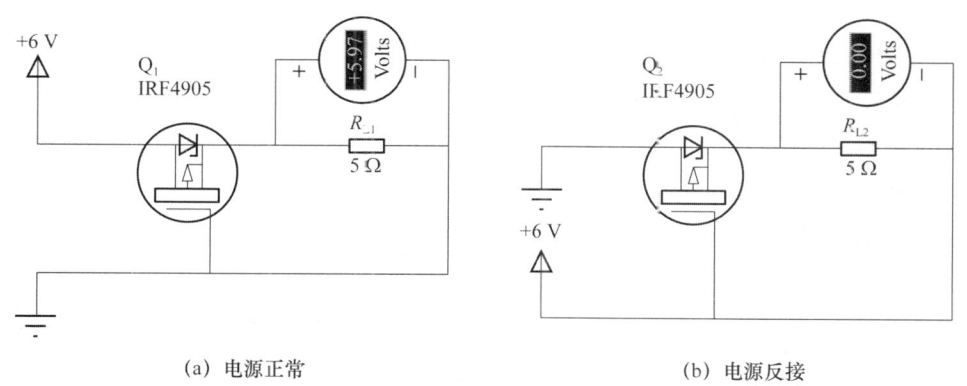

(a) 电源正常　　　　　　　　　　　(b) 电源反接

图 11.3 防止电源反接仿真电路图

2. 白光 LED 驱动电路

图 11.4 为照明用的白光 LED 驱动仿真电路图。只有当雷达信号为高电平 1(表示有人移动)且太阳能信号为低电平 0(表示夜晚)时，Q_3 才能导通点亮 LED，其他情况均不能点亮 LED。白天时，Q_4 被太阳能电池的输出电压驱动变成导通状态，导致 Q_3 的 G 极被下拉，此时无论有没有雷达信号均不能点亮 LED。

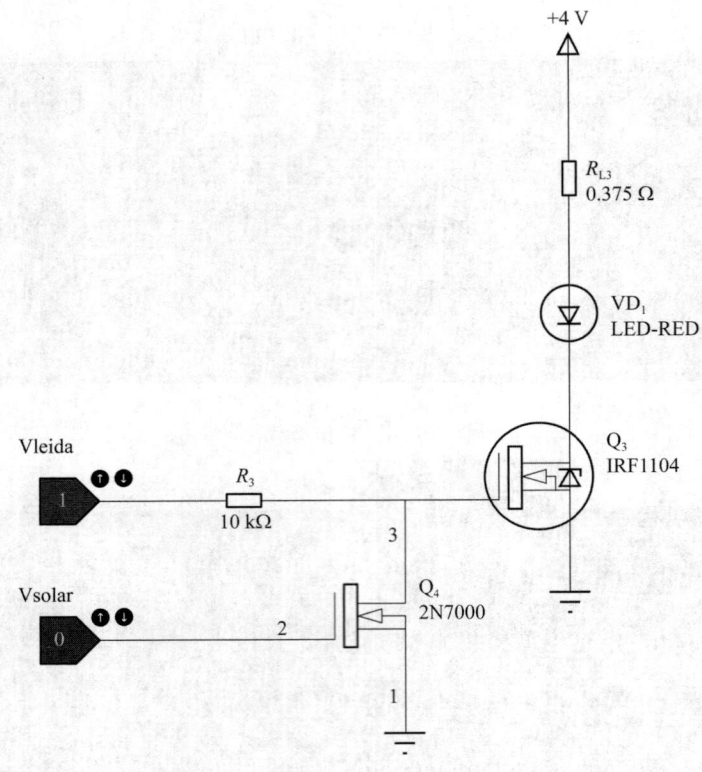

图 11.4 LED 驱动仿真电路图

11.1.5 焊接和调试

焊接和调试需要注意以下事项。

(1) 焊接时按元件高矮顺序进行,先焊接小元件,后焊接大元件。

(2) 五个部分分别进行焊接和调试,逐个调好各部分的功能,再组合在一起。

(3) 对于有极性的元件要注意核对其方向。

功能调试。

(1) 利用黑布遮挡太阳能电池,当有人移动时,白光 LED 应该亮起。

(2) 在白天光线亮的情况下,无论是否有人移动,白光 LED 均不亮。

(3) 从 Micro 口输入 +5 V,电路可以开始充电,VD_{T1} 以 1 Hz 频率闪烁,电池充满后 VD_{T1} 常亮。

(4) 电路在强太阳光下开始充电,VD_4(红灯)亮,VD_3(绿灯)灭,充电结束后 VD_4(红灯)灭,VD_3(绿灯)亮。

(5) 当电池电量充足时,插入手机充电线对手机进行充电,VD_{T2} 亮。如电池电压低,则 VD_{T2} 以 1 Hz 频率闪烁。

(6) 短暂触摸按键,LED 显示电量。

11.2 集成电路应用综合实训参考课题

11.2.1 1.5 V 电池供电的白光手电筒电路

基本要求：
(1) 触摸按键控制亮度，单键循环或双键增减；
(2) 使用 BL8532 和其他触摸集成电路等，至少要包含两种集成电路。
扩展功能：
(1) 太阳能充电；
(2) 使用 PWM 方式控制亮度；
(3) 白天自动关机。

11.2.2 按键控制的信号发生器电路

基本要求：
(1) 按键控制频率和信号幅度，双键增减；
(2) 使用 ICL8038 和其他触摸集成电路等，至少要包含两种集成电路。
扩展功能：
(1) 使用触摸按键替代普通按键；
(2) 使用 PWM 方式控制亮度；
(3) 白天自动关机。

11.2.3 按键控制的数字电源电路

基本要求：
(1) 按键控制输出电压大小；
(2) 使用 LM317、LM2576 和其他集成电路等，至少要包含两种集成电路；
(3) 必须用 LED 数码管显示电压。
扩展功能：
(1) 使用触摸按键替代普通按键；
(2) 具备过流告警和保护功能；
(3) 具备电压和电流检测以及 LED 数码管显示。

11.2.4 手机锂电池充电器电路

基本要求：
(1) LED 显示充电状态；
(2) LED 显示充电电流；
(3) LED 显示充电时间。
扩展功能：

(1) 电池反接告警保护；
(2) LED 数码显示电压、电流、时间等。

11.2.5　USB 镍氢电池充电器

基本要求：
(1) LED 显示充电状态；
(2) LED 显示充电电流。
扩展功能：
(1) 电池反接告警保护；
(2) LED 数码显示电压、电流、时间等。

11.2.6　红外热释人体感应报警器

基本要求：
(1) 检测到有人进入探测区域时，报警器声光报警，持续无人 1 min 后，停止报警，报警器重新进入检测状态；
(2) 使用 LM324 或其他集成运放电路完成主电路。
扩展功能：
(1) 白天停止工作；
(2) 设计每 5 s 工作 0.5 s。

11.2.7　自行车速度显示电路

基本要求：
LED 显示自行车行车速度。
扩展功能：
当速度超过 20 km/h 时发出报警。

11.2.8　触摸调光台灯电路

基本要求：
通过手触摸实现白炽灯调光。

11.2.9　数字电子秤电路

基本要求：
LED 显示称重的重量。

参 考 文 献

[1] 龚华生,龚博,丁浩,等. 集成电路知识与应用易学通[M]. 北京:中国电力出版社,2011.
[2] 宋焕明,赵俊霞,周志祥,等. 模拟集成电路[M]. 北京:机械工业出版社,2009.
[3] 何希才. 常用集成电路应用实例[M]. 北京:电子工业出版社,2007.
[4] 阳鸿钧,等. 集成电路电子制作精制精讲[M]. 北京:中国电力出版社,2008.

附录　部分 Proteus 仿真案例

　　附录给出本书中部分电路的 Proteus 仿真案例,方便读者进行软件仿真和在搭建硬件电路前进行模拟测试。大部分案例的电子档文件还给出了实训中容易进行测试的一些参数(也可以参见第 10 章的实训指导书),方便教师教学和学生对电子技术的学习,尤其在进行硬件实训前先进行仿真测试,更能节省硬件制作和调试的时间,提高成功率。

附录图 1　CD4069 制作的定时灯光提醒器[见图 2.2]

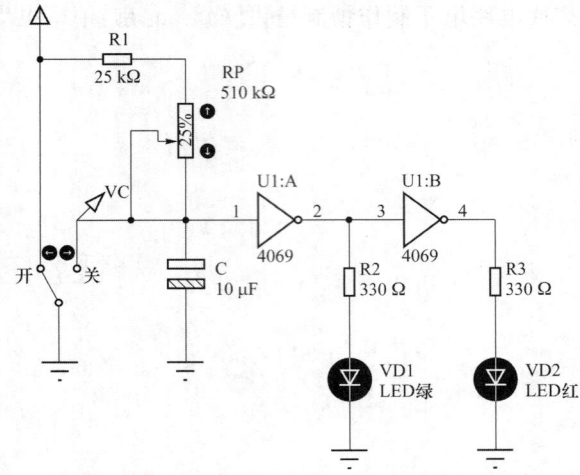

附录图 2　CD4069 太阳能充电器(见第 10 章指导书)[见图 2.3]

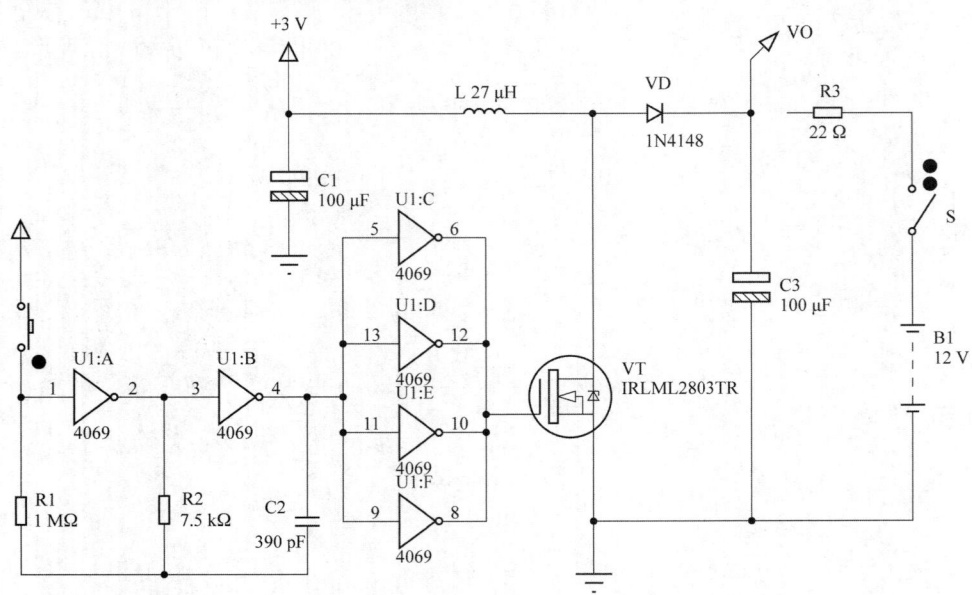

附录　部分 Proteus 仿真案例

附录图 3　CD4011 构成的超温与降温报警器电路（热敏电阻替代 2AP9）[见图 2.5]

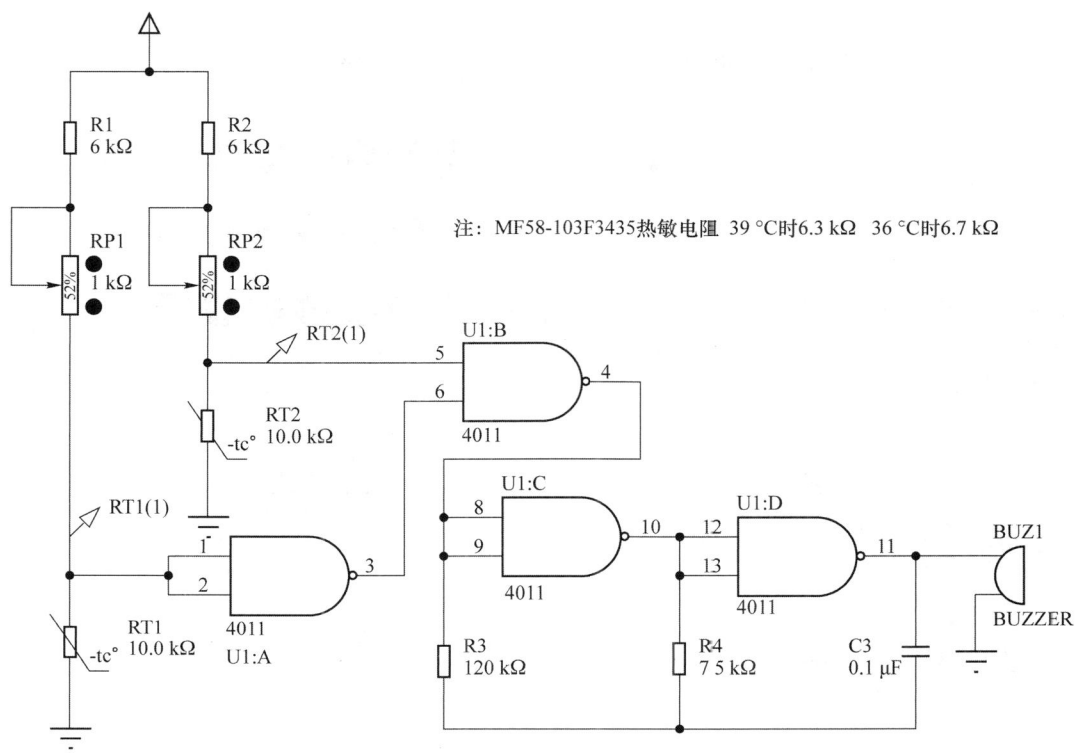

附录图 4　CD4017 制作的缆线测试器（见第 10 章指导书）[见图 2.11]

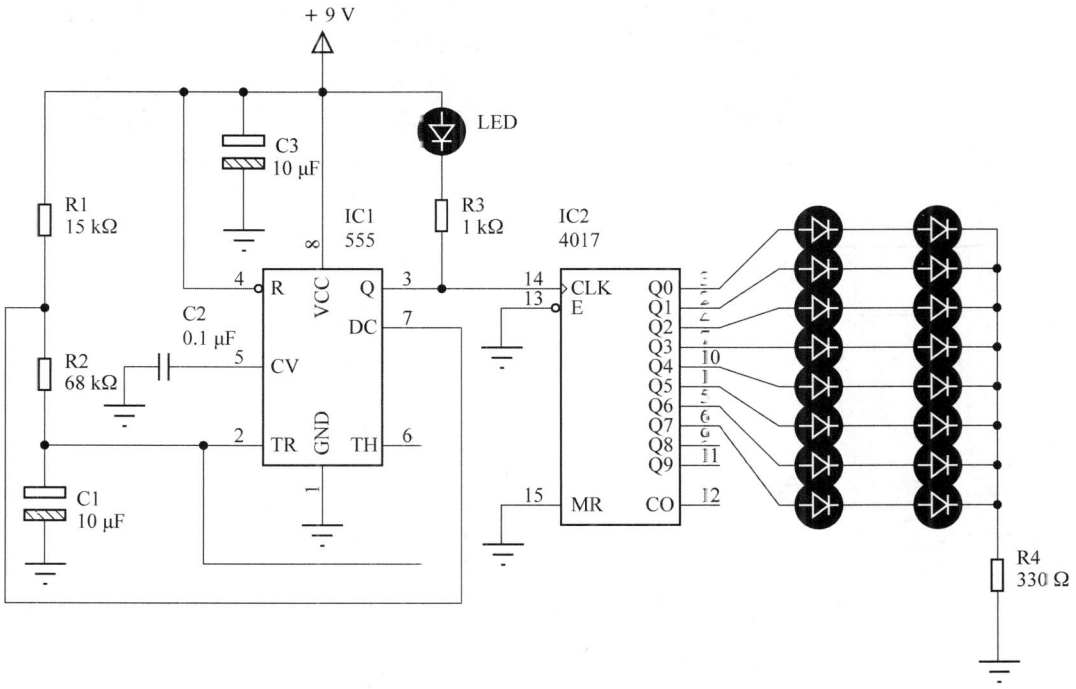

附录图 5　CD4017 和 MC1413 制作的流水灯[见图 2.13]

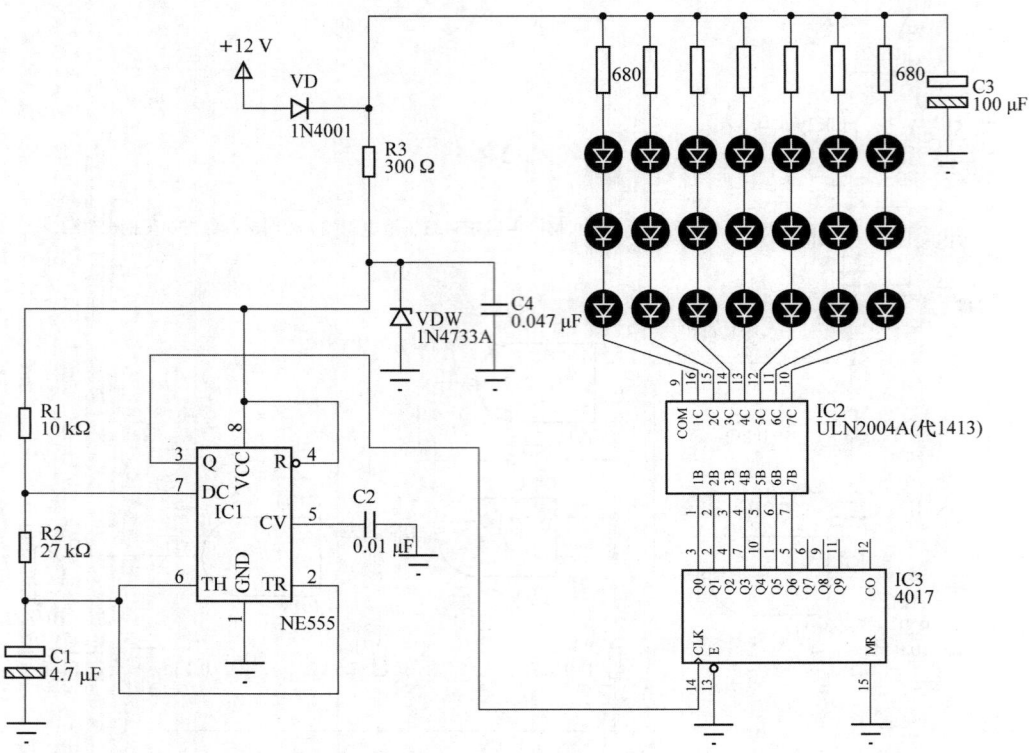

附录图 6　CD4060 组成的频率计电路[见图 2.18]

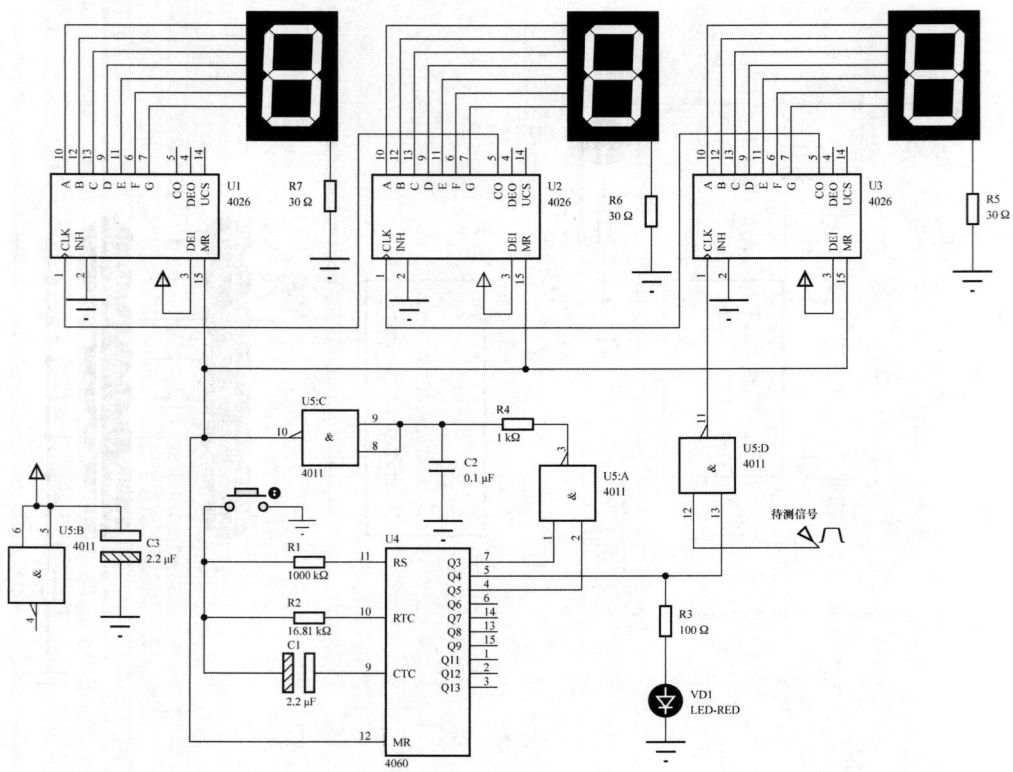

附录　部分 Proteus 仿真案例

附录图 7　CD4060 组成的长延时电路[见图 2.19]

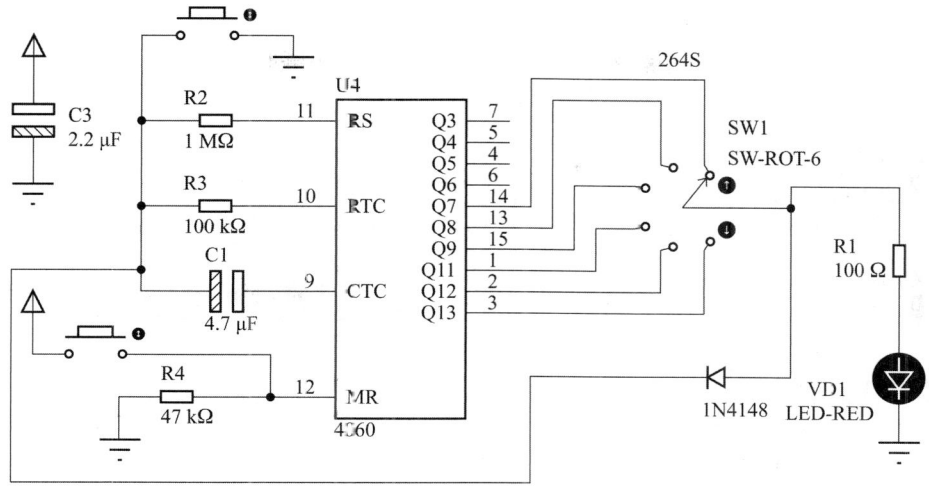

附录图 8　CD4066 组成的单键控制视频切换电路(见第 10 章指导书)[见图 2.21]

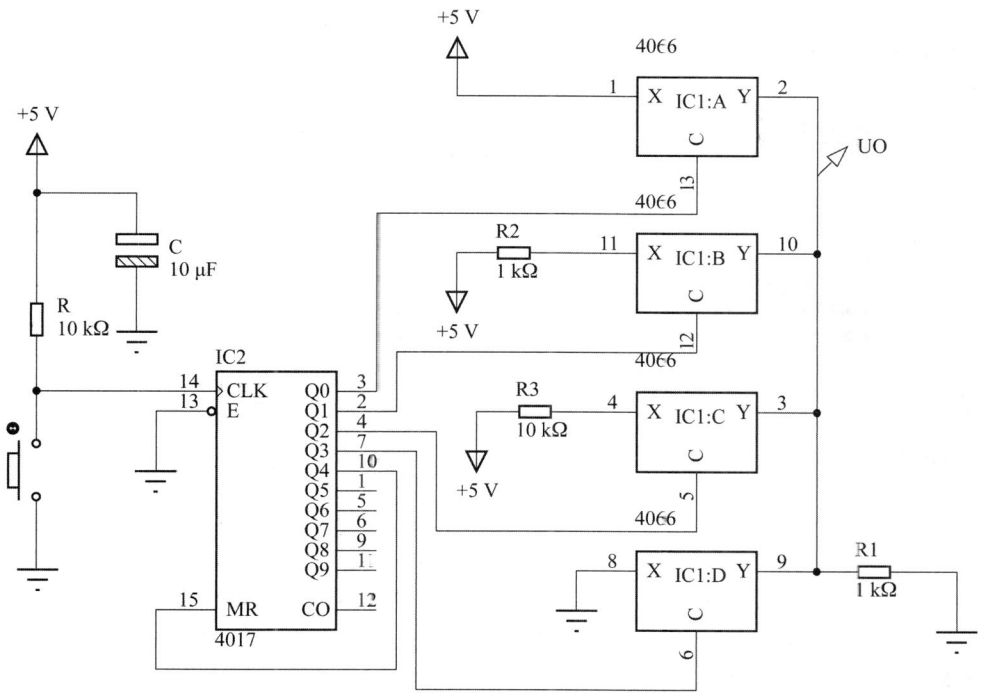

附录图 9　CD4066 组成的继电器控制电路[见图 2.23]

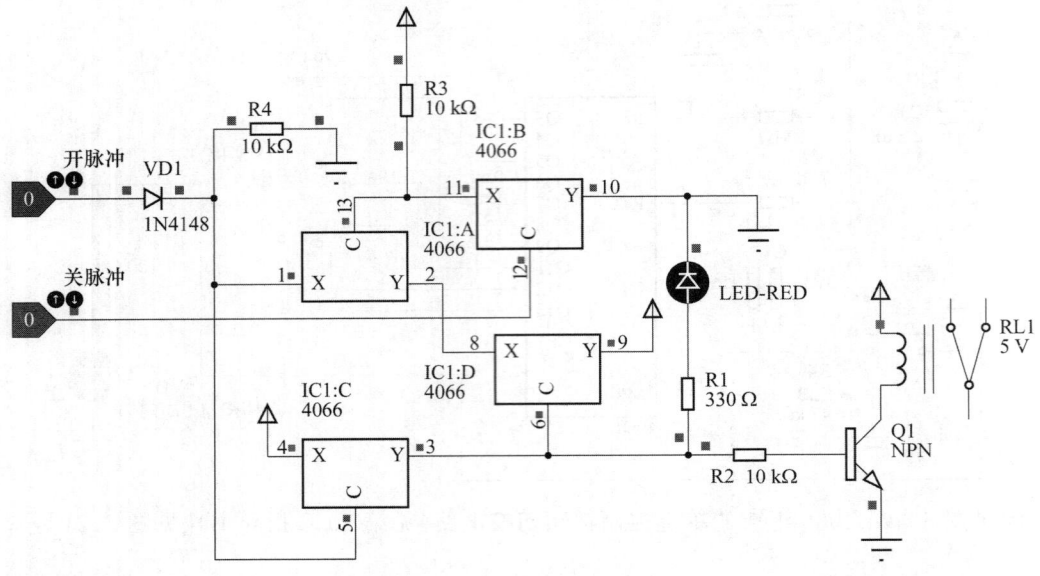

附录图 10　CD4001 组成的继电器控制电路[见图 2.24]

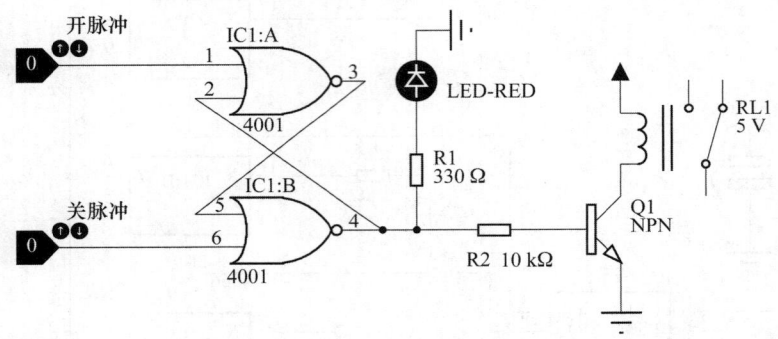

附录图 11　采用 74HC14 的直流-直流变换电路[见图 2.29]

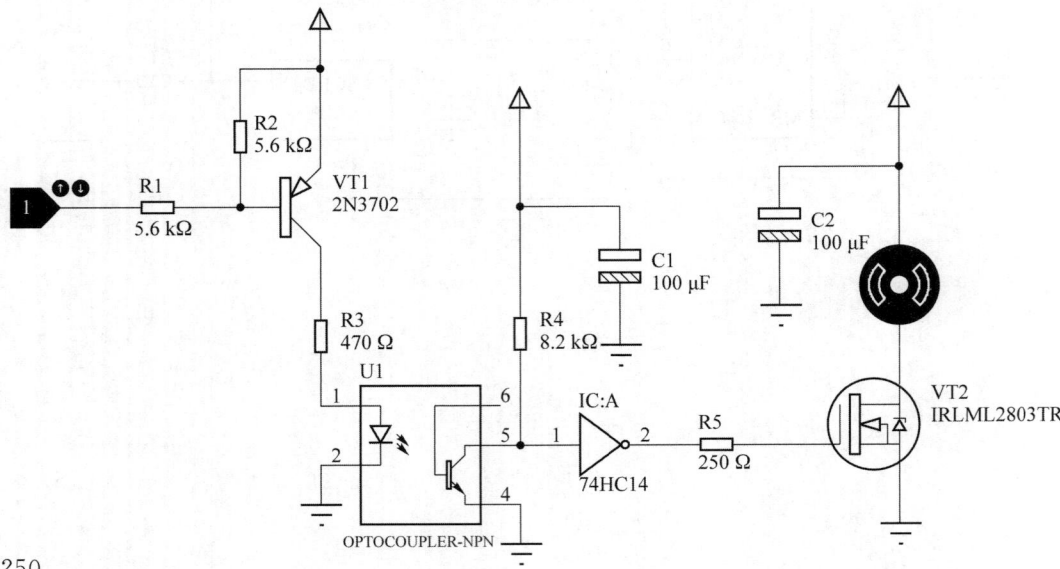

附录图 12　74HC14 的太阳能光控电路[见图 2.30]

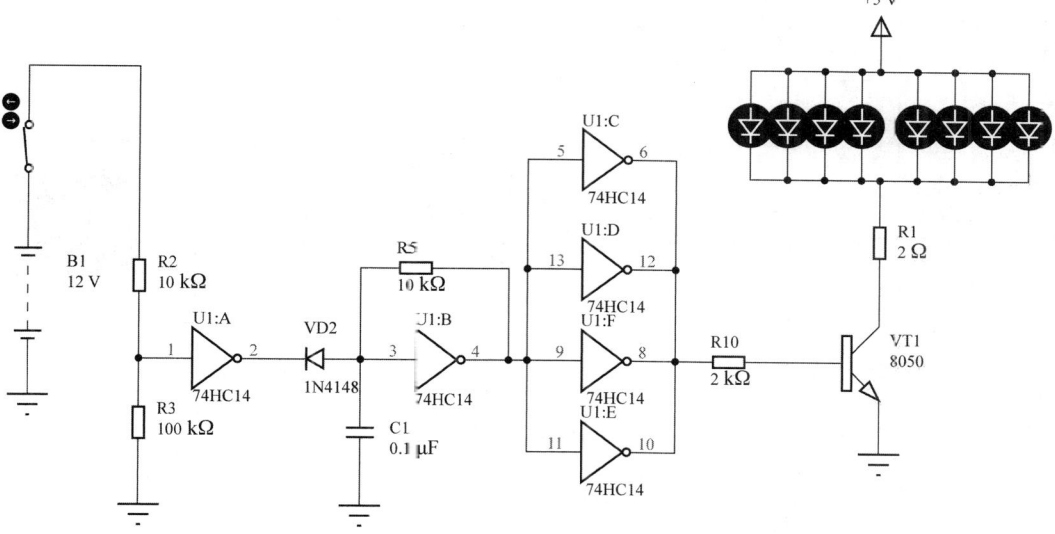

附录图 13　LM324 反相交流放大器[见图 3.2]

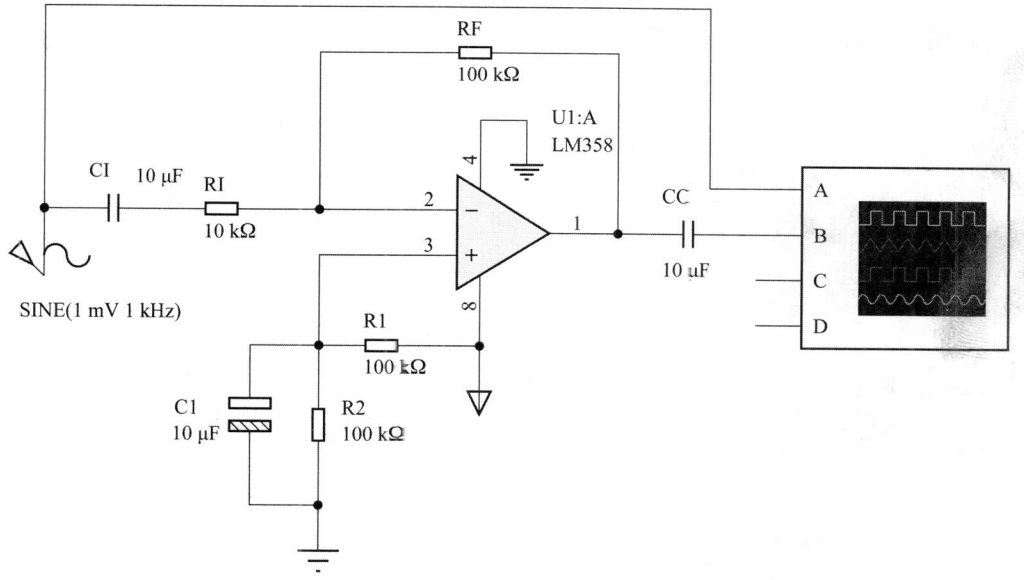

附录图 14　LM324 同相交流放大器[见图 3.3]

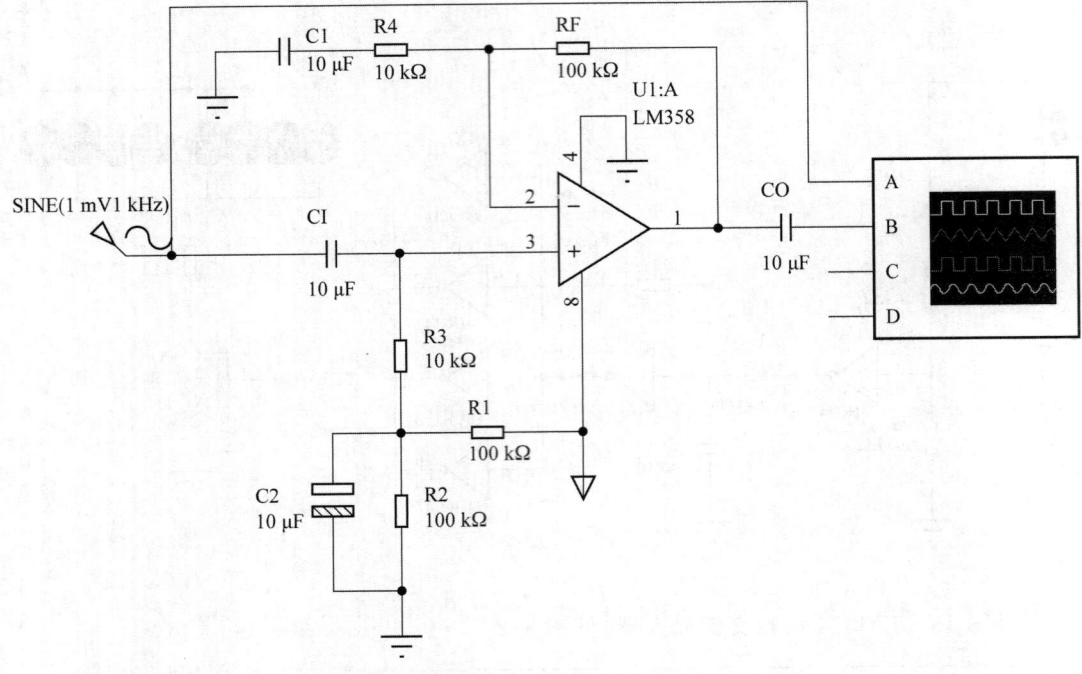

附录图 15　LM324 比较器[见图 3.4]

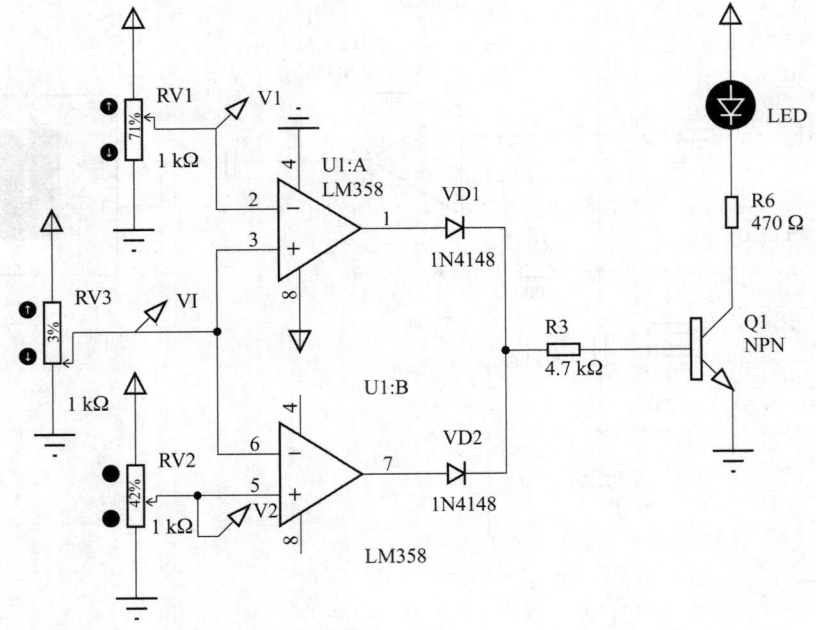

附录图 16　LM324 运放直流加法（见第 10 章指导书）[见图 3.6]

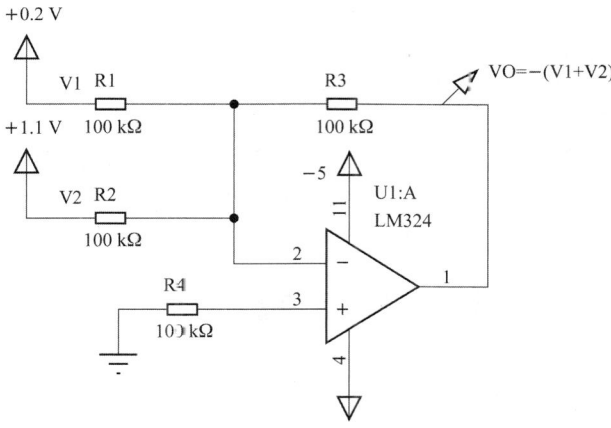

附录图 17　LM324 运放直流减法（见第 10 章指导书）[见图 3.7]

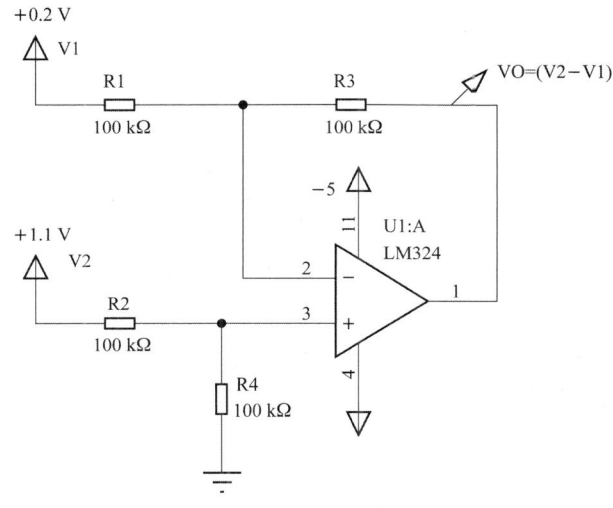

附录图 18　LM324 高阻差分放大器[见图 3.8]

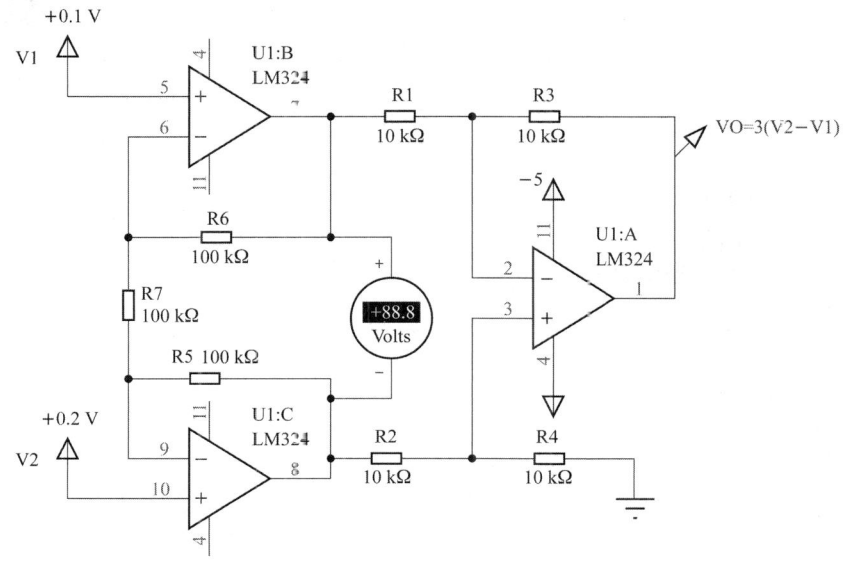

附录图 19　NE5532 制作的高保真耳机放大器［见图 3.15］

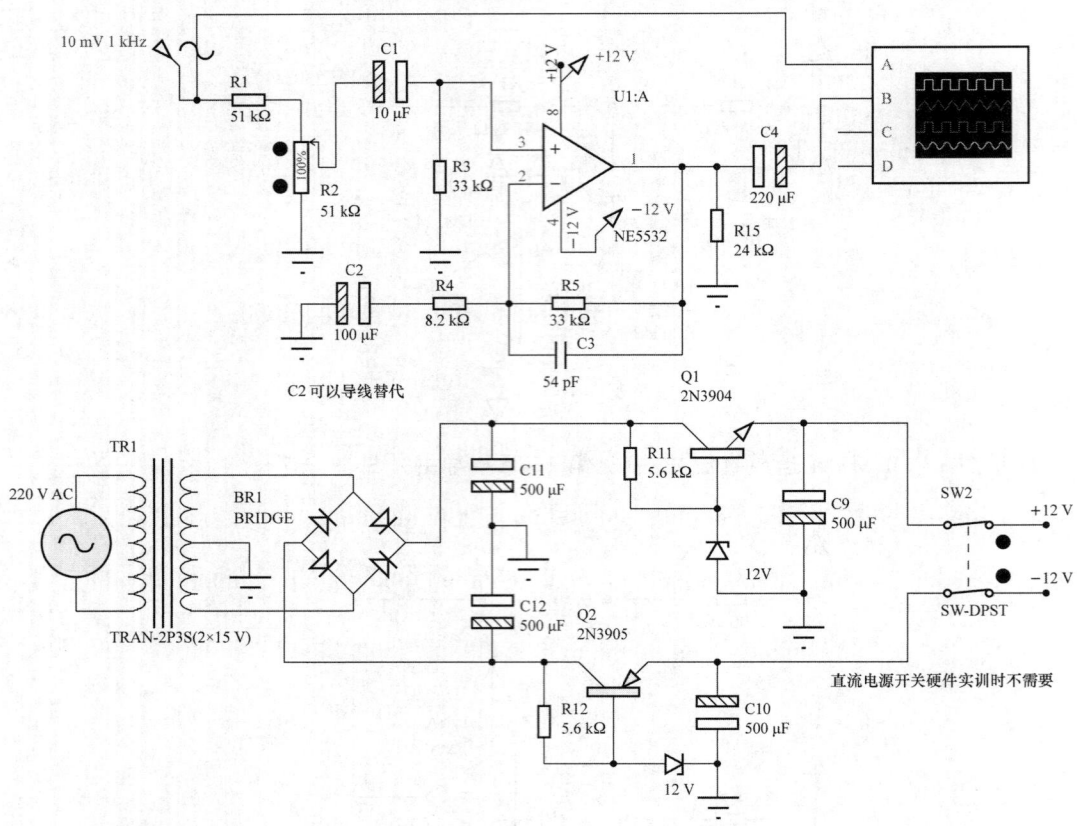

附录图 20　NE5532 作前置的高保真放大器［见图 3.16］

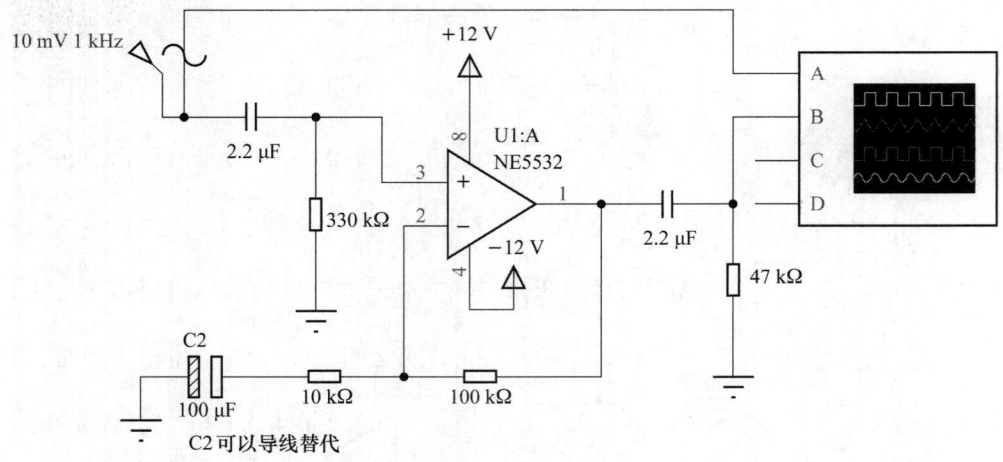

附录图 21　双电源供应电路[见图 3.17]

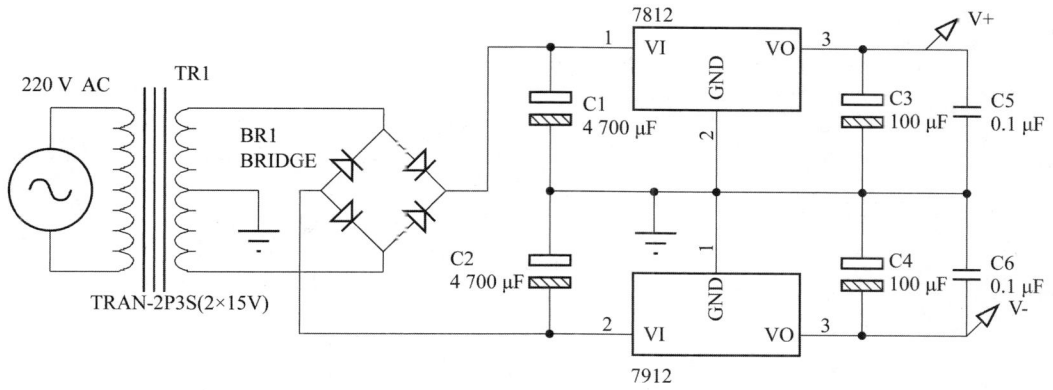

附录图 22　LM358 的微交流电压放大器(OP27 对比)[见图 3.21]

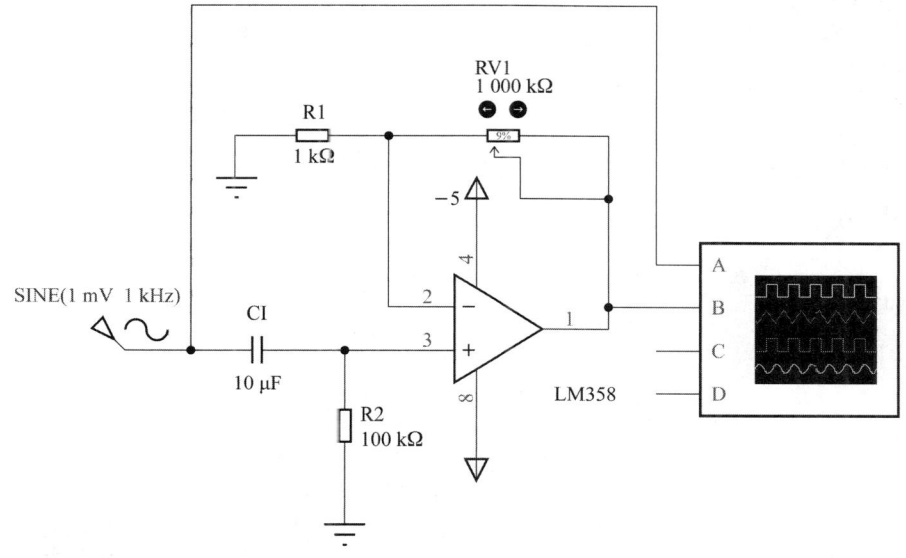

附录图 23　OP27 的微交流电压放大器[见图 3.21]

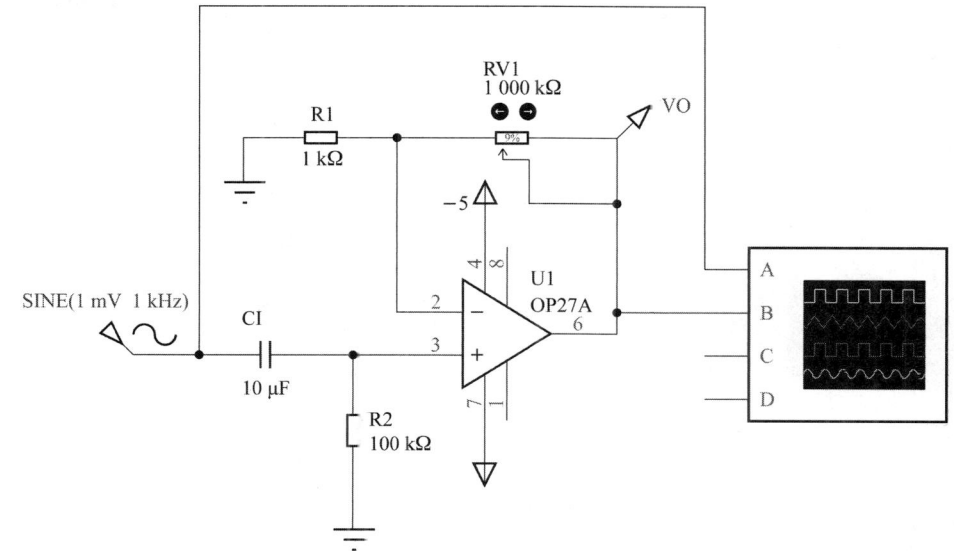

附录图 24 OP27 的交直流转换器[见图 3.22]

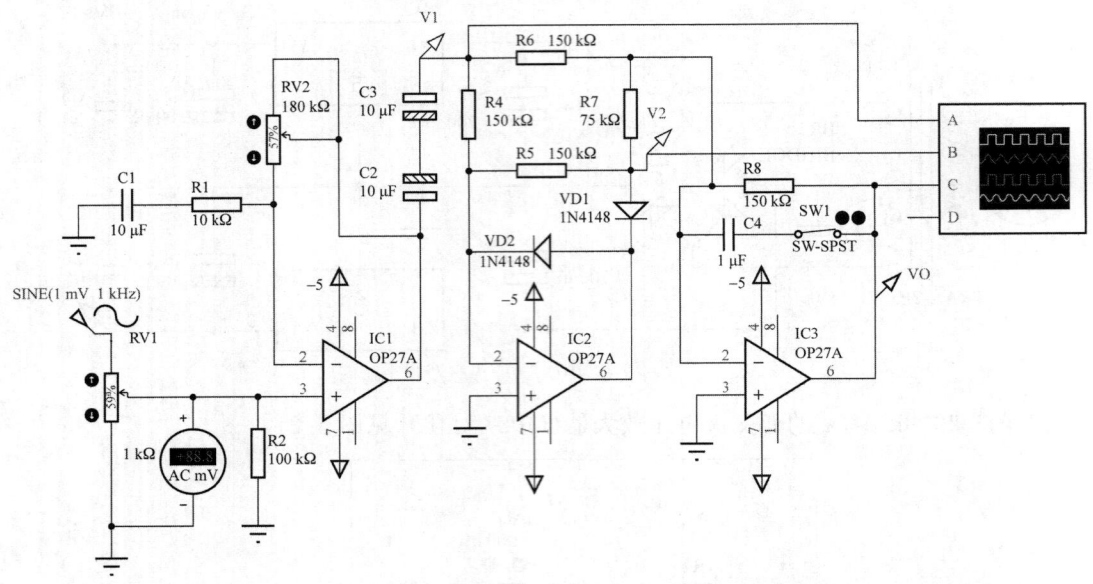

附录图 25 LM1875T 制作的高保真功放电路(音调控制部分)[见图 4.12]

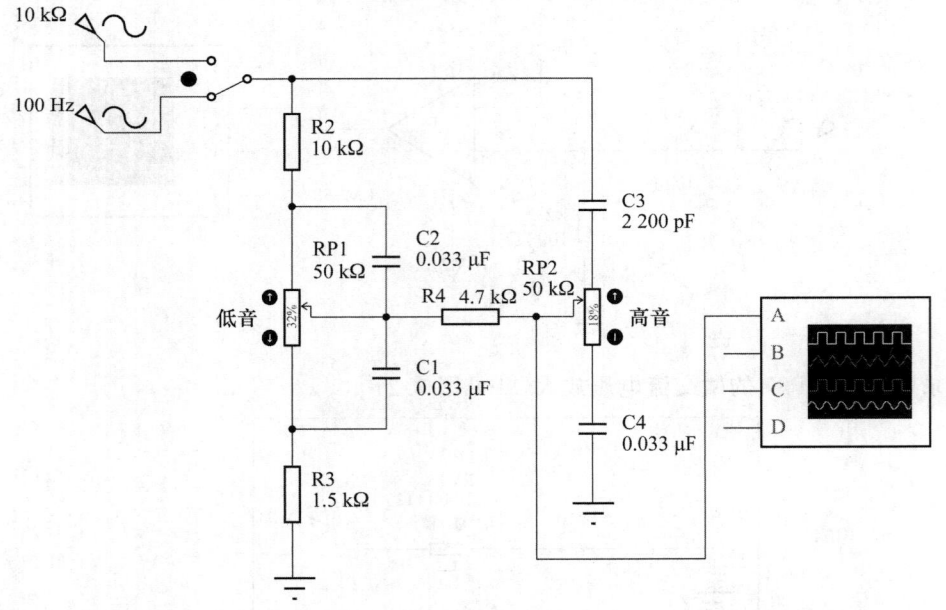

附录图 26　LM386 差动功率接续电路(ISD1820 接续)[见图 4.18]

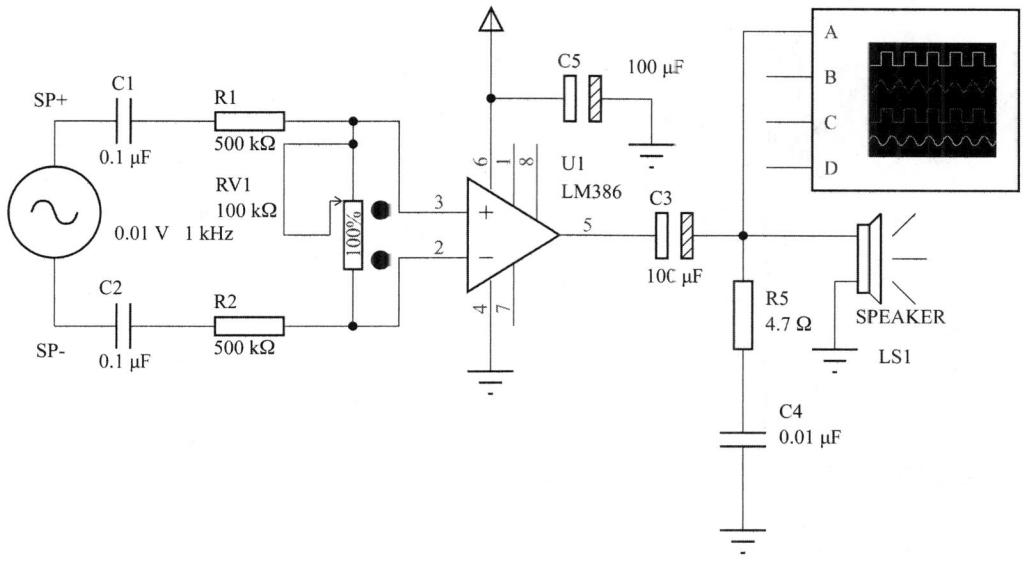

附录图 27　LM78L05 的典型应用(见第 10 章指导书)[见图 5.2]

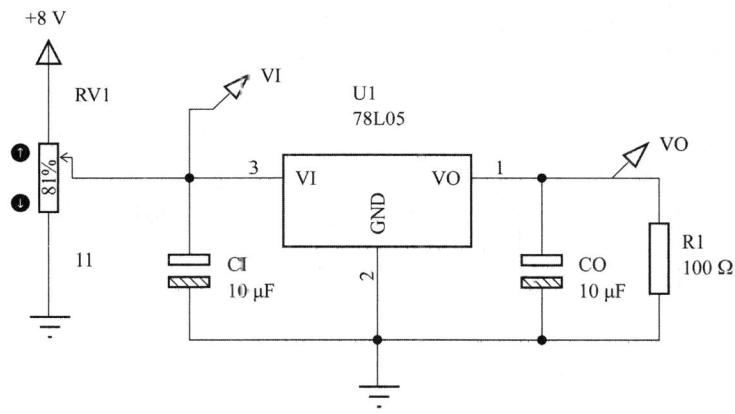

附录图 28　LM78XX 的恒流应用电路[见图 5.3]

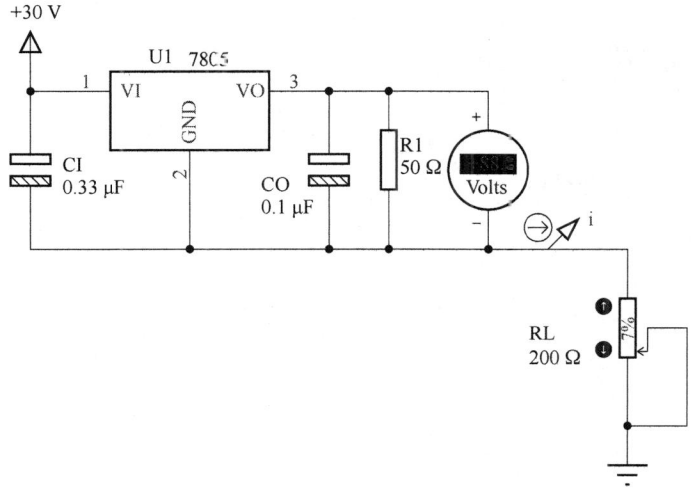

附录图 29　LM317 的典型应用电路(见第 10 章指导书)[见图 5.7]

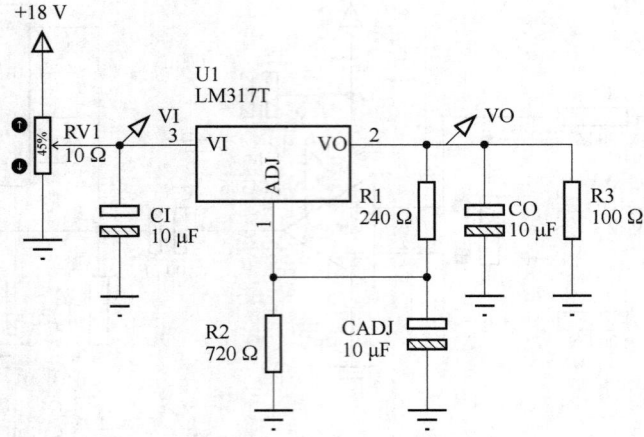

附录图 30　LM317 组成的带电子开关的 +5 V 稳压电路[见图 5.9]

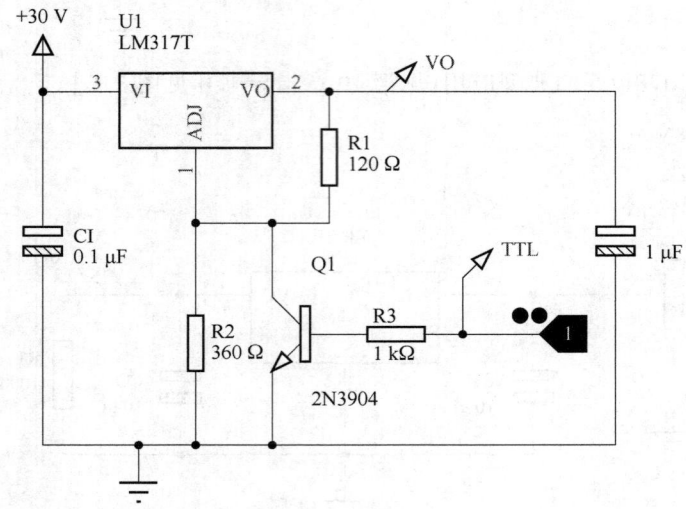

附录图 31　LM317 组成的慢启动稳压电路[见图 5.10]

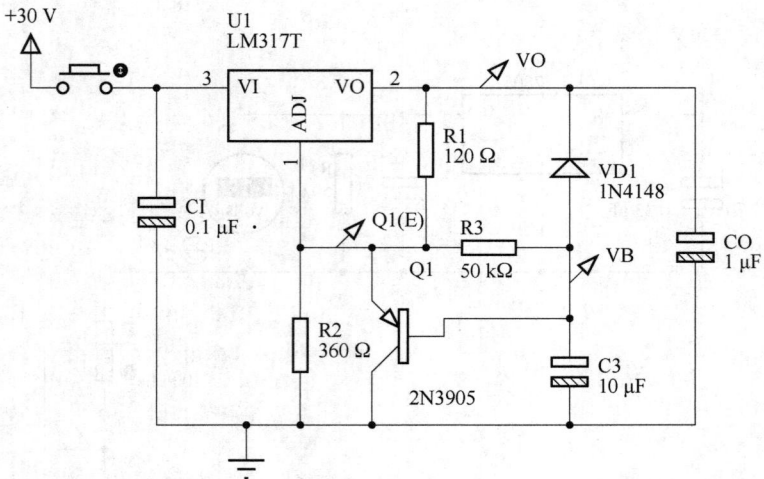

附录图 32　LM317 和 LM337 组成的正负 5 V 应用电路[见图 5.12]

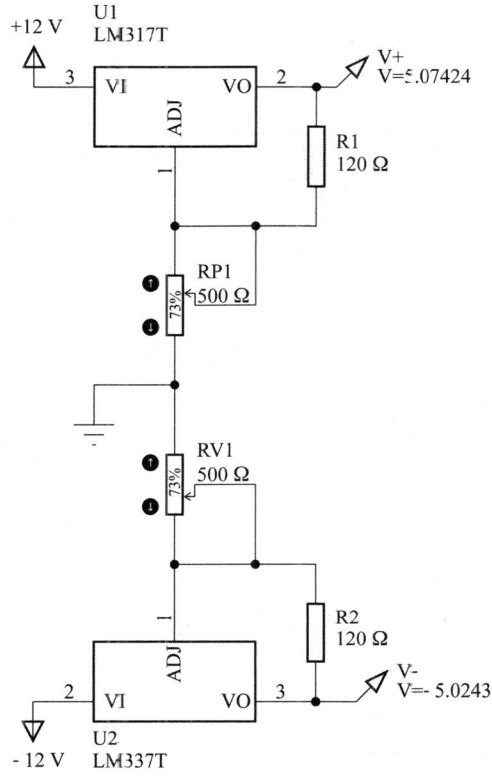

附录图 33　LM317 组成的 USB 限压限流镍氢电池充电器[见图 5.13]

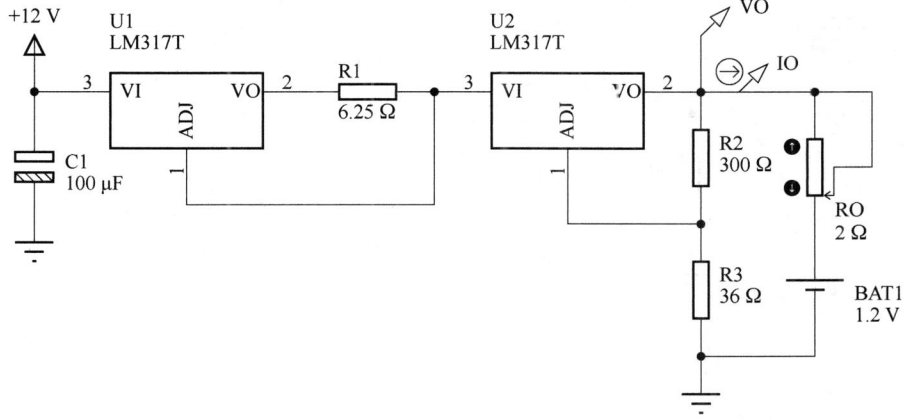

附录图 34 MC34063 典型升压电路[见图 5.15]

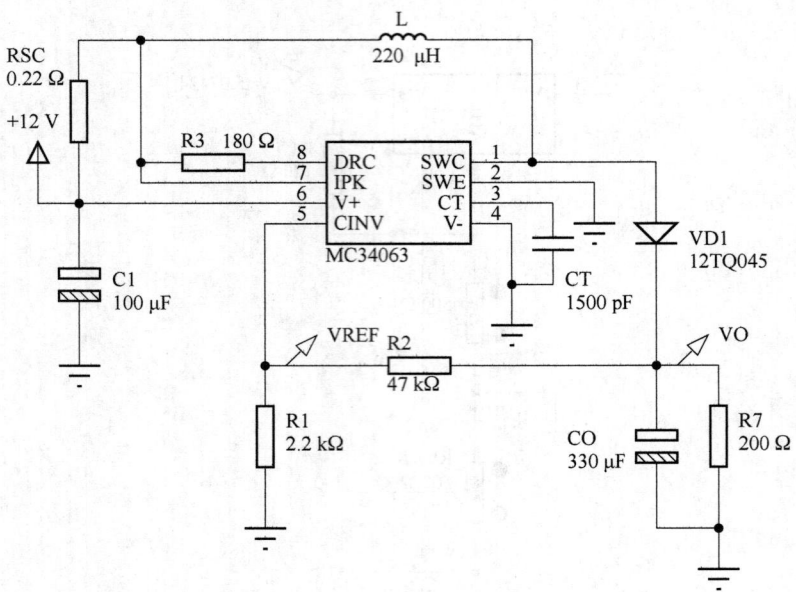

附录图 35 MC34063 典型降压电路[见图 5.16]

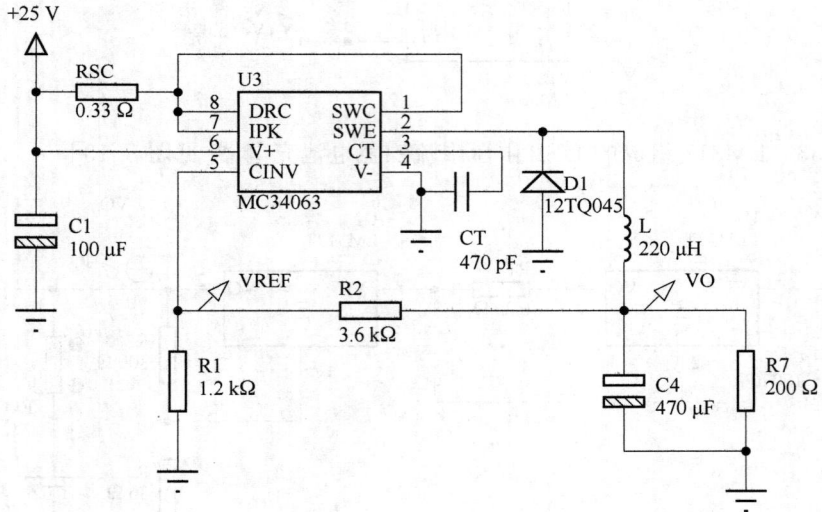

附录图36 MC34063典型负压电路(见第10章指导书)[见图5.17]

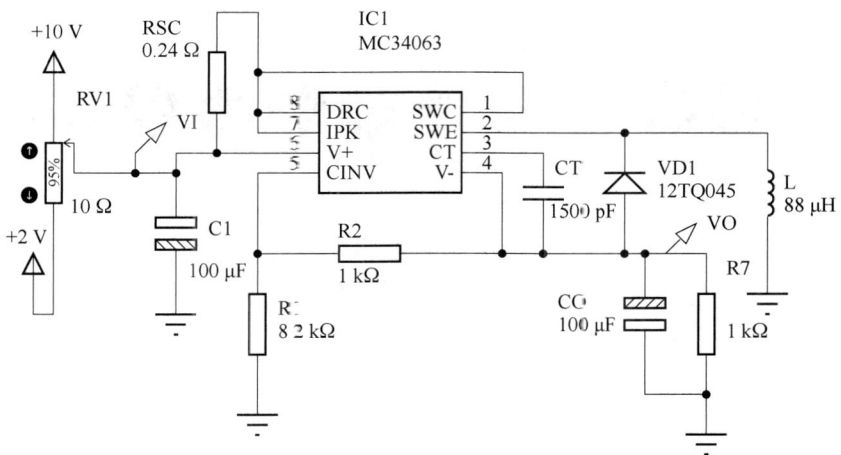

附录图37 BL8530制作的电池间歇供电电路(数电部分)[见图5.37]

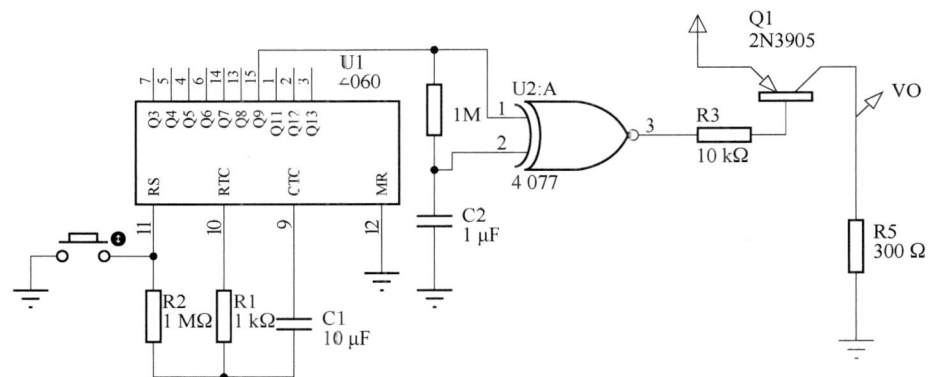

附录图 38　LM3914 典型应用（见第 10 章指导书）[见图 7.3]

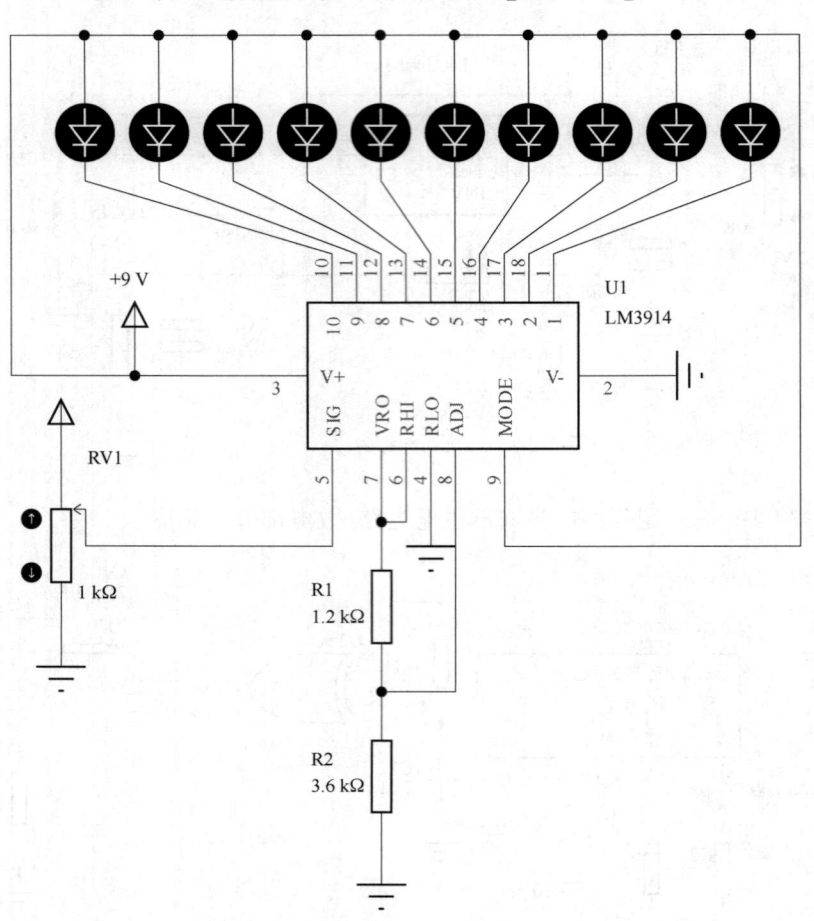

附录图 39　LM3914 组成的酒精探测仪电路[见图 7.4]

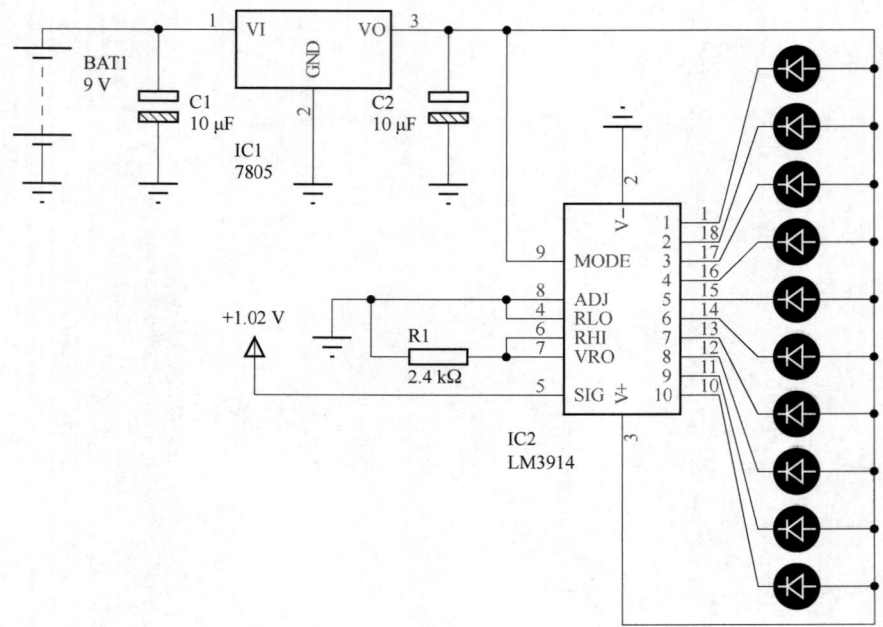

附录图 40　LM3914 组成的测速仪器电路[见图 7.5]

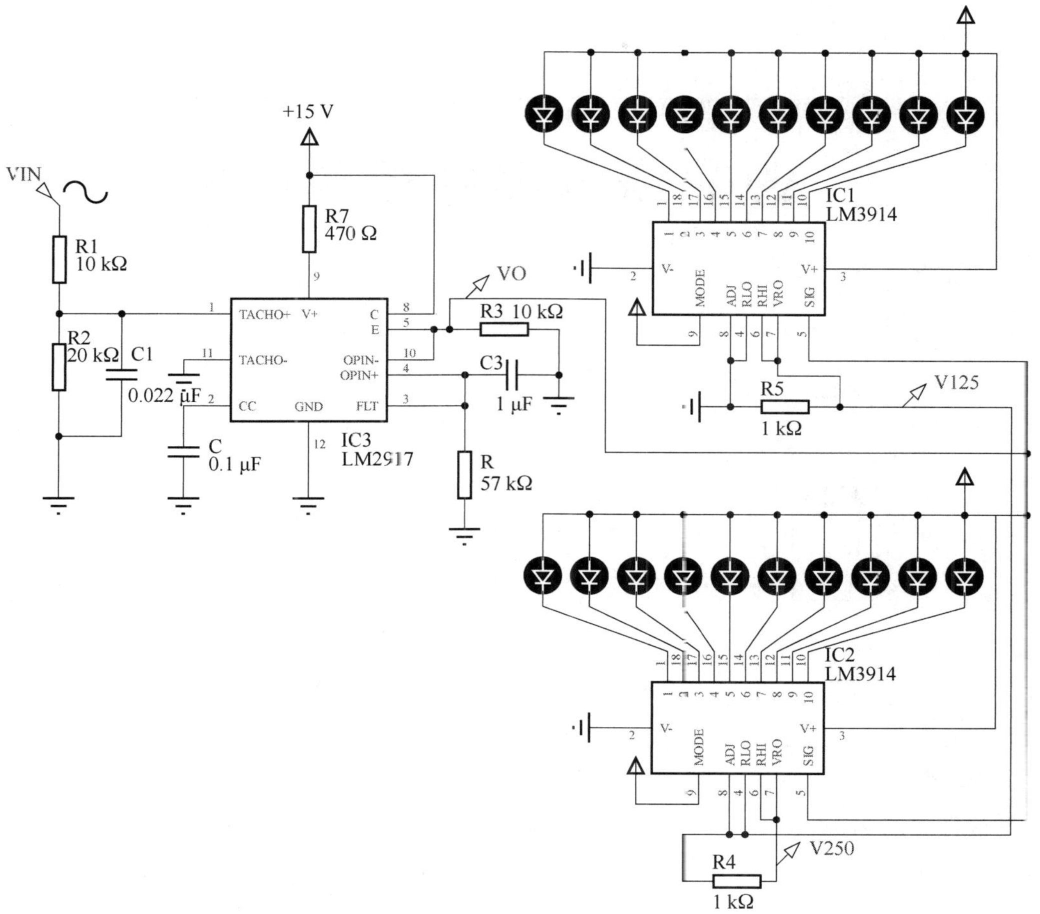

附录图 41　LM3914 汽车电池检测[见图 7.6]

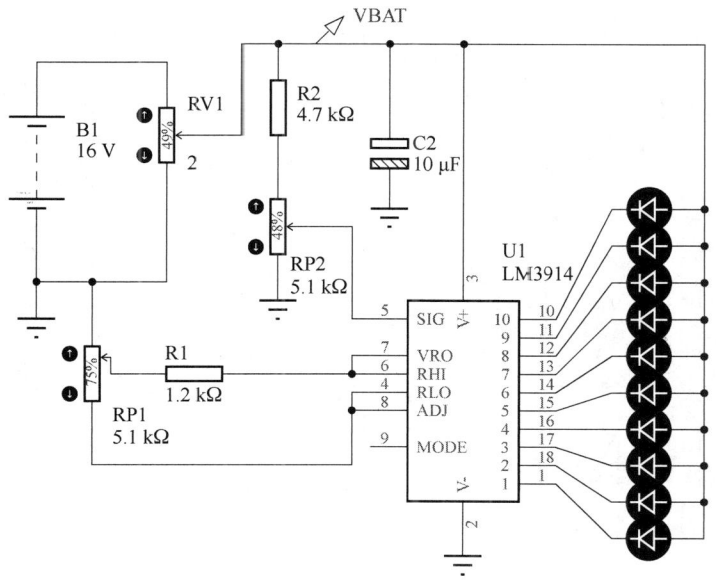

附录图 42　LM35 温度测量及 LM3914 显示电路(见第 10 章指导书)[见图 8.2]

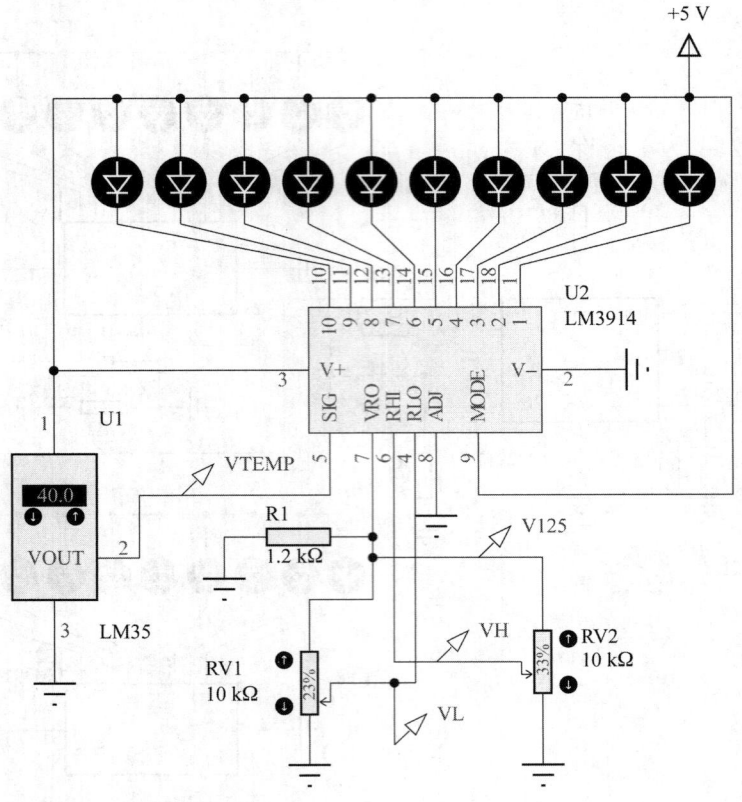

附录图 43　AD620 典型应用电路(接惠斯通电桥)[见图 8.8]

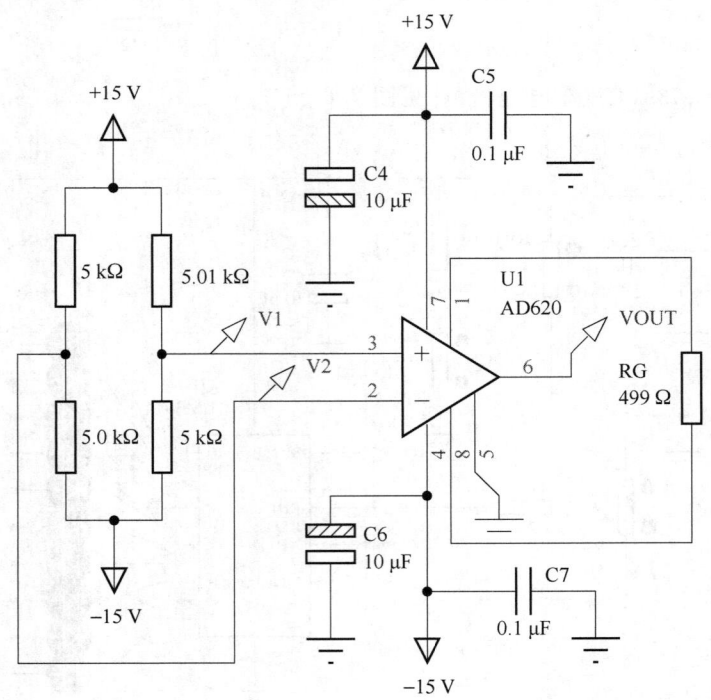

附录图 44 三极管负压的 200 mV 量程电路(ICL7107 外围)[见图 8.19]

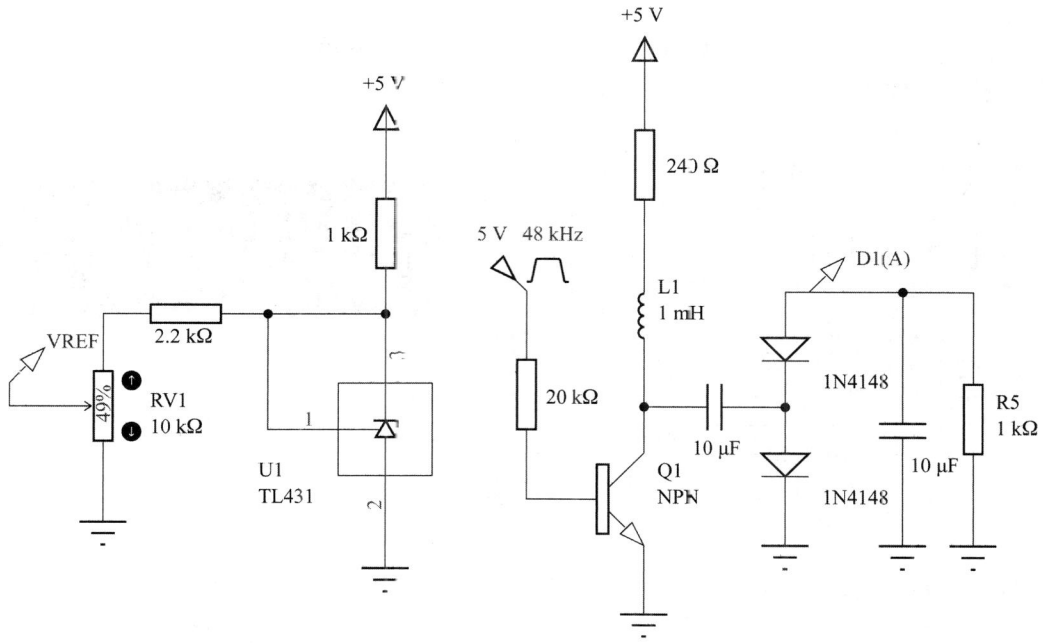

附录图 45 CD4009 负压的 200 mV 量程电路(ICL7107 外围)[见图 8.20]

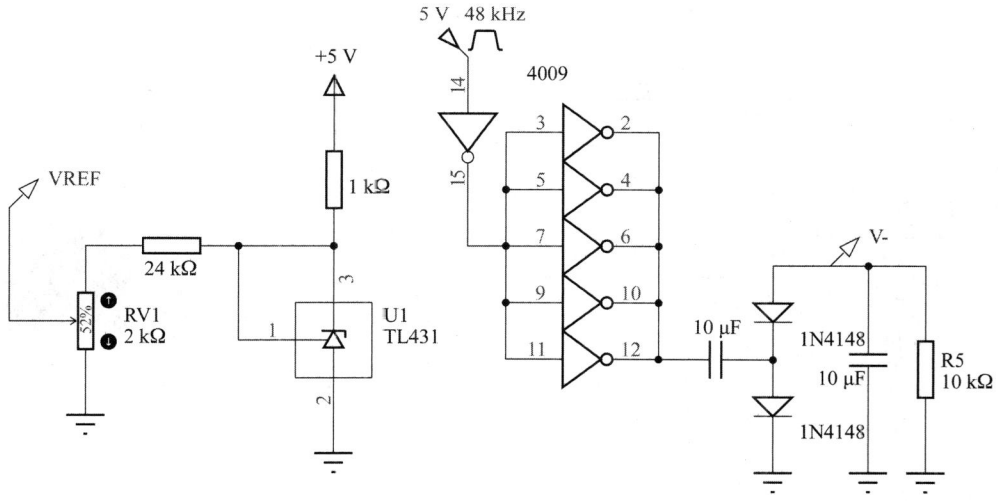

附录图 46　ICL7107 的双电源应用电路[见图 8.23]

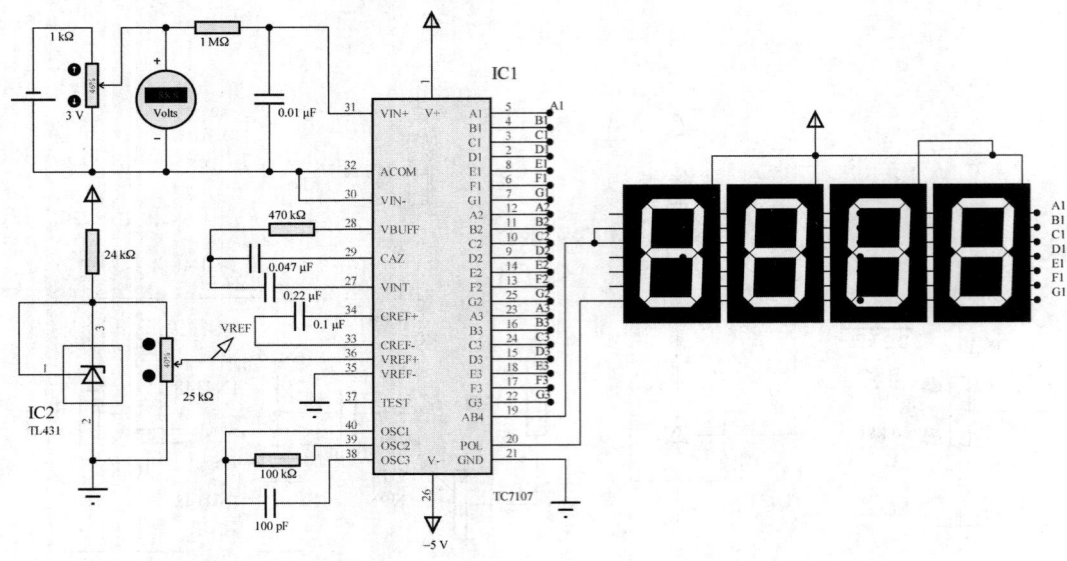

附录图 47　ICL8038 的典型应用电路(一)(见第 10 章指导书)[见图 9.3]

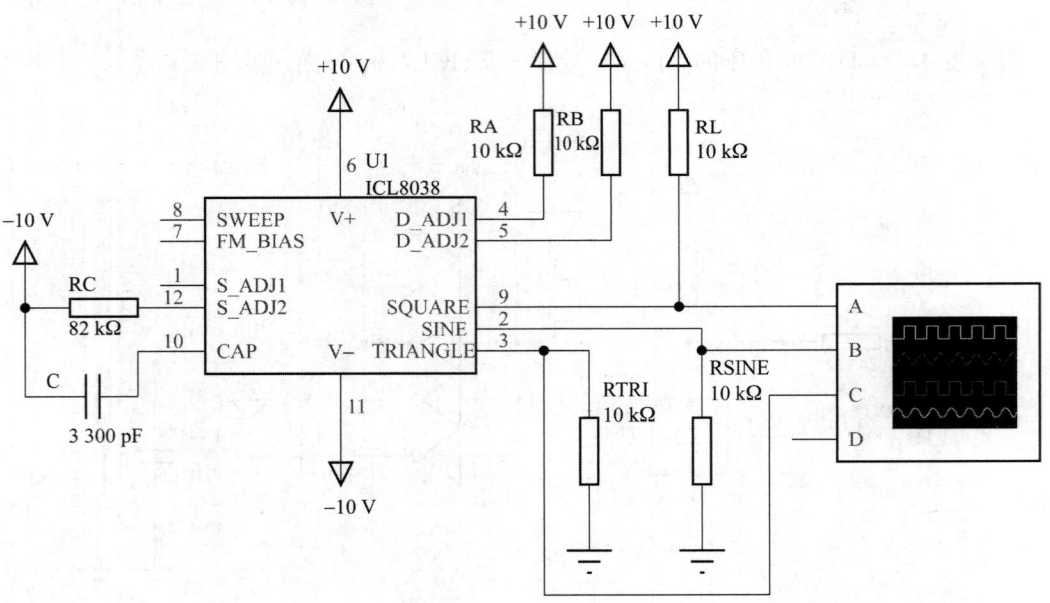

附录图 48 ICL8038 的典型应用电路(二)[见图 9.4]

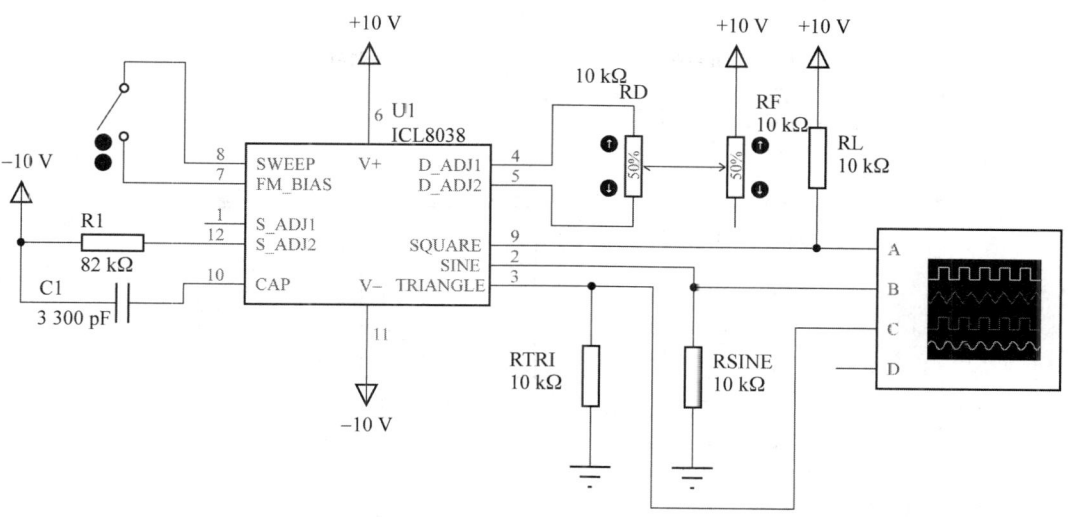

附录图 49 LM331 的 V-F 变换应用[见图 9.6]

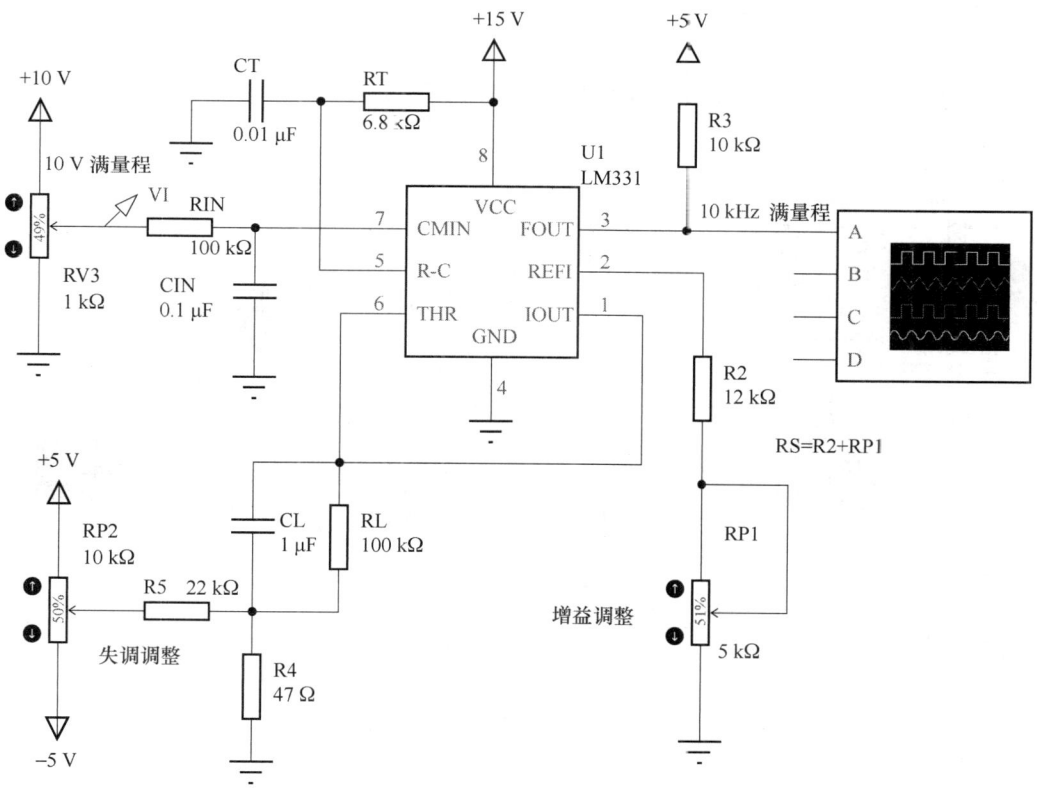

附录图 50　LM331 的 F-V 变换应用(见第 10 章指导书)[见图 9.7]

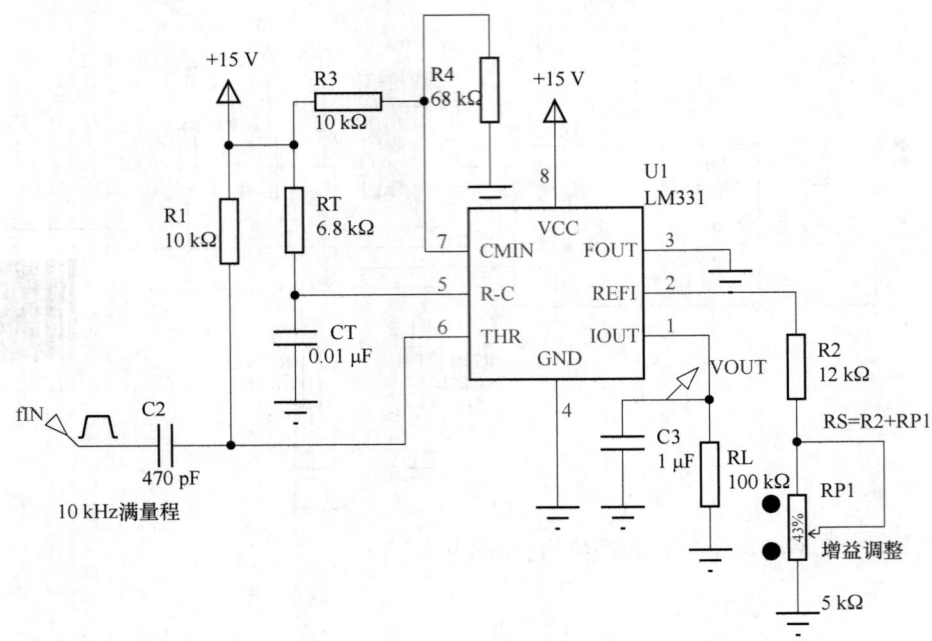

附录图 51　替代 NB2056 调光电路(555)[见图 9.20]

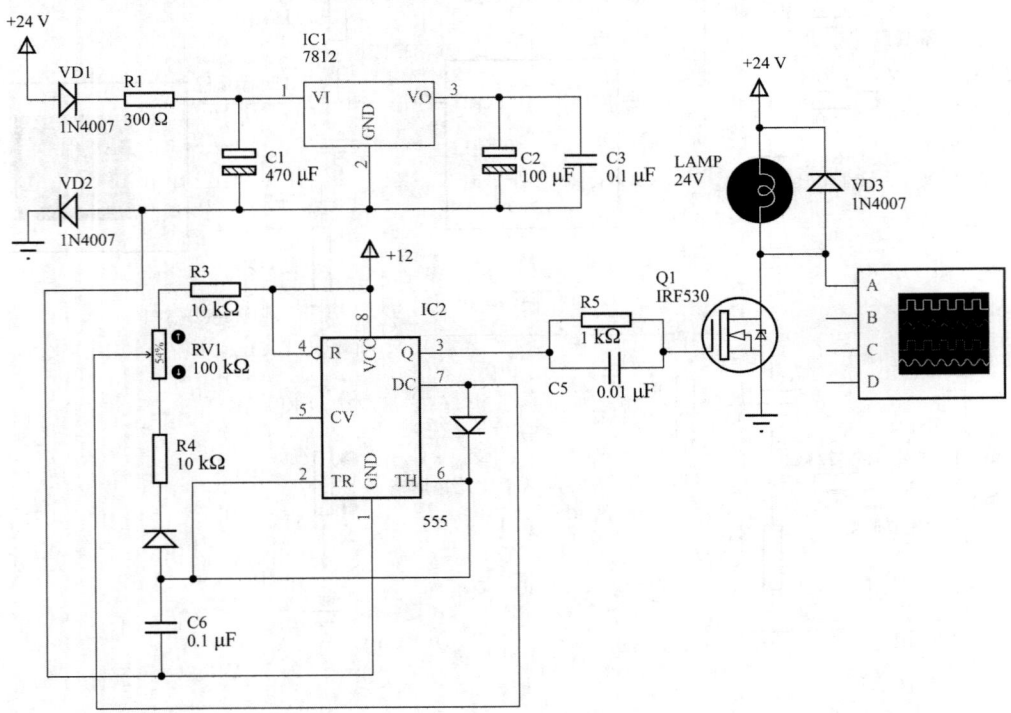